初歩からの有機化学

井 上 正 之 著

東京化学同人

まえがき

　高等学校で理科系を選択して化学を履修した学生が，大学で化学の講義を受講すると，しばしば大きなギャップに悩まされる．大学の教員のなかには，"高等学校で習った化学はでたらめなので，すべて忘れなさい"とおっしゃる方もいると聞く．筆者は現在では大学の教員として禄を食んでいるが，中学校と高等学校の教員として20年間勤務し，高等学校化学の検定教科書，問題集，写真資料集を30年近く執筆してきた．その経験をふまえて大学教員の立場から言わせていただけば，高等学校で学習する化学は決してでたらめではない．問題があるとすれば，事実は教えるが，その理由を教えない点にあり，大学生が講義で感じるギャップの原因もおそらくここにある．その傾向が特に顕著な箇所が有機化学分野であろう．

　本書は，化学を専門としない理科系の大学生を対象とする有機化学の教科書である．執筆にあたっては，化学の学習における基本事項と有機化学の基本反応（置換，付加，脱離，転位）を縦糸，高等学校での学習内容を横糸にしながら，"なぜ，このような反応が進むのか？"という疑問に答えることを念頭に置いた．すなわち，高等学校で学習した有機化学の"種明かし"を行ったつもりである．

　第1章と第2章では，本書における学習の基盤となる原子の電子配置と原子間の結合，および分子間の結合について解説した．第3章では，有機化合物の表記法（構造式），命名法および異性体を扱った．第4章では，有機化合物の反応を理解するうえで重要な共鳴という考え方を扱い，これをベースとして芳香族化合物の特異な性質について解説した．第5章では，これ以降の随所で登場する，酸と塩基の概念について共鳴と関連づけながら述べた．第6章から第8章では，ここまでの学習内容をふまえて上記の有機化学の基本反応を扱った．第8章までに扱わなかった高等学校の有機化学で学習した反応について，第9章で解説した．なお，大学での化学の講義には量子化学がしばしば登場するが，本書の第9章までは，量子化学に関連した内容の扱いを極力回避している．そこで，有機化学に対する理解を深めるために必要と考えられる事項を，付録として記した．また，付録では，エンタルピー，エントロピー，自由エネルギーなどの熱力学の内容と，化学反応の速度についても簡単にふれた．

　本文の内容に関連した補足的な事項を各ページに側注として配置した．これを参照しながら読み進めていただきたい．また，章末には，章の内容を総括する"まとめ"と"演習問題"を設けた．巻末に"演習問題の解答・解説"をつけてあるので，適宜，活用していただきたい．

　末尾になるが，拙稿をお読みいただき，貴重なご助言をくださった岩澤伸治博士に，心からの感謝の意を表する．

2022年9月

井 上 正 之

目　　　次

コ ラ ム

1

原子内の電子と原子間の結合

第1章では，有機化学を学ぶために必要な原子における電子の挙動と原子間の結合について学習する．高等学校の化学では，電子を"粒子"として学習してきた．一方で，電子には"波"としての性質がある．本章では基礎的な有機化学を学習するうえで必要な範囲で，電子の波動性に基づく電子の"軌道"と，原子どうしが結合する際の電子のふるまいについて述べる．

1・1　電子殻と電子配置

図1・1は，高等学校で学習する原子（原子番号1〜18）の電子配置である．このモデルにおける電子はK殻，L殻，M殻，…という **電子殻** に存在し，同じ電子殻の電子は同じエネルギーをもつ．このとき内側にある電子殻の電子ほど，エネルギーが低い．電子はエネルギーの低い内側の電子殻から順番に収容され，内側から n 番目の電子殻には最大で $2n^2$ 個の電子が収容される．この電子配置のモデルは **ボーアモデル** とよばれる．

電子殻（electron shell）：電子殻は惑星の軌道のような"電子の通り道"を表す軌道（orbit）である．

ボーアモデル
Bohr's model

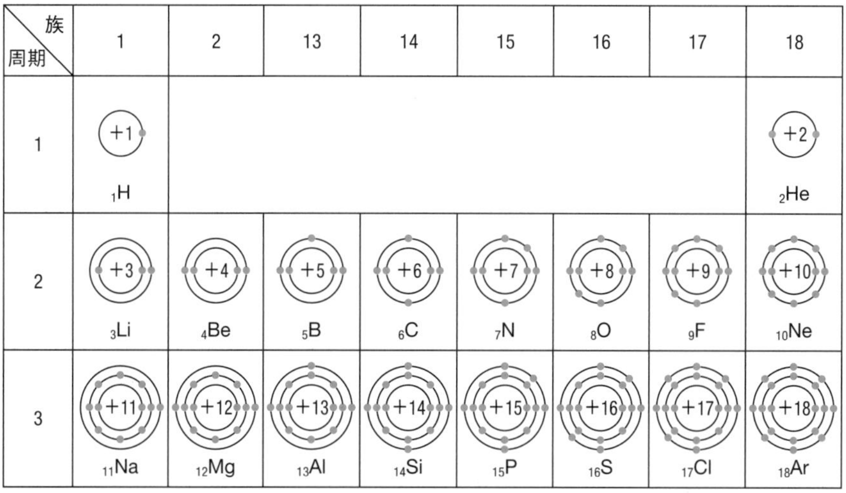

族 周期	1	2	13	14	15	16	17	18
1	+1 ₁H							+2 ₂He
2	+3 ₃Li	+4 ₄Be	+5 ₅B	+6 ₆C	+7 ₇N	+8 ₈O	+9 ₉F	+10 ₁₀Ne
3	+11 ₁₁Na	+12 ₁₂Mg	+13 ₁₃Al	+14 ₁₄Si	+15 ₁₅P	+16 ₁₆S	+17 ₁₇Cl	+18 ₁₈Ar

図1・1　電子殻における電子配置

*1　Joseph J. Thomson

*2　Clinton J. Davisson
　　Lester H. Germer

回折（diffraction）：波が障害物の背後にまわりこむ現象. 複数の波が近傍で回折すると，波どうしが重なり合って，強め合う部分と弱め合う部分とができる干渉が起こる. 図 1・2 の図形は，電子の回折と干渉によるものである.

図 1・2　電子線回折の例

電子雲　electron cloud

原子軌道（atomic orbital）：英語では原子軌道を orbital という. この場合の軌道とは，ボーアモデルにおける軌道（orbit）のような "電子の通り道" ではない.

*3　N 殻（$n=4$）は 4s 軌道，3 個の 4p 軌道，5 個の 4d 軌道，さらに 7 個の 4f 軌道からなる.

エネルギー準位　energy level

1・2　電子の波動性

　電子は 1897 年にトムソン[*1]によって，質量をもつ粒子として発見された. 1927 年にデイヴィソンとガーマー[*2]は，ニッケルの結晶に電子線をあてると**回折**がおこることを見出した（図 1・2）. また同年にトムソンは，薄い金属膜に電子線を透過させると干渉が起こることを確認した. これらの現象は，運動している電子に波としての性質，すなわち**波動性**があることを実証した.

1・3　原子軌道

　原子核のまわりを運動している電子には波動性があり，電子の位置を確定させることはできない. 原子内での各電子は一定の空間に雲のように広がって分布しており，これを**電子雲**という. 電子の分布すなわち空間中の電子雲の拡がり方は，電子のエネルギーによって変化する. これを**原子軌道**という. ボーアモデルと対比しながら，以下にその概要を述べる.

　K 殻（$n=1$）は 1s 軌道とよばれる原子核を中心とする球対称の形をした軌道に相当する. L 殻（$n=2$）は球対称の 2s 軌道と x, y, z の各軸に沿って広がる 3 個の亜鈴形の 2p 軌道（$2p_x$, $2p_y$, $2p_z$）からなる. M 殻（$n=3$）は 3s 軌道，3 個の 3p 軌道（$3p_x$, $3p_y$, $3p_z$）および 5 個の 3d 軌道（$3d_{xy}$, $3d_{yz}$, $3d_{zx}$, $3d_{x^2-y^2}$, $3d_{z^2}$）からなる[*3]. s 軌道，p 軌道，d 軌道の形（電子の存在確率が最も高い面の概形）を図 1・3 に示す.

1・4　原子軌道と電子配置

　図 1・4 は，N 殻までの各原子軌道における電子のエネルギーの大小関係を表したものである. これを**エネルギー準位**という. 電子には "自転（スピン）する粒子" としての性質もある. 電子のように電荷をもった粒子が自転すると，その

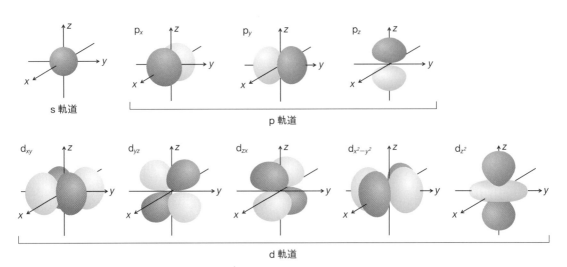

図 1・3　s 軌道，p 軌道，d 軌道の概形　野依良治ほか編，"大学院講義有機化学 I. 分子構造と反応・有機金属化学"，第 2 版，p.6，東京化学同人（2019）より転載.

周囲に磁場ができる．電子には 2 通りの自転方向があり，異なる方向に自転する電子が対をなすと，互いの磁場が打ち消された**電子対**となる．電子対は磁場を形成しない"負電荷の塊（かたまり）"である．前節で紹介した各原子軌道には，自転の方向が異なる 2 個の電子が入ることができる[*1].

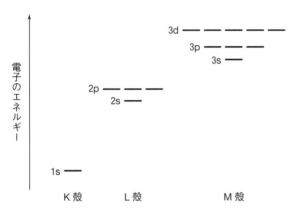

図 1・4　原子軌道に入った電子のエネルギー（エネルギー準位）

　電子が原子軌道に入るときには，エネルギーの低い軌道から順番に入る．この様子を**電子配置**という．たとえば原子番号 1 の水素原子には 1 個の電子が存在するが，この電子は最もエネルギーが低い 1s 軌道に入る[*2]．原子番号 2 のヘリウム原子には 2 個の電子が存在するが，これらの電子は電子対となって 1s 軌道に入る．ここで 1s 軌道が"満員"となる．原子番号 3 のリチウム原子に存在する 3 個の電子は，1s 軌道に 2 個，2s 軌道に 1 個入る．p 軌道，d 軌道，f 軌道のようにエネルギー準位が等しい軌道が複数個ある場合には，まず各軌道に 1 個ずつ電子が入り，一通り電子が充塡された後に逆向きの方向に自転する電子が対をなして入る[*3]．この規則を**フント則**という．たとえば原子番号 6 の炭素の原子では，1s 軌道に 2 個，2s 軌道に 2 個の電子が入り，残りの 2 個の電子は異なる 2p 軌道（たとえば $2p_x$ と $2p_y$）に入る．原子番号 8 の酸素の原子では，1s 軌道に 2 個，2s 軌道に 2 個の電子が入り，残り 4 個の電子のうち 2 個が一つの 2p 軌道（たとえば $2p_x$）に電子対となって入り，残りの 2 個が異なる 2p 軌道（たとえば $2p_y$ と $2p_z$）に 1 個ずつ入る．本書でよく使う原子番号 1～18 までの原子の電子配置を表 1・1 に示す[*4].

　上記のように電子対が形成されると，電子の自転による磁場が打ち消される．この状態は電子には都合がよく，一般に電子には電子対を形成しようとする性質がある．原子内で電子対を形成していない電子は**不対電子**とよばれ，多くの場合，これが原子間の結合に関与する．たとえば水素原子には 1 個の不対電子があり，これを使って他の原子と結合するため，一つの水素原子が結合する相手の原子は 1 個である．この原子における不対電子の数が，高等学校の化学で学習した原子価である．たとえば酸素原子には 2 個の不対電子があるため，その原子価は 2 である．

表 1・1　原子軌道における基底状態の電子配置（原子番号 1〜18）

電子殻		L 殻				M 殻				
軌道	1s	2s	2p			3s	3p			…
₁H	↑									
₂He	↑↓									
₃Li	↑↓	↑								
₄Be	↑↓	↑↓								
₅B	↑↓	↑↓	↑							
₆C	↑↓	↑↓	↑	↑						
₇N	↑↓	↑↓	↑	↑	↑					
₈O	↑↓	↑↓	↑↓	↑	↑					
₉F	↑↓	↑↓	↑↓	↑↓	↑					
₁₀Ne	↑↓	↑↓	↑↓	↑↓	↑↓					
₁₁Na	↑↓	↑↓	↑↓	↑↓	↑↓	↑				
₁₂Mg	↑↓	↑↓	↑↓	↑↓	↑↓	↑↓				
₁₃Al	↑↓	↑↓	↑↓	↑↓	↑↓	↑↓	↑			
₁₄Si	↑↓	↑↓	↑↓	↑↓	↑↓	↑↓	↑	↑		
₁₅P	↑↓	↑↓	↑↓	↑↓	↑↓	↑↓	↑	↑	↑	
₁₆S	↑↓	↑↓	↑↓	↑↓	↑↓	↑↓	↑↓	↑	↑	
₁₇Cl	↑↓	↑↓	↑↓	↑↓	↑↓	↑↓	↑↓	↑↓	↑	
₁₈Ar	↑↓	↑↓	↑↓	↑↓	↑↓	↑↓	↑↓	↑↓	↑↓	

【コラム】 周 期 表 と 電 子 配 置

　　元素の周期表（長周期型）は，原子の電子配置に基づいたものである．周期表の 1，2 族および 13〜18 族に属する元素の原子は互いに価電子の数が等しく，似た性質を示す．周期表の 1 族，2 族元素の原子の価電子（結合に使われる電子）は s 軌道の電子であり，これらは **s ブロック元素** とよばれる．また 13 族〜18 族元素の原子の価電子は最外殻の p 軌道の電子であり，これらは **p ブロック元素** とよばれる．同様に 3 族〜12 族元素は **d ブロック元素**，周期表の欄外に記されている元素群は **f ブロック元素** とよばれる（下図）．このように周期表の形は，原子軌道と電子配置に対応している．

s ブロック元素
s-block element

p ブロック元素
p-block element

d ブロック元素
d-block element

f ブロック元素
f-block element

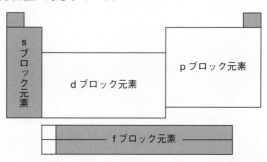

　電子配置の表記には，別の方法もある．たとえば $_7$N 原子では 1s 軌道に 2 個，2s 軌道に 2 個，2p 軌道に 3 個の電子があるので，その電子配置を $(1s)^2$, $(2s)^2$, $(2p)^3$ のように表すことができる．

1・5　共有結合と分子軌道

　原子どうしが共有結合して分子ができるときには，互いの原子軌道が重なって，新しい電子の分布すなわち新しい軌道ができる．これを**分子軌道**という．たとえば 2 個の水素原子 H が水素分子 H_2 となる場合を考えてみよう．高等学校では，水素原子の**価電子**が K 殻にあるので，2 個の水素原子が K 殻を重ねて互いの価電子を共有することで結合すると学習した（図 1・5）．

分子軌道
molecular orbital

価電子
valence electron

共有電子対

水素原子　　水素原子　　　　水素分子

図 1・5　高等学校で学習した水素分子の形成

　これを分子軌道で説明すると以下のようになる．2 個の水素原子が接近すると，価電子がある 1s 軌道どうしが重なり合って，2 個の分子軌道ができる*．一つは結合性軌道とよばれる軌道で，ここに入る電子のエネルギーは元の 1s 軌道の電子より低い．もう一つは反結合性軌道とよばれる軌道で，ここに入る電子のエネルギーは元の 1s 軌道の電子より高い．結合性軌道は 1s 軌道の電子雲どうしが素直に融合した形をとるが，反結合性軌道には電子が存在しない面（節面）があり，左右の軌道の位相が異なっている．この位相の違いは，一方に影を付けて表現される（図 1・6）．位相については理解が難しいので，弦を使った波に喩えて

*　一般に n 個の原子軌道から分子軌道ができる場合，分子軌道の数は n 個である．

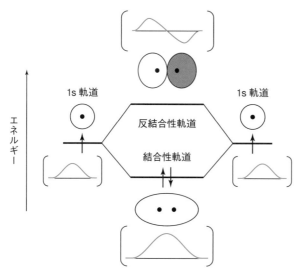

1s 軌道　　　　　　　　　　　　　　1s 軌道

エネルギー

反結合性軌道

結合性軌道

図 1・6　水素分子の分子軌道

みよう．1s軌道を弦の上側にあるパルス波に喩え，左右から接近する波が重なるとイメージしよう．このとき2個の波が素直に重なれば，弦の上側に膨らみをもつ大きな波になる．これが結合性軌道のイメージである．これに対して反結合性軌道は，弦の上側と下側に膨らみをもつ波のイメージである*．この波で，弦の上側に膨らみをもつ部分と下側に膨らみをもつ部分とを"位相が異なる"と表現する．また両者が接触している点を**節**という．

* この様子を図1・6に〔 〕を付けて表現した．

節　node

水素原子が結合して水素分子となるとき，水素原子の1s軌道の電子は，互いのスピンの方向が逆になるように対をなして結合性軌道に入り，**共有電子対**となる．共有電子対を形成することで原子間に結合ができる．高等学校で学習したように，これを**共有結合**という．共有電子対における電子のエネルギーは，結合前の個々の電子がもつエネルギーより低くなる．これが，水素分子が形成される理由である．一方，反結合性軌道には電子が存在しない節面があるので，ここに電子が入ると電子同士が反発してエネルギー的な安定が失われ，結合が切れやすくなる．

共有電子対
shared electron pair

共有結合
covalent bond

1・6　σ結合とπ結合

一般に原子軌道が接近して分子軌道をつくるとき，以下の原則に従うことが知られている（図1・7）．

原則1　原子軌道の電子雲どうしの重なりが最大になるように接近する．
原則2　原子軌道の同じ位相の部分どうしが重なるように接近する．

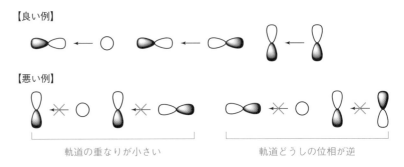

【良い例】

【悪い例】

軌道の重なりが小さい　　　　軌道どうしの位相が逆

図1・7　原子軌道が接近する方向

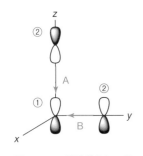

図1・8　p軌道どうしの接近

たとえば2p軌道（$2p_x$，$2p_y$，$2p_z$）はx軸，y軸，z軸のまわりに広がっているが，原点を挟んで位相が異なっている．今，図1・8のように原点に固定された$2p_z$軌道（①）に別の2p軌道（②）が接近して分子軌道を形成する場合を考えてみよう．このとき，上記の原則1と原則2を満たすような②の接近の方向として，図1・8におけるAとBが考えられる．AおよびBの方向から接近した場合にできる分子軌道の概形を表1・2に示す．ここで①を固定して②を結合軸（Aではz軸，Bではy軸）の周りに回転させると，Aでは①と②の電子雲の重なり方は変わらない．これに対してBでは，②を90°回転させると①と②の電子雲の重なりがなくなって，結合することができなくなる（図1・9）．言い

換えると，②の方向からp軌道が接近してできた共有結合は，一方の原子を固定して他方の原子を結合軸のまわりに回転させると切れる．このように結合軸のまわりに原子を回転させても結合が切れない共有結合（ここではA方向からの接近による共有結合）を**σ（シグマ）結合**，結合軸のまわりに回転させると結合が切れる共有結合（ここではB方向からの接近による共有結合）を**π（パイ）結合**という．

軌道①をz軸まわりに回転させる

軌道どうしの重なりに変化がなく，結合が切れない

σ（シグマ）結合

軌道②をy軸まわりに回転させる

軌道どうしの重なりがなくなり，結合が切れる

π（パイ）結合

図1・9 σ結合とπ結合

表1・2　p軌道からできる分子軌道

	結合性軌道	反結合性軌道
A	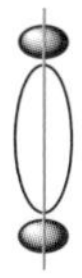 	
B	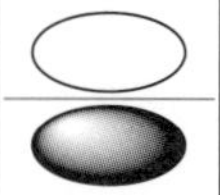	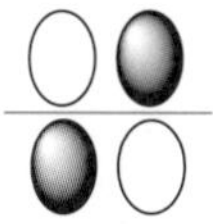

σ 結合
σ–bond

π 結合（π–bond）: 後述のように，π結合は原子間の二重結合や三重結合に含まれる．

1・7 混 成 軌 道

1・7・1 sp³ 混成軌道

高等学校の化学で学習したエタン C_2H_6，エチレン（エテン）C_2H_4，アセチレン（エチン）C_2H_2 の分子には共に2個の炭素原子が含まれるが，水素原子の数が異なるため，炭素原子どうしの結合の様式や分子の形が異なっている（図1・10）．エタンは三次元的な構造をとり，2個の炭素原子間の結合は単結合である．エチレンでは，すべての原子の中心が同一平面上にあり，炭素原子間に二重結合がある．アセチレンでは，すべての原子の中心が同一直線上にあり，炭素原子間に三重結合がある．これは炭素原子の原子軌道が，結合する原子の数などによって変化することを示している．

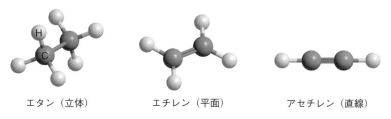

エタン（立体）　　エチレン（平面）　　アセチレン（直線）

図1・10　2個の炭素原子をもつ炭化水素の分子

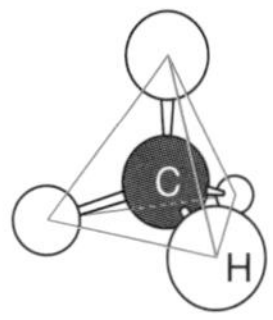

図1・11　メタン分子

話を単純にするためにメタン CH_4 で説明しよう．メタンでは，分子の外側にある4個の水素原子の中心を結んだ図形が正四面体となる．炭素原子の中心は正四面体の重心にあり，4個のC–H結合は正四面体の重心から各頂点方向にのびている（図1・11）．そもそも炭素原子の電子配置は図1・12の①に示すように $(1s)^2, (2s)^2, (2p)^2$ であり，最外殻（L殻）にある不対電子は2p軌道にある2個である*から原子価も2のはずであるが，実際の原子価は4である．メタンでは炭素原子の2s軌道にある電子と2p軌道にある電子のエネルギーが近いため，2s

* この状態が炭素原子の基底状態である．炭素原子が混成軌道を形成して他の原子と結合するときには，電子がエネルギーの高い軌道に移動した状態となる．

sp³ 混成軌道
sp³−hybrid orbital

軌道と 3 個の 2p 軌道が混ざり合って 4 個の新しい軌道ができる．ここに 2s 軌道と 2p 軌道にある 4 個の電子が 1 個ずつ配分されてすべてが不対電子となり，これらが価電子となる（図 1・12，②）．この新しい原子軌道を **sp³ 混成軌道** という．2s 軌道の電子雲は球対称であり，3 個の 2p 軌道の電子雲の配置は全体で空間的に対称である．したがって sp³ 混成軌道の 4 個の電子雲も空間的に対称になるように，正四面体の重心から各頂点方向に配置される（図 1・13）．また 4 個の sp³ 混成軌道にある電子のエネルギーはすべて等しく，その値は図 1・12 に示すように 2s 軌道のエネルギーと 2p 軌道のエネルギーを数直線上で 3：1 に内分した値となる．

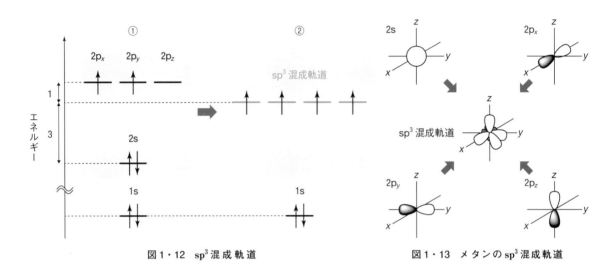

図 1・12　sp³ 混成軌道

図 1・13　メタンの sp³ 混成軌道

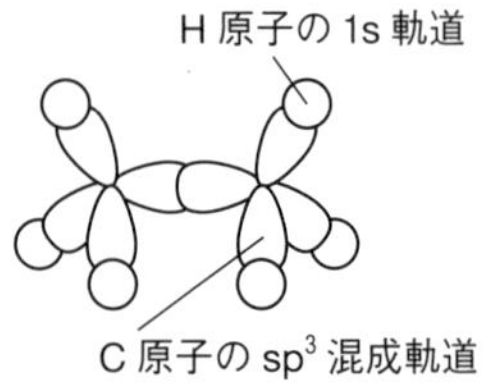

H 原子の 1s 軌道

C 原子の sp³ 混成軌道

図 1・14　エタンの分子軌道

* これらの結合は，結合軸のまわりに回転させても電子雲の重なりが変化しない σ 結合である．

sp² 混成軌道
sp²−hybrid orbital

　sp³ 混成軌道はメタンばかりでなく，エタンやプロパン C_3H_8 のように，炭素原子が単結合のみで他の原子と結合する場合に一般的に見られる．たとえばエタンでは 2 個の炭素原子がそれぞれの sp³ 混成軌道 1 個を重ねて単結合を形成し，残りの sp³ 混成軌道（6 個）に水素原子が 1s 軌道を重ねて結合している（図 1・14）*.

1・7・2　sp² 混成軌道と二重結合

　エチレンのように炭素原子が二重結合を形成する場合には，2s 軌道と 2 個の 2p 軌道（$2p_x$ と $2p_y$）とが混ざり合って，同一平面内（xy 平面）にある 3 個の **sp² 混成軌道** ができる（図 1・15，① と ②）．3 個の sp² 混成軌道は，xy 平面内で対称になるように，正三角形の重心から各頂点方向に配置される（図 1・16）．このとき p 軌道の 1 個（$2p_z$）は混成軌道に含まれずに残る．原子内には 3 個の sp² 混成軌道と 1 個の 2p 軌道があり，これらの軌道に不対電子が 1 個ずつ存在する．3 個の sp² 混成軌道における電子のエネルギーはすべて等しく，その値は図 1・15 に示すように，2s 軌道のエネルギーと 2p 軌道のエネルギーを数直線上で 2：1 に内分した値となる．

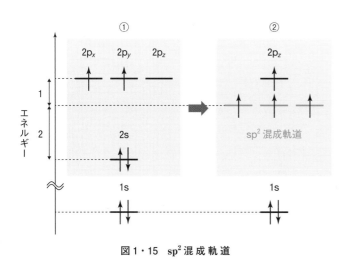

図 1・15 sp² 混成軌道

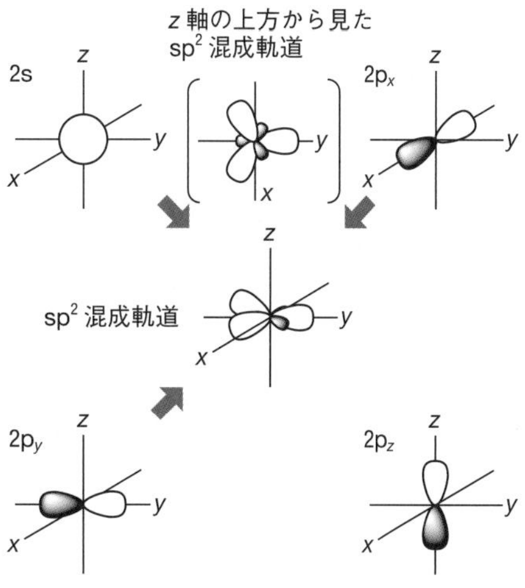

図 1・16 sp² 混成軌道と pz 軌道

エチレンにおける各炭素原子では，1 個の sp² 混成軌道は隣の炭素原子の sp² 混成軌道と重なって σ 結合を形成する．また各炭素原子に残っている 2pz 軌道が重なって π 結合が形成される．こうして炭素原子間に二重結合ができる．各炭素原子における残り 2 個の sp² 混成軌道は，それぞれ水素原子の 1s 軌道と重なって σ 結合を形成する．したがって，エチレンの炭素原子間の結合は二重結合となる（図 1・17）．エチレンでは，2 個の炭素原子と 4 個の水素原子の中心が同一平面上にある．

図 1・17 エチレンの分子軌道

1・7・3 sp 混成軌道と三重結合

アセチレン分子のように炭素原子が三重結合を形成する場合には，2s 軌道と 1 個の 2p 軌道（たとえば 2py）とが混ざり合って，同一直線上（y 軸上）にある 2 個の **sp 混成軌道**ができる（図 1・18, ① と ②）．2 個の sp 混成軌道は，y 軸上で左右対称になるように配置される（図 1・19）．このとき p 軌道の 2 個（2px,

sp 混成軌道
sp-hybrid orbital

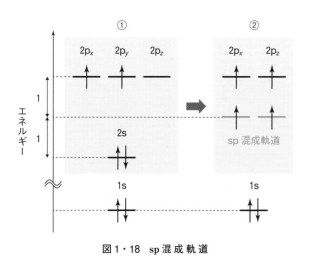

図 1・18 sp 混成軌道

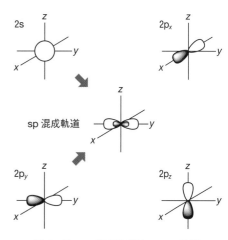

図 1・19 sp 混成軌道と px, pz 軌道

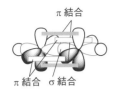

図1・20 アセチレンの分子軌道

$2p_z$）は，混成軌道に含まれずに残る．このとき2個のsp混成軌道と2個の2p軌道（$2p_x$と$2p_y$）には，不対電子が1個ずつ存在する．2個のsp混成軌道における電子のエネルギーはすべて等しく，その値は図1・18に示したように2s軌道のエネルギーと2p軌道のエネルギーを数直線上で1：1に内分した値となる．

　アセチレンにおける各炭素原子では，1個のsp混成軌道は隣の炭素原子のsp混成軌道と結合してσ結合を形成する．また各炭素原子に残っている$2p_x$および$2p_z$軌道どうしが重なって，2個のπ結合が形成される．こうして炭素原子間に三重結合ができる．各炭素原子における残り1個のsp混成軌道は，それぞれ水素原子の1s軌道と重なって単結合（σ結合）を形成する（図1・20）．したがって，アセチレンでは2個の炭素原子と2個の水素原子の中心が同一直線上にある．

◆◆◆ ま　と　め ◆◆◆

• 電子には，粒子としての性質と共に波としての性質がある．原子内での各電子は一定の空間に雲のように広がって存在している．これを電子雲という．
• 電子雲の形（状態）は，電子のもつエネルギーによって異なる．原子内の電子雲の状態を原子軌道（s軌道，p軌道，d軌道など）という．原子軌道は電子の通り道ではなく，電子の分布を表す．

• 原子と原子が結合する場合には，原子軌道どうしが重なって新しい軌道（分子軌道）を形成する．分子軌道にはσ結合とπ結合とがある．
• 分子内の炭素原子は，周囲の原子の種類と数に応じて，2s軌道と2p軌道が混ざり合った混成軌道を形成している．

◆◆◆ 演 習 問 題 ◆◆◆

1・1 次の(a)〜(e)の各原子の電子配置を，表1・1を参照しながら例にならって表記せよ．

例）$_3$Li　$(1s)^2, (2s)^1$

(a) $_4$Be　　(b) $_8$O　　(c) $_{10}$Ne

(d) $_{13}$Al　　(e) $_{16}$S

1・2 ホウ素原子$_5$Bの基底状態の電子配置は$(1s)^2$，$(2s)^2, (2p)^1$であり，不対電子は2p軌道にある1個だけである．しかし，ホウ素原子の原子価は3であり，たとえば，三フッ化ホウ素BF_3のような化合物となる．この分子の形は正三角形である．これはホウ素原子のL殻（2s軌道と2p軌道）の電子が混成軌道を形成するためと考えられる．図1・12，1・15，1・18にならって図を描いて説明せよ．

1・3 次の(a)〜(c)の構造式における○印を付した炭素原子の混成軌道は何か．ア〜ウより選べ．

(a) H₃C–C≡CH　　(b) H₃C–C(H₂)–CH₃　　(c) H₃C–C(H)=CH₂

ア　sp^3混成軌道　　　イ　sp^2混成軌道

ウ　sp混成軌道

1・4 アレン（1,2-プロパジエン）C_3H_4は下図のような構造をもつ炭化水素である．○印を付した分子中央の炭素原子は，両隣の炭素原子と二重結合で結ばれている．この○印を付した炭素原子の混成軌道は何と考えられるか．理由と共に答えよ．

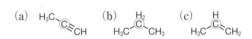

$$H_2C=C=CH_2$$

2

電気陰性度と分子間の結合

この章では，高等学校で学習した電気陰性度と結合の極性およびイオン結合について，第1章で扱った分子軌道の観点から述べる．また分子の形と分子の極性，分子間の結合についても学習する．

2・1 電気陰性度

2・1・1 ポーリングの電気陰性度

水素分子 H_2 や塩素分子 Cl_2 のように同一元素の原子どうしが共有結合を形成して二原子分子となるとき，原子間に共有される電子の分布には偏りがない．しかし水素原子と塩素原子とが結合して塩化水素分子 HCl を形成するときには，両原子に共有される電子は塩素原子側に偏って分布している．これは水素原子と塩素原子の間で，電子を引きつける性質が異なっているためである．この電子（共有電子対）を引きつける尺度を**電気陰性度**という．

この概念を最初に考えた科学者は，ポーリング[*1]である．A という原子と B という原子からなる分子 AB の結合エネルギー[*2] $D(A–B)$ は，A と B の電気陰性度に差がなければ A_2 分子の結合エネルギー $D(A–A)$ と B_2 分子の結合エネルギー $D(B–B)$ との相加平均 $[D(A–A)+D(B–B)]/2$ または相乗平均 $\sqrt{D(A–A)\cdot D(B–B)}$ に等しくなると考えられる．しかし，現実には $D(A–B)$ の値は両平均より大きい．ポーリングは，これを原子 A と原子 B の電気陰性度の差による AB 分子間の電子の分布の偏りのためと考えて，$D(A–B)$ と，$D(A–A)$ と $D(B–B)$ との相加平均 $[D(A–A)+D(B–B)]/2$ との差 Δ_{AB}（式2・1）または相乗平均 $\sqrt{D(A–A)\cdot D(B–B)}$ との差 Δ'_{AB}（式2・2）が，原子 A の電気陰性度と原子 B の電気陰性度の差と相関があるとした．

$$\Delta_{AB} = D(A–B) - [D(A–A)+D(B–B)]/2 \qquad (2\cdot1)$$

$$\Delta'_{AB} = D(A–B) - \sqrt{D(A–A)\cdot D(B–B)} \qquad (2\cdot2)$$

以上のような考察を基に，ポーリングは原子 A の電気陰性度 χ_A と原子 B の電気陰性度 χ_B の差 $|\chi_A-\chi_B|$ について

$$|\chi_A-\chi_B| = 0.18\sqrt{\Delta'_{AB}} \qquad (2\cdot3)$$

電気陰性度
electronegativity

[*1] L. Pauling

[*2] 結合を切るために必要なエネルギーなので"解離エネルギー"と表記するべきであるが，ここではポーリングの原著に従って"結合エネルギー"を用いる．

*1 ポーリングは当初，式(2・1)に基づく Δ_{AB} を使っていたが，後に式(2・2)に基づく Δ'_{AB} を使って電気陰性度を論じるようになった．なお，ここでの結合エネルギーの単位は kcal mol^{-1} である．

を提案し，水素の電気陰性度 2.1 を基準にした電気陰性度の値を提案した[*1]．これがポーリングの電気陰性度であり，現在一般的に使われている電気陰性度である．ポーリングによる代表的な元素の電気陰性度を表2・1に示す．

表2・1　電気陰性度 (ポーリングによる値)

元素記号	電気陰性度	元素記号	電気陰性度
H	2.2	Mg	1.3
Li	1.0	Al	1.6
C	2.6	Si	1.9
N	3.0	P	2.2
O	3.4	S	2.6
F	4.0	Cl	3.2
Na	0.9	Br	3.0

2・1・2　マリケンの電気陰性度

*2 R. S. Mulliken

ポーリング以後，今日に至るまで，さまざまな電気陰性度が提案されている．たとえば，マリケン[*2]は原子Aの（第一）イオン化エネルギーの値 I_A と電子親和力の値 E_A を用いて，Aの電気陰性度 χ_A を式2・4のように定義した．

$$\chi_A = (I_A + E_A)/2 \qquad (2・4)$$

これをマリケンの電気陰性度という．この定義の意味については，以下のように考えることができる．原子Aのイオン化エネルギー I_A と電子親和力 E_A は，式2・5と式2・6のように表される[*3]．

*3 反応式中の "・" は，原子の最外殻にある電子を表す．ΔH はエンタルピー変化であり，高等学校で学習する "反応熱" に相当する．発熱反応であれば $\Delta H < 0$ であり，吸熱反応であれば $\Delta H > 0$ である．（付録参照）

$$A\cdot \longrightarrow A^+ + e^- \qquad \Delta H = I_A \qquad (2・5)$$
$$A\cdot + e^- \longrightarrow [A:]^- \qquad \Delta H = -E_A \qquad (2・6)$$

原子Aと原子Bからなる分子ABの電子式をA:Bと表すと，この分子の共有電子対をAの原子核が引きつける力は陰イオン [A:]$^-$ における最外殻の電子対をAの原子核が引きつける力と強い相関があると考えられ，これは [A:]$^-$ の最外殻電子対を取除く反応のエンタルピー変化によって評価できる．[A:]$^-$ における最外殻の電子1個を取去る反応のエンタルピー変化は式2・6の逆反応を考えれば E_A に等しく，さらに原子A（A・）からもう1個の電子を取去る反応のエンタルピー変化は I_A そのものである．したがって，原子Aの電気陰性度は $(I_A + E_A)/2$ によって評価できる．

2・1・3　実際の電気陰性度

ポーリングやマリケンの電気陰性度では，一つの元素に一つの値が割り振られている．しかし実際の電気陰性度は，同一元素の原子でも，酸化数などによって異なっている．たとえば，鉄(II)イオン Fe^{2+}（酸化数+2）と鉄(III)イオン Fe^{3+}（酸化数+3）は鉄という同一元素の陽イオンであるが，後者の電子の数は1個少ない．したがって鉄(III)イオンの電気陰性度は，鉄(II)イオンの電気陰性度より大きくなる．これらのイオンを含む水溶液では，配位結合（§5・1参照）した

水分子の可逆的な電離（解離）が進行するが，その平衡定数は表2・2のように鉄(Ⅲ)イオンの方が大きい．これは鉄(Ⅲ)イオンの電気陰性度が鉄(Ⅱ)イオンよりも大きく，配位結合している水分子の電子をより強く引きつけた結果，O−H結合の電子対の偏りが大きくなったことによる．このように同一元素の原子でも，酸化数が大きくなると電気陰性度が大きくなる．

表2・2 電離平衡定数の比較

$$[Fe(H_2O)_6]^{n+} \rightleftharpoons [Fe(H_2O)_5(OH)]^{(n-1)+} + H^+$$

$$K = \frac{[[Fe(H_2O)_5(OH)]^{(n-1)+}][H^+]}{[[Fe(H_2O)_6]^{n+}]}$$

n	2	3
K	$10^{-9.50}$ mol/L	$10^{-4.05}$ mol/L

2・2 極 性

2・2・1 結合の極性

高等学校の化学で学習したように，電気陰性度の異なる原子間の共有結合には，共有される電子の偏りによる**極性**がある．たとえば電気陰性度の小さい原子Aと電気陰性度が大きい原子Bとの共有結合では，電子がB側に偏っているので，Aはわずかな正の電荷（部分正電荷：δ+），Bはわずかな負の電荷（部分負電荷：δ−）をもつ（図2・1）．

電気陰性度と結合の極性を，第1章で扱った分子軌道の立場から考えてみよう（図2・2）．話を単純にするために，上記の原子AとBの価電子（不対電子）の原子軌道をs軌道のような球対称の軌道とし，おのおのをa，bと表す．電気陰性度の大きいB原子の価電子のエネルギー（E_b）は，電気陰性度の小さいA原子の価電子のエネルギー（E_a）より低い*．aとbとの重なりによって，分子ABの結合性軌道 Ψ と反結合性軌道 Ψ^* とができる．この Ψ にある電子のエネルギー

極性 polarity

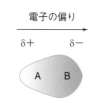

図2・1 部分正電荷と部分負電荷

* 電気陰性度の大きい原子Bの軌道にある価電子の方が，エネルギー的に安定である．

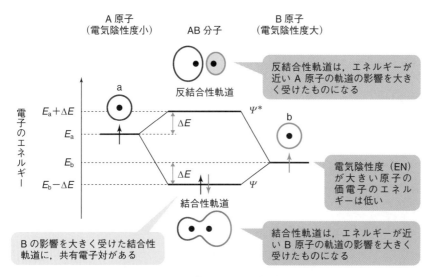

図2・2 分子軌道による結合の極性の説明

は近似的に E_b より ΔE だけ小さく，Ψ^* にある電子のエネルギーは近似的に E_a より ΔE だけ大きい．この ΔE の大きさは $E_a - E_b$ の大きさによって決まる．すなわち $E_a - E_b$ の値が大きい場合には ΔE は小さくなり，$E_a - E_b$ の値が小さい場合には ΔE は大きくなる．分子 AB では A の価電子と B の価電子がエネルギーの低い Ψ に入り，共有電子対となる．Ψ のエネルギーは E_a より E_b に近いので，共有電子対の軌道 Ψ は原子軌道 b の影響を強く受けた軌道である．これが高等学校の化学で学習した"共有電子対が原子 B 側に偏った状態"を表している[*1]．

*1 逆に反結合性軌道 Ψ^* のエネルギーは E_b より E_a に近いので，Ψ^* は原子軌道 a の影響を強く受けた軌道である．

第1章で述べたように，炭素原子の混成軌道にある電子のエネルギーは，sp^3 混成軌道＞sp^2 混成軌道＞sp 混成軌道の順に低くなる．上記のように，電気陰性度の大きい原子では原子軌道に存在する価電子のエネルギーが低い．したがって，電気陰性度は sp 混成軌道＞sp^2 混成軌道＞sp^3 混成軌道の順になる．

原子間の電気陰性度の差が大きくなるほど，結合の極性が大きくなり，結合の性質がイオン結合に近づいていく．同一元素の原子間の結合のように極性のない共有結合では共有結合性（共有結合としての性質）が100%であるが，極性のある共有結合は一定のイオン結合性（イオン結合としての性質）をもつ．電気陰性度が χ_A と χ_B の原子間の結合におけるイオン結合性について，次のような式が知られている．

$$\text{イオン結合性 (\%)} = 3.5\,|\chi_A - \chi_B|^2 + 16\,|\chi_A - \chi_B| \qquad (2\cdot7)$$

2・2・2 分子の形と分子の極性

a. 混成軌道と分子の形　　塩化水素 HCl のような二原子分子については，原子間の極性がそのまま分子全体の極性になる．ここで3個以上の原子からなる多原子分子の極性について考えてみよう．水 H_2O の分子には2個の O−H 結合があり，それぞれに極性がある．同様にアンモニア分子には3個の N−H 結合があり，それぞれに極性がある[*2]．このような分子の極性を考えるためには，分子の形を考慮しなければならない．

*2 窒素原子と酸素原子の電気陰性度は水素原子の場合よりも大きいので，N−H 結合では窒素原子が部分負電荷をもち，水素原子が部分正電荷をもつ．また，O−H 結合では酸素原子が部分負電荷をもち，水素原子が部分正電荷をもつ．

周期表の第2周期にある元素である酸素，窒素などの原子では，2s 軌道の電子のエネルギーと 2p 軌道の電子のエネルギーが近いので，炭素原子の場合と同様な混成軌道を考えることができる．アンモニア分子における窒素原子では，図

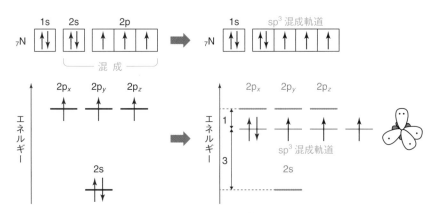

図 2・3　窒素原子の sp^3 混成軌道

2・3のようにsp^3混成軌道が形成され，5個の電子が電子対1組と不対電子3個となって配置される．この不対電子によって水素原子と3組の共有電子対を形成する．したがって，アンモニア分子の4組の電子対（共有電子対3組と非共有電子対1組）による電子雲は，正四面体の重心から各頂点方向に配置される．分子の形は原子の中心がなす図形で表すので，アンモニア分子の形は三角錐形になる（図2・4）．

　sp^3混成軌道を形成する炭素原子を含むメタンCH_4の分子では，4個のC−H結合がなす角はすべて109.5°である．この角度は正四面体の重心と各頂点を結ぶ線分どうしのなす角に等しい．アンモニア分子ではN−H結合どうしのなす角は106.7°であり，メタンの場合よりやや小さい．電子対の電子雲は負電荷をもつので互いに反発する．メタン分子における4組の共有電子対にはいずれも水素原子が結合しているので，お互いの反発の大きさが等しい．しかし，アンモニア分子の電子対には共有電子対と非共有電子対とがある．共有電子対には水素原子（正確に言えば水素原子の原子核）が結合しているので，共有電子対どうしの反発の大きさと非共有電子対と共有電子対の反発の大きさが異なる*．その結果，N−H結合どうしのなす角がメタン分子の場合よりも小さくなると考えられる．

　水分子における酸素原子でも，同様にsp^3混成軌道が形成されている．このとき6個の電子が電子対2組と不対電子2個となって配置される．この不対電子によって水素原子と2組の共有電子対を形成する（図2・5）．したがって，水分子の4組の電子対（共有電子対2組と非共有電子対2組）による電子雲は，正四面体の重心から各頂点方向に配置され，水分子の形は折れ線形となる（図2・6）．また，水分子におけるO−H結合のなす角は104.5°であり，メタン分子ともアンモニア分子とも異なる．これも共有電子対どうしの反発の大きさと，非共有電子対と共有電子対の反発の大きさが異なる（非共有電子対どうしの反発が大きい）ことに起因する．

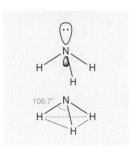

図2・4　アンモニア分子の形

* 水素原子^{1}Hの原子核は正電荷をもつ陽子であるから，N−H結合の共有電子対の電子雲をもつ負電荷の絶対値は非共有電子対の電子雲のもつ負電荷の絶対値より小さい．したがって，電子対どうしの反発の大きさは非共有電子対−非共有電子対＞共有電子対−非共有電子対＞共有電子対−共有電子対の順になる．

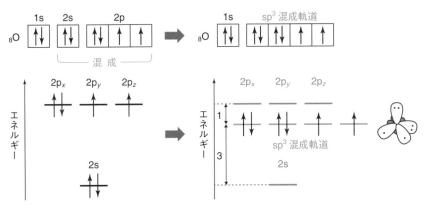

図2・5　酸素原子のsp^3混成軌道

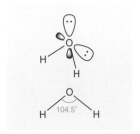

図2・6　水分子の形

　b. 多原子分子の極性　　多原子分子では，分子全体の極性は原子間の結合の極性をδ+ からδ− に向かうベクトルと考えて，足し合わせたものになる．たとえば水分子には極性をもつ2個のO−H結合があり，共有電子対は電気陰性

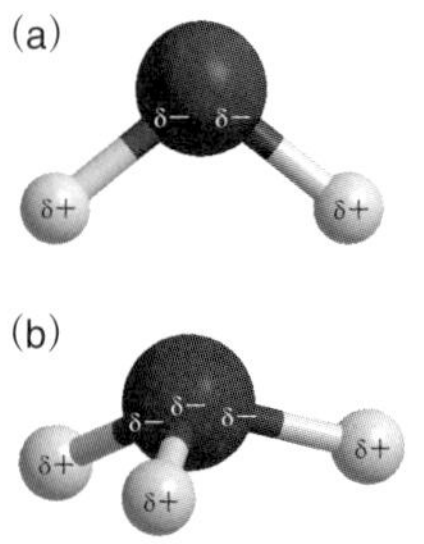

(a)

(b)

**図 2・7　水分子とアンモニ
ア分子の極性**

極性分子
polar molecule

無極性分子
nonpolar molecule

度の大きい酸素原子側に偏在している．分子全体を眺めると，各 O−H 結合の
極性によって電子が酸素原子側に偏在しているので，酸素原子が存在する上半分
に負電荷が集まり，これに伴って 2 個の水素原子が存在する側に正電荷が集まっ
ている（図 2・7a）．また，アンモニア分子には極性をもつ 3 個の N−H 結合が
あり共有電子対は電気陰性度の大きい窒素原子側に偏在している．分子全体を眺
めると，各 N−H 結合の極性によって電子が窒素原子側に偏在しているので，窒
素原子が存在する上半分に負電荷が集まり，これに伴って 3 個の水素原子が存在
する側に正電荷が集まっている（図 2・7b）．このように分子全体に電荷の偏在
がある場合，その分子は**極性分子**とよばれる．

　これに対して，水素分子や塩素分子のように同一元素の原子からなり，結合に
極性がないために分子内に電荷の偏りがない分子，あるいは分子内の結合に極性
があっても，それらがベクトル的に打ち消し合っている分子を**無極性分子**とい
う．無極性分子では正電荷の重心と負電荷の重心が共に分子の中心にあり，分子
全体で正電荷と負電荷が打ち消し合っている．二酸化炭素分子の炭素原子は sp
混成であり，分子の中心にある炭素原子と，これと結合している 2 個の酸素原子
は同一直線上にある．酸素原子の電気陰性度は炭素原子の電気陰性度より大きい
ので，2 個の C＝O 結合には極性があるが，それらは互いに打ち消しあっている．
したがって，二酸化炭素分子は無極性分子であり，正電荷の重心と負電荷の重心
は共に炭素原子の中心にある（図 2・8a）．また，メタン分子の炭素原子は sp^3
混成であり，4 個の水素原子の中心は正四面体の頂点，炭素原子の中心はその重
心にある．炭素原子の電気陰性度は水素原子の電気陰性度より大きいので 4 個の
C−H 結合には極性があるが，これらは空間的に対称に配置されているので，結
合の極性は打ち消しあっている．したがって，メタン分子は無極性分子であり，
正電荷の重心と負電荷の重心は共に炭素原子の中心にある（図 2・8b）．

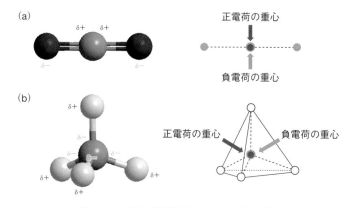

(a)

正電荷の重心

負電荷の重心

(b)

正電荷の重心　　　　　　負電荷の重心

図 2・8　二酸化炭素分子とメタン分子の極性

2・3　分 子 間 の 結 合

2・3・1　分子間に作用する引力

分子間力
intermolecular force

　分子どうしが接近すると分子間に引力が作用する．この引力を一般に**分子間力**

（または**ファンデルワールス力**）という．分子間力の原因は大きく分けて三つある．一つ目は極性分子どうしが接近した場合に，分子内の電子雲の偏在によって，δ＋とδ−の部分の間で生じる静電気的な引力である（図2・9a）．二つ目は無極性分子に極性分子が接近した場合に，極性分子内の電子の偏在によって無極性分子内に電子雲の偏在が誘起されて生じる静電気的な引力である（図2・9b）．無極性分子内の電子雲の分布に揺らぎが生じ，一時的に電子の偏在が生じる場合がある．三つ目は，この現象によって隣接する無極性分子内にも電子の偏在が誘起された結果生じる静電気的な引力である（図2・9c）[*1]．これらの引力はすべて分子内の電子の偏りによって生じるので，分子内の電子の数が多いほど強く作用する．分子内の電子の数は分子量が大きい分子ほど多いので，分子量が大きい分子間ほど強い分子間力が作用する．また分子を構成粒子とする物質では，分子間力が強く作用するほど融点や沸点が高くなる．

ファンデルワールス力
van der Waals force

[*1] 図2・9における三つの引力を比べると，一般に(a)が最も強く，続いて(b)，(c)の順になる．

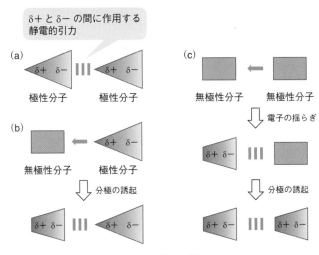

図2・9　分子間力

2・3・2　水素結合

　図2・10は，周期表14〜17族元素の水素化合物における分子量と沸点の関係を示したグラフである．14族元素の水素化合物 CH_4, SiH_4, GeH_4, SnH_4 の分子はいずれも正四面体形の無極性分子である．したがってこの系列における分子間力のメカニズムは図2・9(c)のタイプであり，分子量の増加に伴って分子間力が強く作用する．したがって，これらの沸点は $CH_4 < SiH_4 < GeH_4 < SnH_4$ の順に高くなる．

　これに対して，15〜17族元素の水素化合物[*2]の系列では，最も分子量が小さい NH_3, H_2O, HF の沸点が異常に高い．これは，これらの分子間に特殊な結合があることを示している．これらの分子に含まれる N，O，F 原子の電気陰性度が大きいので，N−H，O−H，F−H 結合の分極は非常に大きくなる．その結果，それぞれの分子において水素原子が帯びる正電荷が大きくなり，水素原子が隣接する分子の N，O，F 原子の非共有電子対から強い引力を受ける．このとき水素

[*2] 15族元素の水素化合物 NH_3, PH_3, AsH_3, SbH_3 の分子は三角錐形，16族元素の水素化合物 H_2O, H_2S, H_2Se, H_2Te の分子は折れ線形である．15〜17族元素の水素化合物の分子は，いずれも極性分子である．

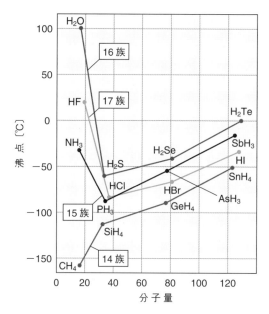

図2・10　水素化合物の分子量と沸点

原子は，二つの N，O，F 原子を結ぶ直線上で振動しながら分子と分子をつなぐ．このようにしてできる分子間の結合を**水素結合**という（図2・11）.

水素結合
hydrogen bond

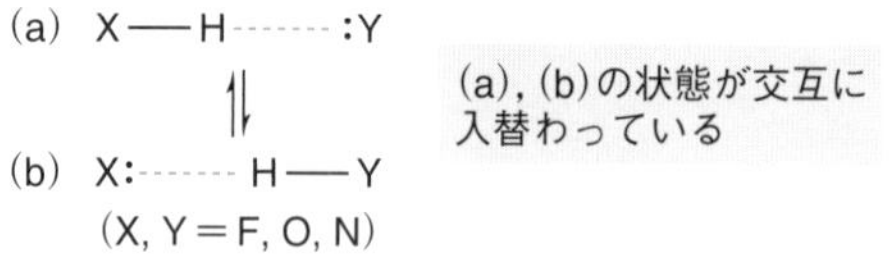

(a)　X——H┈┈┈:Y

(a), (b)の状態が交互に
入替わっている

(b)　X:┈┈┈H——Y
(X, Y＝F, O, N)

図2・11　水 素 結 合

　水は私たちにとって最も身近な物質であるが，化学的には特殊な物質である．私たちの生活している環境で，水のように固体，液体，気体の三つの状態がみられる物質はきわめて珍しい．水の分子量は 18.0 であるが，同程度の分子量をもつメタン（分子量 16.0），アンモニア（分子量 17.0）などが常温・常圧で気体であるのに対し，水はおもに液体で存在する．これは水分子間の水素結合による性質である．上記のように，水素結合は H 原子と N，O，F 原子の非共有電子対との間にできる．水分子には 2 個の水素原子と 2 組の非共有電子対とがあるため，1 つの水分子は，図2・12 のように周囲にある水分子との間に最大で 4 個の水素結合をつくることができる．したがって，水の沸点は同じく分子間に水素結合があるアンモニアやフッ化水素よりもはるかに高くなる*．また，水が凝固して氷になると，分子間に水素結合によるネットワークができることで，図2・13 のような空間ができる．これによって，氷の密度が水の密度よりも小さくなるので，氷は水に浮かぶ．水のように固体の密度が液体よりも小さい物質はきわめて珍しい．また氷に圧力を加えると，融解して水になる．これは圧力により水素結合のネットワークの一部が破壊されるためである．アイススケート靴を履いて氷の上に立つと，エッジにかけられた圧力によって接触している部分の氷が融解して水になる．この水が潤滑剤となってエッジと氷との間の摩擦を少なくし，氷の上を

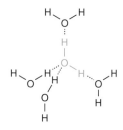

図2・12　水分子間の水素
　　　結合

* アンモニア分子やフッ化
水素分子では，水素原子の数
と非共有電子対の数が異な
る．

スムーズに滑ることができる．なお，スケート靴が通り過ぎると圧力が元に戻るため，融解した水が氷に戻る．このような現象を復氷という．

図2・13　水素結合による水分子間のネットワーク

2・3・3　有機化合物の水への溶解

有機化合物の分子内には，ヒドロキシ基 $-OH$，カルボキシ基 $-COOH$，スルホ基 $-SO_3H$ やアミノ基 $-NH_2$ などの官能基（§3・3・3参照）が存在する．これらの官能基には $O-H$，$N-H$ という構造が含まれ，これらが水分子と水素結合を形成する．したがって上記のような官能基を分子内にもつ有機化合物には水に溶けやすい性質を示すものがある．この性質を**親水性**という．たとえば，分子内にヒドロキシ基を一つもつメタノール CH_3OH，エタノール CH_3CH_2OH などは任意の割合で水に溶ける．しかし，同じく分子内にヒドロキシ基を一つもつ 1-ブタノール $CH_3CH_2CH_2CH_2OH$ は，20 ℃で 100 g の水に 7.7 g しか溶けない．これは 1-ブタノール分子の炭素原子と水素原子から構成される炭化水素基が，メタノールやエタノールより大きいためである．炭化水素基における $C-H$ 結合の分極は $O-H$，$N-H$ に比べて小さいので，炭化水素基は水分子と水素結合を形成せず，水と馴染みにくい．この性質を**疎水性**という．疎水性が大きい有機化合物を水の中に入れると，その分子は水分子間における水素結合のネットワークに入ることができず，水の中に分散することなく集合する（図2・14）．これを**疎水(性)相互作用**という*．親水性の原因となる官能基をもたない有機化合物は水には溶けにくいが，ヘキサンやジエチルエーテルなどの有機溶媒にはよく溶ける．

親水性
hydrophilicity

疎水性
hydrophobicity

疎水(性)相互作用
hydrophobic interaction

* 食品中に含まれる油脂の分子には大きな炭化水素基が含まれる．そのため油脂は疎水性が大きく，水に溶けにくいため，水に入れると集合して油滴を形成する．"水と油"は互いに馴染みにくいものの喩えとして使われる．

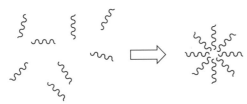

図2・14　疎水(性)相互作用による分子の集合

カルボキシ基は塩基性水溶液中で電離して陰イオン型 $-COO^-$ となる．またアミノ基は酸性水溶液中で電離して陽イオン型 $-NH_3^+$ となる．このように電

荷をもった官能基は電離前よりも親水性が大きくなるため，これらを分子内にもつ有機化合物（たとえばカルボン酸の塩やアミンの塩）は，電離前より水に溶けやすくなる．

[コラム] **原子価殻電子対反発理論**

原子価殻電子対反発理論
（valence shell electron pair repulsion rule）：略してVSEPR理論ともいう．

　原子価殻電子対反発理論は，分子の形を推定するための理論である．電子は自転（スピン）によって磁場を形成しているが，電子どうしが対をなすときにはスピンの向きが逆になるように対を形成するので，個々の電子による磁場が打ち消される．したがって，電子対による電子雲は磁場を形成しない負電荷の塊になる．分子における原子間の共有電子対や非共有電子対の電子雲は，これによって反発して互いに離れようとする．これが"原子価殻電子対反発"という考え方である．このとき二重結合や三重結合の電子雲は，一つにまとめて考える．

　たとえば，二酸化炭素分子には，中心にある炭素原子を含む2組のC=O結合がある．この結合の電子雲は互いに反発するので2組のC=O結合は互いに反発して180°の角度をなす．したがって，二酸化炭素分子は直線形となる．また，アセチレン分子では，個々の炭素原子に結合したC≡C結合とC−H結合が互いに反発して180°の角度をなすので，直線形分子になる（図a）．

　反発する電子対が3組になると，同一平面上で120°に近いの角度をなそうとする．すなわち，分子の中心にある原子を三角形の重心に置くと，3組の電子雲が各頂点方向に配置される．たとえば，ホルムアルデヒド分子には中心にある炭素原子を含むC=O結合と，2個のC−H結合がある．これらが上記のように反発するので，分子内の2個の水素原子，炭素原子および酸素原子は同一平面上にある．ここでC=O結合とC−H結合の反発の大きさとC−H結合どうしの反発の大きさを比べると，電子を多く含むC=O結合とC−H結合の反発の方がC−H結合どうしの反発より大きい．また，結合の長さもC=O結合の方がC−H結合より長いので，ホルムアルデヒド分子の形は二等辺三角形となる．同様に考えると，エチレン分子を構成する2個の炭素原子と4個の水素原子が同一平面上にあることが理解できる（図b）．

　反発する電子雲が4組になると，それらを同一平面内に収めることができなくなるので，分子の中心にある原子を四面体の重心に置き，4組の電子雲が各頂点方向に伸びる．たとえば，メタン分子では4組のC−H結合が互いに反発し，C−H結合どうしの反発の大きさは等しいので，分子の形は正四面体になる．

　原子価殻電子対反発理論は，混成軌道の考え方を導入することなく分子の概形を考える方法として便利である．

(a) アセチレン分子（直線形）　　(b) ホルムアルデヒド分子とエチレン分子

◆◆◆ ま と め ◆◆◆

- 電気陰性度は，共有結合を形成する原子が共有電子対を引きつける尺度である.
- 電気陰性度の値は元素によって異なるが，同一元素の原子でも酸化数によって電気陰性度の値が変化する.
- 電気陰性度の値が異なる原子間の結合には極性がある.
- 分子の極性は個々の結合の極性を $\delta+$ から $\delta-$ に向かうベクトルと考えて，それらを足し合わせたものである.
- 分子どうしの間には，電子の偏りに起因する分子間力が作用する.
- 電気陰性度が大きい N，O，F 原子と N−H，O−H，F−H 結合の H 原子との間には，同一元素の原子間でなくても水素結合が形成される. 分子間の水素結合は，分子どうしを強く結びつける.

◆◆◆ 演 習 問 題 ◆◆◆

2・1 H−H の結合エネルギーは 104.2 kcal/mol，Cl−Cl の結合エネルギーは 58.0 kcal/mol，H−Cl の結合エネルギーは 103.2 kcal/mol である. 水素の電気陰性度は 2.2 である. 以下の問いに答えよ. 解答の有効数字は 2 桁とする.

(a) 式(2・2)と式(2・3)を用いて，Δ'_{HCl} の値を求めよ.

(b) 塩素の電気陰性度は水素よりも大きい. (a)の結果から塩素の電気陰性度を求めよ.

(c) H−Br の結合エネルギーは 87.5 kcal/mol，臭素の電気陰性度は 2.96 である. これらの値を用いて Br−Br の結合エネルギーを計算せよ.

(現在ではエネルギーの単位には J や kJ が用いられるが，本問ではポーリングの計算式にあてはめるためにエネルギーの単位に kcal を用いた.)

2・2 メタン分子における炭素原子の価電子とアンモニア分子における窒素原子の価電子がある原子軌道は，共に sp^3 混成軌道である. しかし，メタン分子における 4 個の C−H 結合がなす角の大きさとアンモニア分子の 3 個の N−H 結合がなす角の大きさは異なっている. その理由を説明せよ.

2・3 次のア〜オの分子から無極性分子をすべて選べ. また選んだ分子が無極性分子である理由を答えよ.

ア　Cl_2　　　イ　CO_2　　　ウ　$CHCl_3$

エ　PH_3　　　オ　CCl_4

2・4 常圧で，0 ℃ の氷は同じ温度の水に浮かぶ. この理由を説明せよ.

3
有機化合物の表記法と名称および異性体

　高等学校の化学で学習したように，多くの有機化合物には異性体が存在するため，構造式を用いないと一意的に表記できない．本章では，有機化合物の分類と立体構造を含めたさまざまな構造式の表記法を学習する．また，基本的な有機化合物の命名法と異性体の分類についても学習する．

3・1　有機化合物の分類

　有機化合物の分子には，**炭化水素基**とよばれる炭素原子と水素原子とからなる構造と，**官能基**とよばれる有機化合物の性質を決める特有の構造とがある．有機化合物の分類法には，炭化水素基における炭素原子のつながり方による分類法（図3・1）と，官能基による分類法（表3・1）とがある．分子内に同じ官能基をもつ化合物には共通の性質がある．たとえば，官能基としてカルボキシ基（−COOH）をもつ有機化合物は一般にカルボン酸とよばれ，水和しやすく，電離して酸としての性質を示す．炭化水素基が化合物の性質に大きな影響を与えることは少ないが，炭素原子の数が増えると疎水性が強くなり，水への溶解性に影

炭化水素基
hydrocarbon group

官能基
functional group

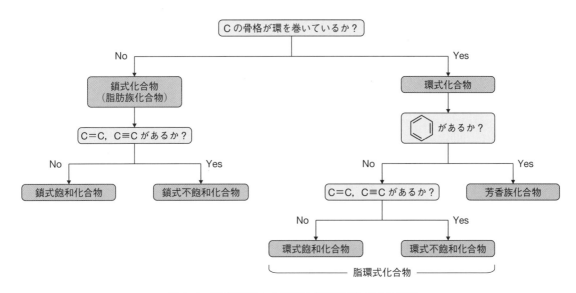

図3・1　炭素原子のつながり方（炭素骨格）による分類

響を与える場合がある（§2・3・3参照）.

表3・1 官能基による分類

官能基の名称	構　造	化合物の名称
ヒドロキシ基	$-OH$	アルコール（フェノール類）
エーテル結合	$C-O-C$	エーテル
ホルミル基（アルデヒド基）	$-CHO$	アルデヒド
カルボニル基	$C-CO-C$	ケトン
カルボキシ基	$-COOH$	カルボン酸
エステル結合	$-CO-O-C$	エステル
アミノ基	$-NH_2$	（第一級）アミン
アミド結合	$-CO-NH-$	アミド
ニトロ基	$-NO_2$	ニトロ化合物
スルホ基	$-SO_3H$	スルホン酸

3・2 有機化合物の表記法

異性体
isomer

　有機化合物の分子における原子のつながり方は多様である．有機化合物には同じ分子式であるが構造が異なるものが多く存在し，これらを互いに**異性体**という（§3・4参照）．したがって，有機化合物は分子式だけでは区別できないので，その表記にはおもに構造式が用いられる．構造式では原子の価標をすべて記すことになっているが，複雑な場合には C−H 結合や C−C 結合を省略した構造式，あるいは C や H の元素記号すら省略した構造式が用いられる場合がある（図3・2）.

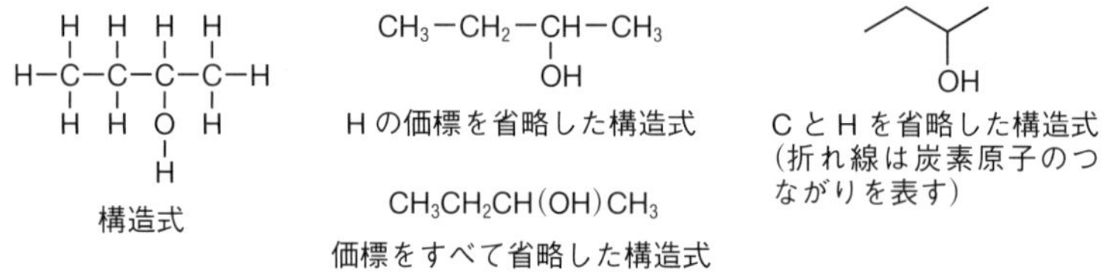

図3・2 いろいろな構造式

　sp^{3}混成軌道（§1・7・1参照）を形成する炭素原子は，正四面体形の立体構造を形成する．これを表す場合には，図3・3のような表記法を用いる.

図3・3 立体的な構造の表記法

ニューマン投影式
Newman projection

また，分子を特定の方向から眺めて原子どうしの重なり方を論じたい場合には，図3・4のような**ニューマン投影式**が用いられる.

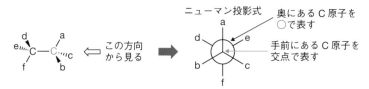

図3・4 ニューマン投影式

有機化合物の命名法

3・3・1　命 名 法 に つ い て

　物質に名称を付すことを命名という．命名を行うときに求められることは，用いる名称によって該当する化合物を特定できることである．そのために命名法とよばれる規則が IUPAC[*1] という国際機関によって定められている．物質の名称には，古くから用いられている慣用名と IUPAC の規則による名称（以下，IUPAC 名）とがある．本書における有機化合物の命名法は，1979 年 IUPAC 規則（以下，IUPAC 規則）に準拠する．この規則では，古くから用いられている慣用名の一部が許容されている．本章では，まず IUPAC 規則に基づく有機化合物の命名法を紹介し，慣用名を用いることが認められているものを随時紹介する．第4章以降では，次の 1)〜3) の原則に基づいて有機化合物の名称を記す．

*1 International Union of Pure and Applied Chemistry の略称．

1) IUPAC 規則によって慣用名の使用が認められているものについては，慣用名を用いる．

2) IUPAC 規則によって慣用名の使用が認められていないものについては，IUPAC 名を用いる．

3) 染料や医薬品など，構造が複雑で IUPAC 名も複雑な化合物については慣用名を用いる．その場合，初出部分に（　）を付して慣用名であることを示す．

3・3・2　炭 化 水 素 の 命 名 法

a. 飽和鎖式炭化水素　　IUPAC 規則による命名法の基本となるのは，**アルカン**（alkane）とよばれる鎖式飽和炭化水素の名称である．アルカンの分子式は C_nH_{2n+2} と表される．表 3・2 に炭素原子のつながりに枝分かれがない[*2] アルカンの分子式と名称（分子内の炭素原子数 1〜10）を示す．

*2 分子内の結合がすべて単結合であるものを"飽和"という．また炭素原子のつながりに枝分かれがないものを"直鎖"という．

表 3・2　アルカンとアルキル基

アルカン	化学式	アルキル基	化学式
メタン（methane）	CH_4	メチル（methyl）基	CH_3-
エタン（ethane）	C_2H_6	エチル（ethyl）基	C_2H_5-
プロパン（propane）	C_3H_8	プロピル（propyl）基	C_3H_7-
ブタン（butane）	C_4H_{10}	ブチル（butyl）基	C_4H_9-
ペンタン（pentane）	C_5H_{12}	ペンチル（pentyl）基	$C_5H_{11}-$
ヘキサン（hexane）	C_6H_{14}	ヘキシル（hexyl）基	$C_6H_{13}-$
ヘプタン（heptane）	C_7H_{16}	ヘプチル（heptyl）基	$C_7H_{15}-$
オクタン（octane）	C_8H_{18}	オクチル（octyl）基	$C_8H_{17}-$
ノナン（nonane）	C_9H_{20}	ノニル（nonyl）基	$C_9H_{19}-$
デカン（decane）	$C_{10}H_{22}$	デシル（decyl）基	$C_{10}H_{21}-$

　アルカン分子の炭素原子に結合した水素原子を 1 個はずした炭化水素基を**アルキル**（alkyl）**基**という．アルキル基の化学式は $C_nH_{2n+1}-$ と表される．各アルカンに対応するアルキル基の化学式と名称をあわせて表 3・2 に示す．炭素原子のつながりに枝分かれがある場合には，アルカン分子内の水素原子をアルキル基で置き換えたと考えて，図 3・5 の手順に従って命名する．このような考え方に基づく命名法を置換命名法という．置換命名法は，有機化合物の体系的な命名法に

おける基本である．なお 2-メチルプロパン $CH_3CH(CH_3)CH_3$ についてはイソブタン（isobutane），2-メチルブタン $CH_3CH(CH_3)CH_2CH_3$ についてはイソペンタン（isopentane）のように，炭素原子数が少ないアルカンには慣用名を用いることができるものがある．

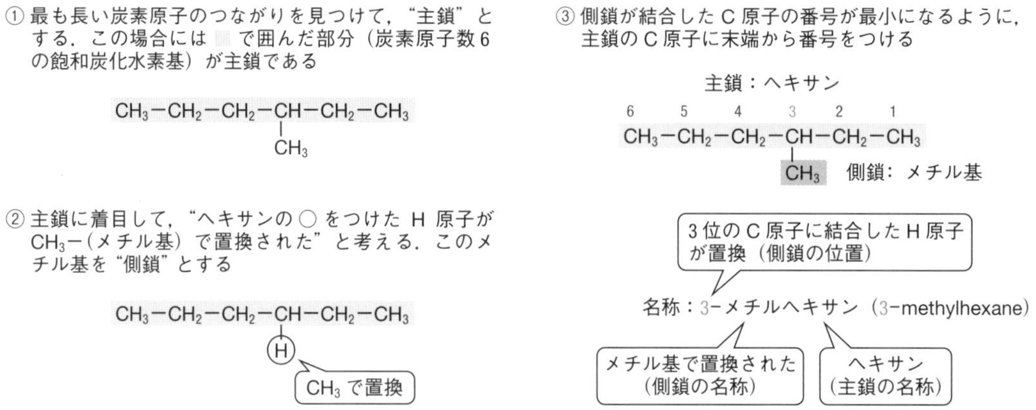

① 最も長い炭素原子のつながりを見つけて，"主鎖"とする．この場合には ▢ で囲んだ部分（炭素原子数 6 の飽和炭化水素基）が主鎖である

$$CH_3-CH_2-CH_2-\underset{\underset{CH_3}{|}}{CH}-CH_2-CH_3$$

② 主鎖に着目して，"ヘキサンの ○ をつけた H 原子が CH_3-（メチル基）で置換された"と考える．このメチル基を"側鎖"とする

$$CH_3-CH_2-CH_2-\underset{\underset{CH_3 で置換}{Ⓗ}}{CH}-CH_2-CH_3$$

③ 側鎖が結合した C 原子の番号が最小になるように，主鎖の C 原子に末端から番号をつける

主鎖：ヘキサン

$$\overset{6}{CH_3}-\overset{5}{CH_2}-\overset{4}{CH_2}-\overset{3}{\underset{\underset{CH_3}{|}}{CH}}-\overset{2}{CH_2}-\overset{1}{CH_3}$$
側鎖：メチル基

3位の C 原子に結合した H 原子が置換（側鎖の位置）

名称：3-メチルヘキサン（3-methylhexane）

メチル基で置換された（側鎖の名称）　　ヘキサン（主鎖の名称）

図 3・5 鎖状飽和炭化水素の命名法

表 3・2 に示したアルキル基は，いずれも末端の炭素原子で他の原子と結合するものである．このようなアルキル基の名称は，アルカンの名称（アルファベット表記）における語尾の -e を -yl（イル）に置き換えたものである．末端にない炭素原子で他の原子と結合する場合，原則として以下の手順に従って命名する．

1) 結合している炭素原子を起点として，最も長い炭素原子のつながりを見つけ，これを主鎖とみなし，結合している炭素原子の番号を 1 として他の炭素原子に番号を付す．

2) 主鎖以外の部分を置換基とみなし，図 3・5 の方法に準じて命名する．

　例として，図 3・6 の **A〜C** に炭素原子数が 5 の直鎖形アルキル基の名称を示す．また，炭素原子数が 3 または 4 のアルキル基では表 3・3 のような慣用名を

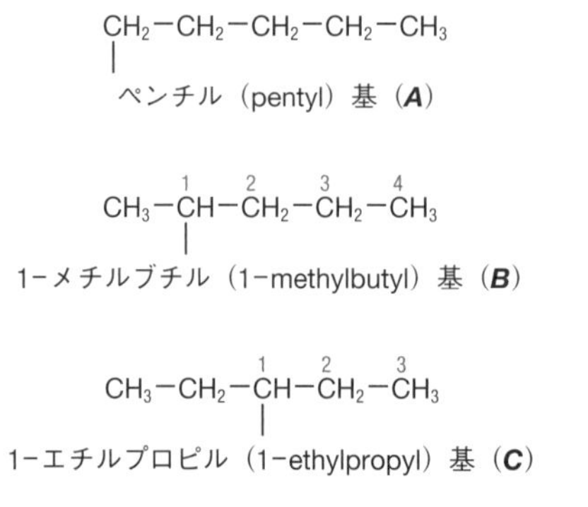

$$\underset{|}{CH_2}-CH_2-CH_2-CH_2-CH_3$$
ペンチル（pentyl）基（**A**）

$$CH_3-\overset{1}{\underset{|}{CH}}-\overset{2}{CH_2}-\overset{3}{CH_2}-\overset{4}{CH_3}$$
1-メチルブチル（1-methylbutyl）基（**B**）

$$CH_3-CH_2-\overset{1}{\underset{|}{CH}}-\overset{2}{CH_2}-\overset{3}{CH_3}$$
1-エチルプロピル（1-ethylpropyl）基（**C**）

図 3・6 炭素原子数 5 の直鎖型アルキル基の名称

表 3・3 慣用名が使われるアルキル基の例

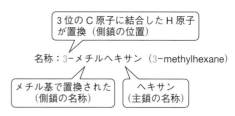

構 造 式	名 称[†]
$CH_3-\underset{\underset{CH_3}{|}}{CH}-$	イソプロピル（isopropyl）基
$CH_3-\underset{\underset{CH_3}{|}}{CH}-CH_2-$	イソブチル（isobutyl）基
$CH_3-CH_2-\underset{\underset{CH_3}{|}}{CH}-$	s-ブチル（s-butyl）基
$CH_3-\overset{\overset{CH_3}{|}}{\underset{\underset{CH_3}{|}}{C}}-$	t-ブチル（t-butyl）基

[†] IUPAC 規則に従うと，上から順に 1-メチルエチル基，2-メチルプロピル基，1-メチルプロピル基，1,1-ジメチルエチル基となる．

用いることができる.

b. 飽和環式炭化水素　環式飽和炭化水素は,一般に**シクロアルカン**(cycloalkane) とよばれる.シクロアルカンの分子式は C_nH_{2n} と表され,環を形成するためには炭素原子が3個以上必要なので $n \geqq 3$ である.シクロアルカンの名称では,同じ炭素原子数をもつアルカンの名称の前にシクロ (cyclo-) をつける.たとえば,図3・7の**A**の名称はシクロペンタン (cyclopentane),図3・7の**B**の名称は置換命名法によってメチルシクロヘキサン (methylcyclohexane)である.

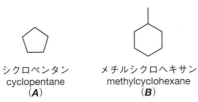

シクロペンタン
cyclopentane
(**A**)

メチルシクロヘキサン
methylcyclohexane
(**B**)

図3・7　シクロアルカンの名称の例

c. 不飽和鎖式炭化水素　分子内に C=C 結合を1個もつ鎖式炭化水素を**アルケン** (alkene) とよぶ.アルケンの分子式は C_nH_{2n} と表され,C=C 結合を含むためには炭素原子が2個以上必要なので $n \geqq 2$ である.アルケンの名称は,同じ炭素原子数のアルカンの名称(アルファベット表記)の語尾 -ane を -ene(エン)に置き換えたものである.たとえば,炭素原子数が2の C_2H_4 の名称はエテン (ethene),炭素数原子数が3の C_3H_6 の名称はプロペン (propene) となる.なお,エテンではエチレン (ethylene),プロペンではプロピレン (propylene)という慣用名を用いることができる.

　炭素原子数が4以上のアルケンには,C=C 結合の位置によって構造異性体(§3・4・1参照)がある.これらを区別するために,C=C 結合を含む炭素原子の番号がなるべく小さくなるように,主鎖の末端の炭素原子から番号をつけ,図3・8のように "C=C の位置を示す番号+アルカンの名称(アルファベット表記では語尾の -ane をとる)+エン (-ene)" と命名する.

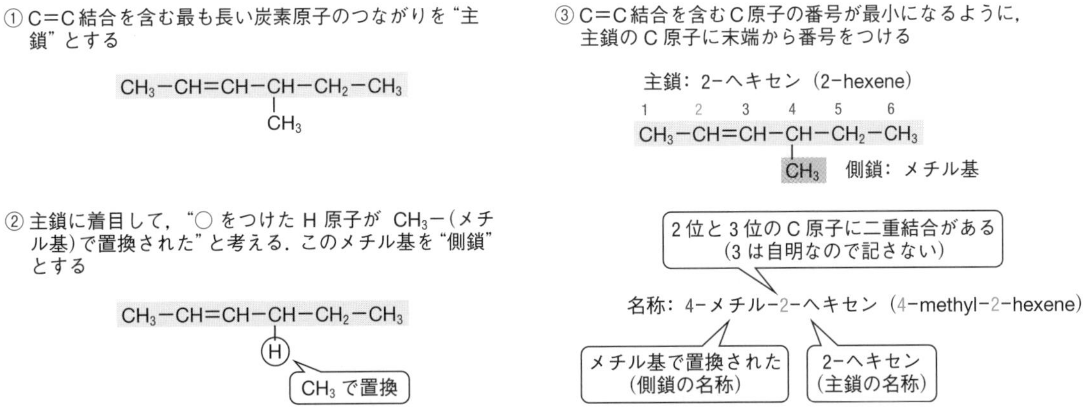

① C=C 結合を含む最も長い炭素原子のつながりを "主鎖" とする

$$CH_3-CH=CH-CH-CH_2-CH_3$$
$$\qquad\qquad\qquad | $$
$$\qquad\qquad\qquad CH_3$$

② 主鎖に着目して,"○ をつけた H 原子が CH_3-(メチル基)で置換された" と考える.このメチル基を "側鎖" とする

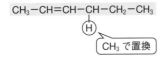

$$CH_3-CH=CH-CH-CH_2-CH_3$$

Ⓗ

CH_3 で置換

③ C=C 結合を含む C 原子の番号が最小になるように,主鎖の C 原子に末端から番号をつける

主鎖: 2-ヘキセン (2-hexene)

$$\overset{1}{CH_3}-\overset{2}{CH}=\overset{3}{CH}-\overset{4}{CH}-\overset{5}{CH_2}-\overset{6}{CH_3}$$

CH_3　側鎖: メチル基

2位と3位の C 原子に二重結合がある
(3 は自明なので記さない)

名称: 4-メチル-2-ヘキセン (4-methyl-2-hexene)

メチル基で置換された
(側鎖の名称)

2-ヘキセン
(主鎖の名称)

図3・8　アルケンの命名法

アルケン分子から水素原子を 1 個はずした構造の炭化水素基である**アルケニル**（alkenyl）**基**の名称では, アルキル基の場合と同様にアルケンの名称（アルファベット表記）における語尾の -e を -yl（イル）に置換する. たとえば, $CH_2=CH-CH_2-CH_2-$ は 3-ブテニル（3-butenyl）基である. なお, エテニル（ethenyl）基 $CH_2=CH-$ についてはビニル（vinyl）基, 2-プロペニル（2-propenyl）基 $CH_2=CH-CH_2-$ についてはアリル（allyl）基という慣用名を用いることができる[*1].

分子内に C=C 結合を 2 個以上もつ炭化水素の名称は, 主鎖の末端の炭素原子から, C=C 結合を含む炭素原子の番号がなるべく小さくなるように番号をつけ, "C=C の位置を示す番号＋アルカンの名称〔アルファベット表記では語尾の -ane（アン）をとる〕＋C=C の数を表す接頭辞[*2]＋エン（-ene）" と命名する（図 3・9）. なお, 天然ゴムを乾留（熱分解）することで得られる 2-メチル-1,3-ブタジエン $CH_2=C(CH_3)-CH=CH_2$ については, 慣用名であるイソプレンを用いることができる.

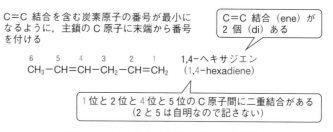

C=C 結合を含む炭素原子の番号が最小になるように, 主鎖の C 原子に末端から番号を付ける

C=C 結合（ene）が 2 個（di）ある

$$\overset{6}{CH_3}-\overset{5}{CH}=\overset{4}{CH}-\overset{3}{CH_2}-\overset{2}{CH}=\overset{1}{CH_2}$$

1,4-ヘキサジエン（1,4-hexadiene）

1 位と 2 位と 4 位と 5 位の C 原子間に二重結合がある（2 と 5 は自明なので記さない）

図 3・9　C=C 結合が 2 個ある場合の命名法

分子内に C≡C 結合を 1 個もつ鎖式炭化水素を**アルキン**（alkyne）とよぶ. アルキンの分子式は C_nH_{2n-2} と表され, C≡C 結合を含むためには炭素原子が 2 個以上必要なので $n \geqq 2$ である. アルキンの名称は, 同じ炭素原子数のアルカンの名称（アルファベット表記）の語尾 -ane（アン）を -yne（イン）に置き換えたものである. たとえば, 炭素原子数が 3 の C_3H_4 はプロピン（propyne）とよばれる. 分子内の炭素原子数が多いアルキンの名称は, アルケンの命名法に準じて主鎖の炭素原子に番号を付してつけられる. たとえば, $CH_3-C≡C-CH_2-CH_3$ の名称は, 2-ペンチン（2-pentyne）である. なお, エチン（ethyne）C_2H_2 については, 慣用名であるアセチレン（acetylene）を用いることができる. アルキン分子から水素原子を 1 個はずした構造の炭化水素基である**アルキニル**（alkynyl）**基**の名称では, アルキル基の場合と同様にアルキンの語尾（アルファベット表記）の名称における -e を -yl（イル）に置換する. たとえば, $CH≡C-$ は命名法による名称のエチン（ethyne）に対応するので, エチニル（ethynyl）基である.

分子内に複数の C≡C 結合がある場合は, 図 3・9 の命名法に準じて "C≡C の位置を示す番号＋アルカンの名称〔アルファベット表記では語尾の -ne をとる〕＋C≡C の数を表す接頭辞＋イン（-yne）" と命名する. たとえば $CH≡C-C≡C-CH_3$ の名称は, 1,3-ペンタジイン（1,3-pentadiyne）である.

d. 不飽和環式炭化水素　分子内に C=C 結合をもつ環式炭化水素の名称

は，シクロアルカンとアルケンの命名法に準じて付ける．C=C 結合を 1 個もつ
場合は，シクロアルカンの名称（アルファベット表記）の語尾の -ane（アン）
を -ene（エン）に置き換える．たとえば，図3・10の化合物 **A** の名称はシクロ
ヘキセン（cyclohexene）である．図3・10の化合物 **B** では，まず C=C 結合を
含む炭素原子を基点として，環を形成する炭素原子に番号を付す．このとき置換
基であるメチル基が結合した炭素原子の番号が最小になるように留意して，3-
メチル-1-シクロヘキセン（3-methyl-1-cyclohexne）と命名する．C=C 結合
を 2 個もつ場合は，アルファベット表記の名称の語尾を -diene（ジエン）とす
る．ここでは C=C 結合を含む炭素原子の番号が最小になるように，環を形成す
る炭素原子に番号を付す．たとえば，図3・10の化合物 **C** の名称は 1,3-シクロ
ヘキサジエン（1,3-cyclohexadiene）である．C=C 結合が 3 個の場合は名称の
語尾が -triene（トリエン），4 個の場合は -tetraene（テトラエン）になる．

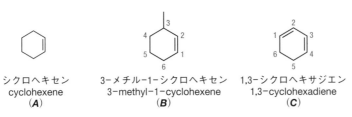

シクロヘキセン
cyclohexene
（**A**）

3-メチル-1-シクロヘキセン
3-methyl-1-cyclohexene
（**B**）

1,3-シクロヘキサジエン
1,3-cyclohexadiene
（**C**）

図3・10　不飽和環式炭化水素の名称

e. 芳香族炭化水素　分子内にベンゼン環をもつ炭化水素は，一般に**芳香
族炭化水素**とよばれる．構造が最も簡単なものはベンゼン C_6H_6 である（§4・3
参照）[*]．芳香族炭化水素のうち分子内にベンゼン環を 1 個もつものは，ベンゼ
ンの水素原子が他の原子や基によって置換されたと見なして命名される．ベンゼ
ン分子における水素原子の一つが炭化水素基で置換されている場合（これをベン
ゼンの一置換体という）には，図3・11の化合物のように"炭化水素基の名称
＋ベンゼン"と命名する．なお，図3・12に示した **A**〜**C** の芳香族炭化水素は，

芳香族炭化水素
aromatic hydrocarbon

[*] 元来ベンゼンは慣用名で
あるが，IUPAC 名として用
いられる．同様に下図の芳香
族炭化水素でも慣用名である
ナフタレン（naphthalene），
アントラセン（anthracene）
が IUPAC 名として用いられ
る．

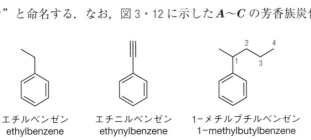

エチルベンゼン
ethylbenzene

エチニルベンゼン
ethynylbenzene

1-メチルブチルベンゼン
1-methylbutylbenzene

図3・11　芳香族炭化水素の名称（1）

ナフタレン
naphtalene

アントラセン
anthracene

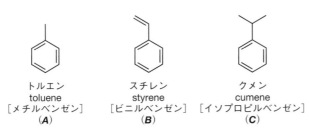

トルエン
toluene
［メチルベンゼン］
（**A**）

スチレン
styrene
［ビニルベンゼン］
（**B**）

クメン
cumene
［イソプロピルベンゼン］
（**C**）

図3・12　慣用名が用いられる芳香族炭化水素の例（1）　［ ］は IUPAC 規則に従った名称．

IUPAC 規則に従うと，順にメチルベンゼン（methylbenzene），ビニルベンゼン（vinylbenzene），イソプロピルベンゼン（isopropylbenzene）となるが，それぞれトルエン（toluene），スチレン（styrene），クメン（cumene）という慣用名を用いることができる．

　同じ炭化水素基が結合しているベンゼンの置換体の場合，炭化水素基のうちの一つが結合しているベンゼン環の炭素原子の番号を1とし，他の炭化水素基が結合しているベンゼン環の炭素原子の番号がなるべく小さくなるように右回りまたは左回りに番号を付けて"炭素原子の番号＋置換基の数を表す接頭辞＋置換基の名称＋ベンゼン"と命名する（図3・13）．なお，図3・14の芳香族炭化水素 **A〜C** は，IUPAC 規則に従うと，順に1,2-ジメチルベンゼン（1,2-dimethylbenzene），1,3-ジメチルベンゼン（1,3-dimethylbenzene），1,4-ジメチルベンゼン（1,4-dimethylbenzene）となるが，それぞれ o-キシレン（o-xylene），m-キシレン（m-xylene），p-キシレン（p-xylene）という慣用名を用

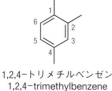

1,2,4-トリメチルベンゼン
1,2,4-trimethylbenzene

図 3・13　芳香族炭化水素の名称（2）

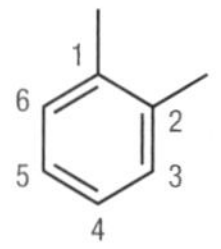

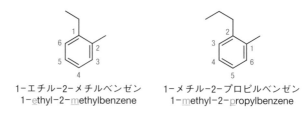

o-キシレン
o-xylene
[1,2-ジメチルベンゼン]
（**A**）

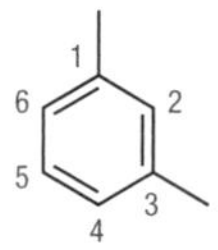

m-キシレン
m-xylene
[1,3-ジメチルベンゼン]
（**B**）

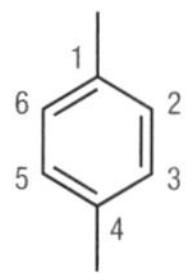

p-キシレン
p-xylene
[1,4-ジメチルベンゼン]
（**C**）

図3・14　慣用名が用いられる芳香族炭化水素の例（2）　　[ ] は IUPAC 規則に従った名称．
1位に結合している基に対して，2位と6位をオルト（o）位，3位と5位をメタ（m）位，4位をパラ（p）位という．

いることができる．ベンゼンの複数の水素原子が異なる炭化水素基によって置換されている場合には，まず置換基の名称をアルファベット順に並べて優先順位をつける．次に優先順位が最も大きい炭化水素基が結合したベンゼン環の炭素原子の番号を1とし，上記の方法に準じて命名する（図3・15）．

1-エチル-2-メチルベンゼン
1-ethyl-2-methylbenzene

1-メチル-2-プロピルベンゼン
1-methyl-2-propylbenzene

図3・15　芳香族炭化水素の名称（3）

　ベンゼンの水素原子を1個はずした炭化水素基 C_6H_5- はフェニル（phenyl）基とよばれる．また，トルエンのメチル基における水素原子を1個はずした炭化水素基 $C_6H_5CH_2-$ はベンジル（benzyl）基とよばれる．

3・3・3　官能基をもつ化合物の命名法

　a. アルコールとフェノール　　分子内にヒドロキシ基 $-OH$ をもつ化合物は，一般にアルコール（alcohol）とよばれる．置換命名法の考え方によれば，1価ア

ルコール*1 は炭化水素分子の水素原子の1個をヒドロキシ基で置換した構造を
もつ化合物とみなす．その名称は，同じ炭素数の炭化水素の名称（アルファベッ
ト表記）の語尾 -e を -ol（オール）に置き換えたものである．たとえば，炭素原
子数が1のアルコール CH_3OH はメタノール（methanol），炭素数原子数が2の
飽和アルコール CH_3CH_2OH はエタノール（ethanol）とよばれる．炭素原子数が
3以上のアルコールでは，−OH の位置の相違による異性体が存在する（§3・4・
1参照）．この場合には −OH が結合した炭素原子の番号がなるべく小さくなる
ように，主鎖の末端の炭素原子から番号をつけて区別する．たとえば，図3・16
のアルコール **A** の名称は2-ブタノール（2-butanol），図3・16のアルコール **B**
の名称は3-メチル-2-ブタノール（3-methyl-2-butanol）である．なお，トル
エンのメチル基における水素原子を −OH で置換した構造の1価アルコール
$C_6H_5CH_2OH$ の名称は IUPAC 規則に従うと 1-フェニルメタノールであるが，慣
用名であるベンジルアルコールを使うことができる．

*1 分子内に1個の−OH を
もつアルコール

2-ブタノール
2-butanol
(**A**)

3-メチル-2-ブタノール
3-methyl-2-butanol
(**B**)

図3・16　アルコールの名称 (1)

　分子内に複数の −OH をもつアルコール*2 は，"OH の位置を示す番号＋アル
カンの名称＋OH の数を表す接頭辞＋オール（-ol）"と命名する．たとえば，図
3・17のアルコール **A**，**B** の名称は順に1,3-ペンタンジオール（1,3-
petanediol），1,3,5-ペンタントリオール（1,3,5-pentanetriol）である．

*2 分子内に2個の−OH を
もつアルコールを2価アル
コール，3個の場合は3価ア
ルコールという．

1,3-ペンタンジオール
1,3-pentanediol
(**A**)

1,3,5-ペンタントリオール
1,3,5-pentanetriol
(**B**)

図3・17　アルコールの名称 (2)

なお，図3・18に示したアルコール **A**〜**C** は，IUPAC 規則に従うと，順に1,2-
エタンジオール，1,2,3-プロパントリオール，2,3-ジメチル-2,3-ブタンジオー
ルであるが，それぞれ慣用名であるエチレングリコール，グリセリン，ピナコー
ルを用いることができる．

エチレングリコール
ethylene glycol
［1,2-エタンジオール］
(**A**)

グリセリン
glycerin
［1,2,3-プロパントリオール］
(**B**)

ピナコール
pinacol
［2,3-ジメチル-2,3-ブタンジオール］
(**C**)

図3・18　慣用名が用いられるアルコールの例　［ ］は IUPAC 規則に従った名称．

　　ベンゼンの水素原子の1個を −OH で置換した構造をもつ化合物ヒドロキシ
ベンゼン（hydroxybenzene）C_6H_5OH については，慣用名であるフェノール
（phenol）が IUPAC 名として用いられる．フェノールと同様に，ベンゼン環に
−OH が結合した構造をもつ化合物は**フェノール類**とよばれる．フェノール類の
名称には，図3・19 の **A〜D** のように慣用名を用いることができるものが多い．

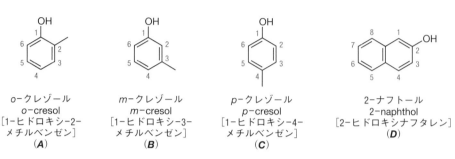

o–クレゾール
o–cresol
［1–ヒドロキシ–2–
メチルベンゼン］
（**A**）

m–クレゾール
m–cresol
［1–ヒドロキシ–3–
メチルベンゼン］
（**B**）

p–クレゾール
p–cresol
［1–ヒドロキシ–4–
メチルベンゼン］
（**C**）

2–ナフトール
2–naphthol
［2–ヒドロキシナフタレン］
（**D**）

図3・19　ポリスチレンのラジカル重合

　　b. エーテル　　分子内にエーテル結合 −O−（酸素原子の価標は，両方と
も炭素原子と結合）をもつ化合物は，一般に**エーテル**（ether）とよばれる．置
換命名法の考え方によれば，エーテルは炭化水素分子の水素原子を"炭化水素基
の末端に酸素原子が結合した基 C_nH_mO-"で置換した構造をもつ化合物とみな
すことができる．C_nH_mO- の一般名称はアルコキシ（alkoxy）基であり，メト
キシ基（methoxy）CH_3O- やエトキシ（ethoxy）基 CH_3CH_2O- のように，炭
化水素基の名称（アルファベット表記）の語尾の -yl を -oxy（オキシ）に置き換
えて表す．この規則に従うと，図3・20 のエーテル **A** の名称はメトキシエタ
ン（methoxyethane），図3・20 のエーテル **B** の名称はエトキシエタン
（ethoxyethane），図3・20 のエーテル **C** の名称は 3–メトキシヘキサン（3-
methoxyhexane）になる．なお，メトキシエタンのように酸素原子に簡単な構造
の炭化水素基が結合したエーテルについては，エチルメチルエーテル（ethyl
methyl ether）のように二つの炭化水素基（メチル基とエチル基）の名称をアル
ファベット順に並べた名称を用いることができる．この命名法に従えば，酸素原
子に同じ炭化水素基が結合したエーテルの名称は"ジ（di）＋アルキル基の名称
＋エーテル"と付けられる．たとえば，図3・20 のエーテル **B** の名称は高等学
校で学習したようにジエチルエーテル（diethyl ether）である．

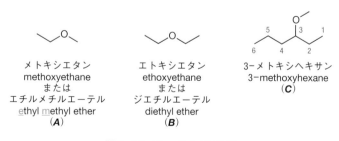

メトキシエタン
methoxyethane
または
エチルメチルエーテル
ethyl methyl ether
（**A**）

エトキシエタン
ethoxyethane
または
ジエチルエーテル
diethyl ether
（**B**）

3–メトキシヘキサン
3–methoxyhexane
（**C**）

図3・20　エーテルの名称

c. アルデヒド　　分子内にホルミル基（アルデヒド基）－CHO をもつ化合物は，一般に**アルデヒド**（aldehyde）とよばれる．置換命名法の考え方では，アルデヒドは炭化水素分子の末端のメチル基 －CH_3 をホルミル基に置換した構造をもつ化合物とみなす．その名称は，置換する前の炭化水素の名称（アルファベット表記）の語尾 -e を -al（アール）に置き換えたものである．たとえば，分子内の炭素原子数が6の直鎖飽和アルデヒド $CH_3(CH_2)_4CHO$ の名称はヘキサナール（hexanal）である．炭化水素基に枝分かれがある場合には，ホルミル基の炭素原子の番号を1にして主鎖の炭素原子に番号を付け，炭化水素基などの置換基の位置を示す．たとえば，図 3・21 のアルデヒドの名称は，2-メチルブタナール（2-methylbutanal）である．

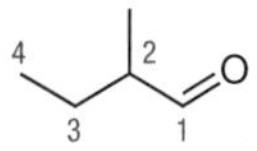

ホルミル基が環状構造の炭化水素基に結合している場合は，該当する環状炭化水素の名称の後に"カルボアルデヒド（carbaldehyde）"を付ける．たとえば，シクロヘキサンの水素原子がホルミル基で置換されたアルデヒド $C_6H_{11}CHO$ の名称はシクロヘキサンカルボアルデヒド（cyclohexanecarbaldehyde）である．アルデヒドの名称には，図 3・22 の化合物 **A～D** に示すように慣用名を用いることができるものもある[*1]．

2-メチルブタナール
2-methylbutanal

図3・21　アルデヒドの名称

[*1] アルデヒドの慣用名の多くは，その酸化によって得られるカルボン酸の名称に由来している（図 3・25 を参照）．

HCHO　　　　　　　　CH$_3$CHO　　　　　　CH$_3$CH$_2$CHO　　　　　　　　　　―CHO

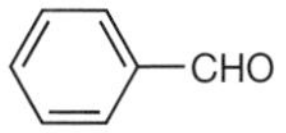

ホルムアルデヒド　　　アセトアルデヒド　　　プロピオンアルデヒド　　　ベンズアルデヒド
formaldehyde　　　　　acetaldehyde　　　　　propionaldehyde　　　　　benzaldehyde
［メタナール］　　　　［エタナール］　　　　［プロパナール］　　　　　［ベンゼンカルボアルデヒド］
（**A**）　　　　　　　　（**B**）　　　　　　　　（**C**）　　　　　　　　　（**D**）

図3・22　慣用名が用いられるアルデヒドの例　　［　］は IUPAC 規則に従った名称．

d. ケトン　　分子内にカルボニル基 C=O をもち，その両隣に炭素原子が結合した構造をもつ化合物は，一般に**ケトン**（ketone）とよばれる．置換命名法の考え方によれば，ケトンは炭素原子の数が3以上の炭化水素分子内の －CH_2－ の構造をカルボニル基 －CO－ に置き換えた化合物とみなすことができる．その名称は，カルボニル基を含む最も長い炭素原子のつながりを主鎖として，"カルボニル基に含まれる炭素原子の番号[*2]＋置換する前の炭化水素の名称（アルファベット表記における語尾の -e をとる）＋オン（-one）"と命名する．たとえば図 3・23 の化合物 **A** の名称は 2-ブタノン（2-butanone）である．また，図 3・23 の化合物 **B** の名称は，3-メチル-2-ペンタノン（3-methyl-2-pentanone）である．なお，2-プロパノン（2-propanone）CH_3COCH_3 については，高等学校で学習した慣用名アセトン（acetone）を用いることができる．

[*2] カルボニル基に含まれる炭素原子の番号が最小になるように，主鎖の炭素原子に番号を付ける．

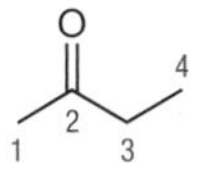

2-ブタノン
2-butanone
（**A**）

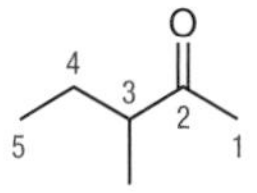

3-メチル-2-ペンタノン
3-methyl-2-pentanone
（**B**）

図3・23　ケトンの名称

e. カルボン酸　　分子内にカルボキシ基 −COOH をもつ化合物は，一般にカルボン酸（carboxylic acid）とよばれる．置換命名法の考え方によれば，カルボン酸は炭化水素分子の末端のメチル基 −CH₃ をカルボキシ基に置換した構造をもつ化合物とみなして命名する．その名称（日本語名）は，置換する前の炭化水素の名称に"酸"を加えたものである．アルファベット表記の場合は，炭化水素名（アルファベット表記）の語尾 -e を -oic acid に置き換える．たとえば，炭素原子数が 8 の直鎖飽和カルボン酸 CH₃(CH₂)₆COOH はオクタン酸（octanoic acid）とよばれる．炭化水素基に枝分かれがある場合には，カルボキシ基の炭素原子の番号を 1 にして主鎖の炭素原子に番号を付け，炭化水素基などの置換基の位置を示す．たとえば，図 3・24 のカルボン酸の名称は，2−メチルオクタン酸（2-methyloctanoic acid）である．炭化水素分子の両端のメチル基が 2 個のカルボキシ基に置換された構造のカルボン酸は，"炭化水素の名称 ＋ 二酸（dioic acid）"という名称になる．たとえば，HOOC−(CH₂)₆−COOH の名称はオクタン二酸（octanedioic acid）である．

　　カルボキシ基が環状構造の炭化水素基に結合している場合は，該当する環状炭化水素の名称の後に"カルボン酸（carboxylic acid）"を付ける．たとえば，シクロヘキサン C₆H₁₂ の水素原子の 1 個がカルボキシ基で置換されたカルボン酸 C₆H₁₁COOH の名称は，シクロヘキサンカルボン酸（cyclohexanecarboxylic acid）

2−メチルオクタン酸
2-methyloctanoic acid

図 3・24　カルボン酸の名称

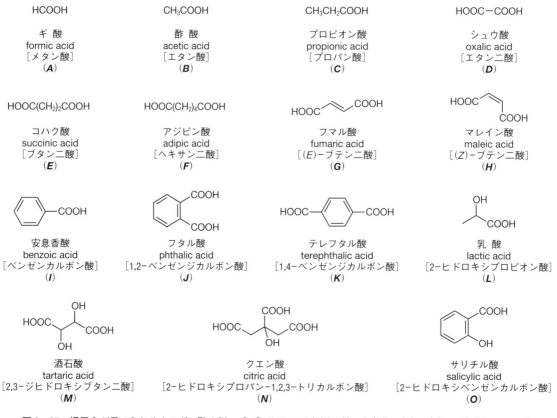

HCOOH

ギ 酸
formic acid
［メタン酸］
(**A**)

CH₃COOH

酢 酸
acetic acid
［エタン酸］
(**B**)

CH₃CH₂COOH

プロピオン酸
propionic acid
［プロパン酸］
(**C**)

HOOC−COOH

シュウ酸
oxalic acid
［エタン二酸］
(**D**)

HOOC(CH₂)₂COOH

コハク酸
succinic acid
［ブタン二酸］
(**E**)

HOOC(CH₂)₄COOH

アジピン酸
adipic acid
［ヘキサン二酸］
(**F**)

フマル酸
fumaric acid
［(E)−ブテン二酸］
(**G**)

マレイン酸
maleic acid
［(Z)−ブテン二酸］
(**H**)

安息香酸
benzoic acid
［ベンゼンカルボン酸］
(**I**)

フタル酸
phthalic acid
［1,2−ベンゼンジカルボン酸］
(**J**)

テレフタル酸
terephthalic acid
［1,4−ベンゼンジカルボン酸］
(**K**)

乳 酸
lactic acid
［2−ヒドロキシプロピオン酸］
(**L**)

酒石酸
tartaric acid
［2,3−ジヒドロキシブタン二酸］
(**M**)

クエン酸
citric acid
［2−ヒドロキシプロパン−1,2,3−トリカルボン酸］
(**N**)

サリチル酸
salicylic acid
［2−ヒドロキシベンゼンカルボン酸］
(**O**)

図 3・25　慣用名が用いられるカルボン酸の例　　［　］は IUPAC 規則に従った名称．(E)−，(Z)− の意味については §3・4・1 を参照．

である[*1]. なお，図3・25の化合物 **A～O** に示すように，カルボン酸には慣用名が用いられるものが多い[*2].

　カルボン酸塩の名称（日本語名）は，"カルボン酸の名称＋陽イオンの名称"で表記される．アルファベット表記の場合は"陽イオンの名称＋カルボン酸陰イオンの名称（カルボン酸の名称における語尾の -ic acid を -ate に置き変える）"で表される．たとえば，$CH_3(CH_2)_6COONa$ の名称はオクタン酸ナトリウム（sodium octanoate）である．

　f. エステル　カルボン酸などのオキソ酸とアルコールが縮合した構造をもつ化合物を**エステル**（ester）という．ここではカルボン酸のエステル（以下，エステル）の名称について述べる．エステルの分子内にはエステル結合 $-CO-O-$（右側の酸素原子には炭素原子が結合している）がある．簡単な構造のエステルの命名法はカルボン酸塩の命名法に準じる．分子内に1個のエステル結合をもつエステル R^1COOR^2 は，"カルボン酸 R^1COOH の名称＋炭化水素基 R^2 の名称"と命名する（アルファベット表記では R^2 の名称を先に記して，カルボン酸の名称における語尾の -ic acid を -ate に置き換える.）たとえば，図3・26の化合物 **A** の名称はプロピオン酸メチル（methyl propionate）であり，図3・26の化合物 **B** の名称はプロピオン酸イソプロピル（isopropyl propionate），図3・26の化合物 **C** の名称はプロピオン酸1-エチルペンチル（1-ethylpentyl propionate）である．

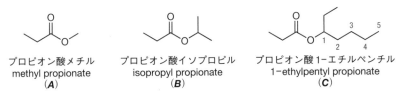

| プロピオン酸メチル
methyl propionate
(**A**) | プロピオン酸イソプロピル
isopropyl propionate
(**B**) | プロピオン酸1-エチルペンチル
1-ethylpentyl propionate
(**C**) |

図3・26　エステルの名称

　g. アミン　アンモニア NH_3 分子の水素原子を炭化水素基で置換した構造をもつ化合物を**アミン**（amine）という．アンモニア NH_3 分子の水素原子のうち1個を置換した構造のアミンは第一級アミン，2個あるいは3個の水素原子を置換した構造のアミンは，おのおの第二級アミン，第三級アミンと分類される．置換命名法の考え方によれば，第一級アミンは炭化水素分子の水素原子をアミノ基 $-NH_2$ で置換した構造をもつ化合物とみなす．その名称は"アミノ基が結合した炭素原子の番号＋置換する前の炭化水素の名称（アルファベット表記では語尾の -e をとる）＋アミン（-amine）"となる．たとえば，図3・27の化合物 **A** の名称は1-プロパンアミン（1-propanamine）であり，図3・27の化合物 **B** は

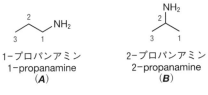

| 1-プロパンアミン
1-propanamine
(**A**) | 2-プロパンアミン
2-propanamine
(**B**) |

図3・27　第一級アミンの名称

*1 同様な規則は，構造が複雑なカルボン酸の命名にも適用されることがある．たとえば，下図のカルボン酸の名称は，3個のカルボキシ基をすべて水素原子に置換した炭化水素がブタンなので，ブタン-1,2,4-トリカルボン酸（butane-1,2,4-tricarboxylic acid）である．

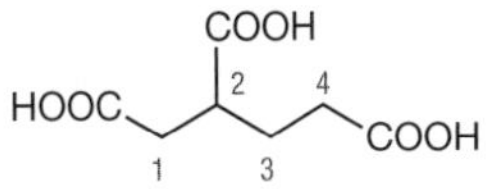

*2 図3・25には，分子内にヒドロキシ基をもつヒドロキシカルボン酸の慣用名を合わせて記してある．

*1 アミンの命名法には，炭化水素基の名称（基名）に -amine（アミン）を付す方法もあり，簡単な構造のアミンに使われることがある.

例)

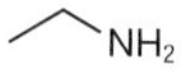

エチルアミン
ethylamine

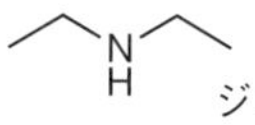

ジエチルアミン
diethylamine

2-プロパンアミン（2-propanamine）である. 第二級または第三級アミンについては，第一級アミン分子における窒素原子に結合した水素原子を炭化水素基で置換した化合物とみなす. このとき置換された水素原子が窒素原子上のものであることを明確にするために，最初に“N-＋窒素原子に結合した炭化水素基の名称”を付ける. たとえば，図3・28の化合物 **A** の名称は N-メチル-1-プロパンアミン（N-methyl-1-propanamine），図3・28の化合物 **B** の名称は N,N-ジメチル-1-プロパンアミン（N,N-dimethyl-1-propanamine）である. 窒素原子に異なる炭化水素基が結合している場合は，アルファベット順にこれを並べる. たとえば図3・28の化合物 **C** の名称は N-エチル-N-メチル-1-プロパンアミン（N-ethyl-N-methyl-1-propanamine）である*1.

N-メチル-1-プロパンアミン
N-methyl-1-propanamine
(**A**)

N,N-ジメチル-1-プロパンアミン
N,N-dimethyl-1-propanamine
(**B**)

N-エチル-N-メチル-1-プロパンアミン
N-ethyl-N-methy-1-propanamine
(**C**)

図3・28 第二級および第三級アミンの名称

アンモニア分子の水素原子の1個をフェニル基で置換した構造をもつベンゼンアミン $C_6H_5NH_2$ については，慣用名であるアニリン（aniline）が IUPAC 名として用いられる.

h. アミド　　カルボン酸などのオキソ酸と第一級アミンまたは第二級アミンが縮合した構造をもつ化合物を**アミド**（amide）という. ここではカルボン酸のアミド（以下，アミド）の名称について述べる. アミドの名称では，カルボン酸とアンモニアが縮合した構造をもつものが基本になり，“カルボン酸の名称から「酸」を除いたもの＋アミド”と表記する. 図3・29の化合物 **A** はプロピオン酸とアンモニアとが縮合した構造をもつので，その名称はプロピオンアミド（propionamide）である. アルファベット表記の場合は，カルボン酸の名称における語尾の -oic acid を -amide に置き換える*2. 図3・29の化合物 **B** については，プロピオンアミドの窒素原子上の水素原子がメチル基に置換された構造をもつとみなし，名称は N-メチルプロピオンアミド（N-methylpropionamide）である. また，図3・29の化合物 **C** の名称は，アミンの IUPAC 規則に準じて N-エチル-N-メチルプロピオンアミド（N-ethyl-N-methylpropionamide）である. 酢酸とアニリンが縮合した構造をもつ $CH_3CONHC_6H_5$ の名称は IUPAC 規則に従うと N-フェニルアセトアミド（N-phenylacetamide）であるが，慣用名であるアセトアニリド（acetanilide）が用いられる.

*2 慣用名を用いるカルボン酸では，語尾の -ic acid（場合によって -oic acid）を -amide に置き換える. ギ酸の場合はホルムアミド（formamide），酢酸の場合はアセトアミド（acetamide），プロピオン酸の場合はプロピオンアミド（propionamide），安息香酸の場合はベンズアミド（benzamide）となる.

プロピオンアミド
propionamide
(**A**)

N-メチルプロピオンアミド
N-methylpropionamide
(**B**)

N-エチル-N-メチルプロピオンアミド
N-ethyl-N-methylpropionamide
(**C**)

図3・29 アミドの名称

i. 酸無水物　　カルボン酸などのオキソ酸の分子どうしが縮合した構造をもつ化合物を**酸無水物**（acid anhydride）という．ここではカルボン酸の無水物（以下，酸無水物）の名称について述べる．同じカルボン酸が縮合した構造をもつ酸無水物の名称（日本語）は“カルボン酸の名称＋無水物”である（アルファベット表記ではカルボン酸の名称の -acid を -anhydride に置き換える）．たとえば，二分子のプロピオン酸が縮合した構造をもつ酸無水物 $(CH_3CH_2CO)_2O$ の名称はプロピオン酸無水物（propionic anhydride）である．なお，図3・30の化合物 **A〜D** の酸無水物については，順に慣用名である無水酢酸（acetic anhydride），無水コハク酸（succinic anhydride），無水マレイン酸（maleic anhydride），無水フタル酸（phthalic anhydride）が用いられる．

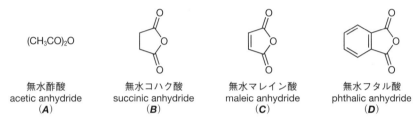

$(CH_3CO)_2O$			
無水酢酸 acetic anhydride (**A**)	無水コハク酸 succinic anhydride (**B**)	無水マレイン酸 maleic anhydride (**C**)	無水フタル酸 phthalic anhydride (**D**)

図3・30　慣用名が使われるカルボン酸無水物の例

j. その他の有機化合物　　炭化水素分子における水素原子の一部がハロゲン原子で置換された構造の有機化合物の名称は，以下の規則に従って付ける．

① ハロゲン原子の名称は，フルオロ（fluoro-: フッ素原子），クロロ（chloro-: 塩素原子），ブロモ（bromo-: 臭素原子），ヨード（iodo-: ヨウ素原子）と付ける．

② ハロゲン原子が結合した炭素原子の番号がなるべく小さくなるように，主鎖の末端の炭素原子から番号をつける．なお，置換されたハロゲン原子が複数ある場合には，これをアルファベット順に並べて，優先順位の大きいハロゲン原子が結合した炭素原子の番号がなるべく小さくなるように番号を付ける．

たとえば，図3・31の化合物 **A〜C** の名称は，順に1,2-ジクロロエタン（1,2-dichloroethane），1-クロロ-2-フルオロエタン（1-chloro-2-fluoroethane），1-ブロモ-3-クロロ-2-メチルプロパン（1-bromo-3-chloro-2-methylpropane）である．なお，トリクロロメタン（trichloromethane）$CHCl_3$，トリヨードメタン（triiodomethane）CHI_3 については，慣用名であるクロロホルム（chloroform），ヨードホルム（iodoform）を用いることができる*.

* ジクロロメタン CH_2Cl_2，テトラクロロメタン CCl_4 には，おのおの塩化メチレン，四塩化炭素という慣用名がある．

Cl〜Cl (1, 2)	Cl〜F (2, 1)	Cl〜Br (3, 2, 1)
1,2-ジクロロエタン 1,2-dichloroethane (**A**)	1-クロロ-2-フルオロエタン 1-chloro-2-fluoroethane (**B**)	1-ブロモ-3-クロロ-2-メチルプロパン 1-bromo-3-chloro-2-methylpropane (**C**)

図3・31　ハロゲン化合物の名称

炭化水素分子の水素原子の一部がニトロ基 $-NO_2$ で置換された構造の有機化合物[*1]の名称は"ニトロ＋炭化水素名"と付ける.ニトロ基が複数ある場合は,ニトロ基が結合した炭素原子の番号がなるべく小さくなるように,主鎖の末端の炭素原子から番号をつける.たとえば,図3・32の化合物 **A**〜**C** の名称は,順にニトロベンゼン(nitrobenzene),1,3-ジニトロベンゼン(1,3-dinitrobenzene),2-ニトロペンタン(2-nitropentane)である.

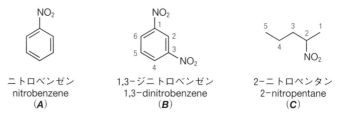

ニトロベンゼン
nitrobenzene
(**A**)

1,3-ジニトロベンゼン
1,3-dinitrobenzene
(**B**)

2-ニトロペンタン
2-nitropentane
(**C**)

図3・32 ニトロ化合物の名称

炭化水素分子の水素原子の一部がスルホ基 $-SO_3H$ で置換された構造の有機化合物[*2]の名称は"炭化水素名＋スルホン酸(sulfonic acid)"と付ける.たとえば,図3・33の化合物 **A** は高等学校化学で学習したベンゼンスルホン酸(benzenesulfonic acid),**B** は1,3-ベンゼンジスルホン酸(1,3-benzenedisulfonic acid),**C** は2-ペンタンスルホン酸(2-pentanesulfonic acid)である.

ベンゼンスルホン酸
benzenesulfonic acid
(**A**)

1,3-ベンゼンジスルホン酸
1,3-benzenedisulfonic acid
(**B**)

2-ペンタンスルホン酸
2-pentanesulfonic acid
(**C**)

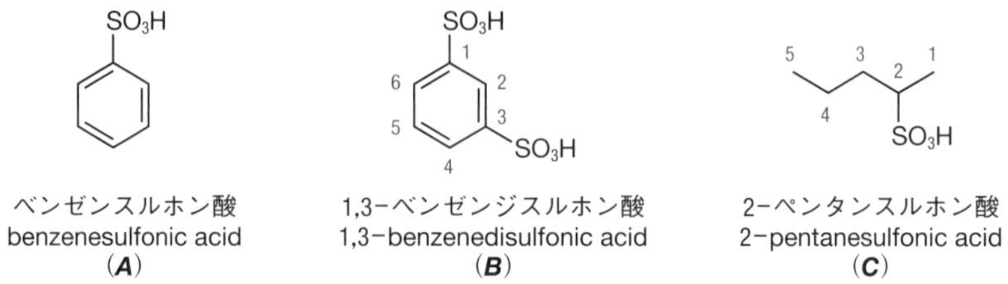

図3・33 スルホン酸の名称

3・4 異性体の分類と立体異性体の名称

3・4・1 構 造 異 性 体

先述のように,分子式は同じであるが構造が異なる化合物を異性体という.異性体の分類をまとめると図3・34のようになる.異性体には大きく分けて**構造異**

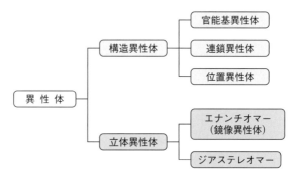

図3・34 異性体の分類

性体と立体異性体がある．構造異性体では，分子内の原子のつながり方（配列）が異なっている．たとえば，図3・35の化合物 **A〜D** の分子の分子式はすべて C_4H_{10} である．炭素原子のつながり方に着目すると，**A〜C** では1番から4番の炭素原子が枝分かれすることなく結合しているが，**D** では2番の炭素原子の部分に枝分かれがある．したがって，**A〜C** は同じ分子であるが，**D** は **A〜C** の構造異性体である[*1]．このように分子内の炭素原子のつながり方が異なることによる構造異性体を，特に**連鎖異性体**という．分子式が C_2H_6O のエタノール CH_3CH_2OH とメトキシメタン（ジメチルエーテル）CH_3OCH_3 では，前者はヒドロキシ基，後者はエーテル結合を有し，官能基が異なっている．このような構造異性体は，特に**官能基異性体**とよばれる．また，分子式が C_3H_8O の1-プロパノール $CH_3CH_2CH_2OH$ と2-プロパノール $CH_3CH(OH)CH_3$ では炭素原子のつながり方も官能基（ヒドロキシ基）も同じであるが，官能基が結合している炭素原子の位置が異なる．このような構造異性体は，特に**位置異性体**とよばれる．

立体異性体
stereoisomer

[*1] 単結合の回転が可能な場合には，任意に回転させて考えてよい．

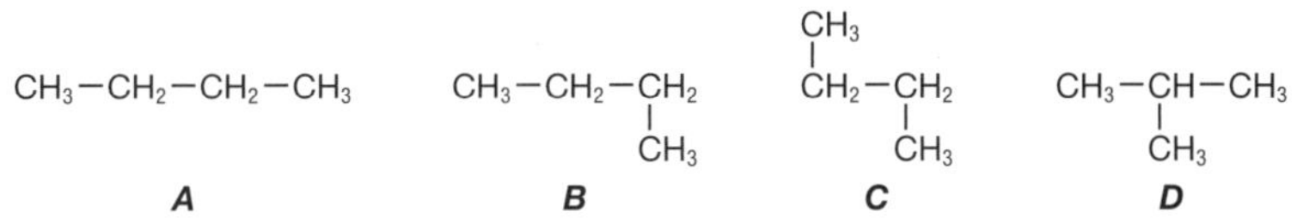

$$CH_3-CH_2-CH_2-CH_3$$

$$CH_3-CH_2-CH_2 \atop CH_3$$

$$CH_3 \atop CH_2-CH_2 \atop CH_3$$

$$CH_3-CH-CH_3 \atop CH_3$$

A　　　　　**B**　　　　　**C**　　　　　**D**

図3・35　C_4H_{10} の構造　　**A〜C** は同じ構造を表す．

3・4・2　立体異性体

　2個の分子について，それぞれの分子における原子のつながり方は同じであるが，分子どうしを重ねていったときに，すべての原子を重ねることができない場合，両者を立体異性体という．高等学校化学で学習した立体異性体として**シストランス異性体**と**エナンチオマー**がある．しかし，有機化学では立体異性体はエナンチオマーとジアステレオマーに分類される[*2]．

　a. エナンチオマー　　4本の価標にすべて異なる原子または基が結合した炭素原子（sp^3 混成軌道）を**不斉炭素原子**という．不斉炭素原子を1個もつ分子にはエナンチオマーが存在する．図3・36に乳酸のエナンチオマー **A, B** を示した．両者とも*印を付した不斉炭素原子に水素原子，メチル基，カルボキシ基，ヒドロキシ基が結合している．すなわち，分子内の原子のつながり方は同じであるが，**A** と **B** は互いに鏡像の関係にあり（以下，この関係を鏡像体と記す），たとえば，メチル基と水素原子を重ねるとカルボキシ基とヒドロキシ基の向きが逆になって分子全体を重ね合わせることはできない．

エナンチオマー
enantiomer

ジアステレオマー
diastereomer

[*2] 高等学校の化学では，エナンチオマーを"鏡像異性体"と学習した．また現在では推奨されていないが，光学異性体という呼称もある．

不斉炭素原子
asymmetric carbon

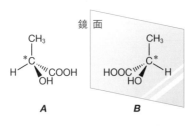

図3・36　鏡像異性体（乳酸）

この様子は図3・37のような人間の左手と右手の関係に喩えられるが，鏡像体の関係は左右非対称の立体図形に一般に見られる[*1].

*1 不斉炭素原子の"斉"という漢字は"対称"を意味する．英語表記（asymmetric＝否定の接頭辞a＋対称を意味する symmetric）からもわかるように，不斉炭素原子とは"非対称な構造をもつ炭素原子"という意味である．

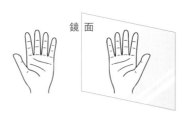

図3・37　鏡像体の例

鏡像異性体を区別する慣用的な表記法として，化合物名の前に"$d-$，$l-$"や"D-，L-"を付す方法があるが，IUPAC 名で用いられている方法では化合物名の前に"$(R)-$，$(S)-$"を付す．以下に，R と S の決め方について簡単に解説する．

① 不斉炭素原子に結合した4個の原子または基に，以下の ①-1) と ①-2) の規則に従って優先順位を付す．

　①-1) 原子番号が大きいものを優先する．

　①-2) 1)の規則で優先順位が決まらない場合には，隣の原子に着目して原子番号が大きいものを優先する[*2]．なお，二重結合によって結合している原子については，その原子が2個結合していると考える．たとえば，ホルミル基 $-CHO$ の場合は，炭素原子に O が2個と H が1個結合しているとみなす．三重結合についても同様に考える．

*2 この規則に従っても順位が決まらない場合は，さらに隣の原子について考える．

② 順位が4番目の原子または基を最も遠くに置いて分子（模型）を眺める．

③ このとき優先順位1～3の原子または基が，時計回り（時計の針の動きと同じ方向，右回り）に並んでいたら R，反時計回り（時計の針の動きと反対方向，左回り）に並んでいたら S とする．

この表記法について，図3・38に (R)-乳酸の例を示す．

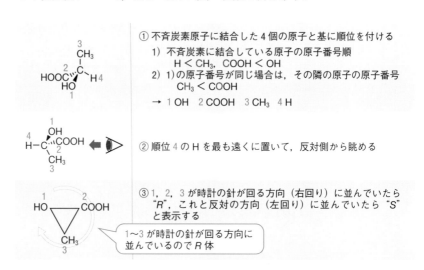

図3・38　(R)-乳酸の命名法

b. ジアステレオマー   エナンチオマーでない立体異性体をジアステレオマーという. 2,3-ジブロモブタンの分子では, 2位と3位の炭素原子が不斉炭素原子である (図3・39). 1位～4位の各炭素原子の位置を固定すると, この分子には $(2R, 3R)$, $(2R, 3S)$, $(2S, 3R)$, $(2S, 3S)$ の4通りの立体構造が考えられる. 図3・40では, これらをおのおの **A**～**D** とした. ここでは便宜的に分子を左右に分けて R の不斉炭素原子をもつ部分を "右手形", S の不斉炭素原子をもつ部分を "左手形" とし, これにあわせて図3・40に左手と右手のイラストを添えた. 4個の構造のうち, **A** と **D** は互いに鏡像の関係にあるエナンチオマーである. しかし, **B** と **C** は破線を中心に左右対称であるから, エナンチオマーではない[*1]. また, **B** の構造式を, 破線を回転軸として180°回転させると **C** の構造式と一致する. すなわち, **B** と **C** は同一の構造である. **A** と **B** または **C**, **B** または **C** と **D** はエナンチオマーではない立体異性体である. このような異性体は, ジアステレオマーに分類される.

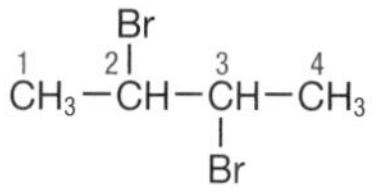

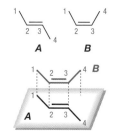
図3・39 2,3-ジブロモブタン

[*1] 複数の不斉炭素原子がある分子では, 分子構造が左右対称であればエナンチオマーが存在しない. このような構造をもつものをメソ (meso) 体とよぶことがある. なお, 図3・40の **A** の名称は $(2R,3R)$-2,3-ジブロモブタン, **B** および **C** の名称は $(2R,3S)$-2,3-ジブロモブタン, **D** の名称は $(2S,3S)$-2,3-ジブロモブタンである.

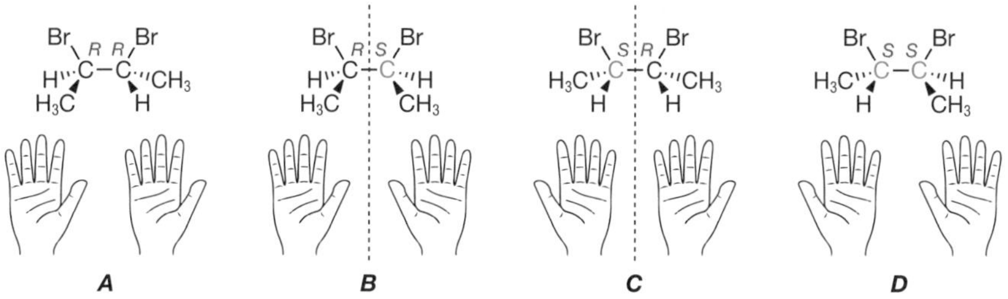

A   **B**   **C**   **D**

図3・40 2,3-ジブロモブタンの立体構造

高等学校の化学で学習したシス-トランス異性体もジアステレオマーの一種である. シス-トランス異性体が存在する最も簡単な炭化水素は, 2-ブテンである. 2-ブテンには, 図3・41の **A**, **B** に示した2通りの構造がある. 両者とも分子内の炭素原子のつながり方はC-C=C-Cであるが[*2], C=C結合には結合軸のまわりに回転させることができないπ結合 (§1・6参照) が含まれる. したがって, **A** と **B** について1～3位の炭素原子を重ねることはできるが, 4位の炭素原子を重ねることはできない. 2-ブテンのC=C結合を形成している2位と3位の炭素原子には, それぞれメチル基と水素原子が結合している. これらのうちメチル基に着目すると, 図3・41の化合物 **A** の構造では2位と3位の炭素原子に結合したメチル基が互いに反対側を向いている. 一方, **B** の構造では2位と3位の炭素原子に結合したメチル基が同じ側を向いている. そこで, **A** の構造を "向こう側" を意味するラテン語に因んで**トランス形**, **B** の構造を "こちら側" を意味するラテン語に因んで**シス形**という. 2-ブテンでは2個のメチル基に着目すれば容易にトランス形とシス形を決めることができるが, 図3・42の **A** と **B** の分子 (3-ブロモ-2-メチル-2-ブテン酸) ではトランス形, シス形という表記をすることが困難である. このような場合には E と Z という表記で区別する. まずC=C結合をはさんで分子を左側と右側に分ける. 次に左側および右側に結合したおのおのの2個の原子または基について, エナンチオマーの R, S 表示の場合と同じ規則

図3・41 シス-トランス異性体 (2-ブテン)

[*2] 各炭素原子における水素原子のつながり方は同じなので, ここでは炭素原子のつながり方だけを考える.

トランス形 trans form

シス形 cis form

> コラム **身近に見られる"不斉"**
>
>   図の(a)のミルクピッチャーは真上から見ると左右対称であるが，図の(b)の①と②のミルクピッチャーは左右非対称すなわち"不斉"であり，互いに鏡像体の関係にある．(a)のミルクピッチャーは，右利きの人でも左利きの人でも不便なく使うことができる．しかし，(b)の①のミルクピッチャーは右利きの人には使いやすいが，左利きの人では使いにくい．逆に(b)の②のミルクピッチャーは左利きの人には使いやすいが，右利きの人では使いにくい．このように"不斉"な道具には右利き用と左利き用が存在する．
>
>   日本人には右利きが多いので，わが国で使われている道具には右利き用につくられているものが多い（左利きの人はいろいろな場面で不便さを感じていることと思う）．たとえば，駅の改札機では右側にタッチパネルが設置されているし，券売機の貨幣投入口も右側に設置されている．この他に身近な道具や遊具では急須，片刃のハサミ，サイコロやトランプなども"不斉"である．
>
> (a)   (b)
>
>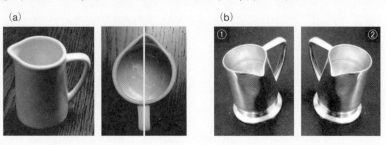

に従って優先順位を決める．図3・42の分子では左側に臭素原子とメチル基とが結合しており，優先順位は $Br > CH_3$ である．また右側にはメチル基とカルボキシ基とが結合しており，優先順位は $COOH > CH_3$ である．分子の左右における優先順位の大きい原子または基がトランス形になっていればドイツ語の Entgegen（反対を意味する）に因んで *E*，シス形になっていればドイツ語の Zusammen（同じを意味する）に因んで *Z* とし，*E* および *Z* には（ ）- を付して表記する．したがって，図3・42の化合物 **A** の名称は (*E*)-3-ブロモ-2-メチル-2-ブテン酸であり，**B** の名称は (*Z*)-3-ブロモ-2-メチル-2-ブテン酸である．

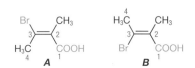

図3・42 *E*, *Z* による表記法   **A** が *E*，**B** が *Z* である．

◆◆◆ ま と め ◆◆◆

- 有機化合物は，分子内の炭素原子のつながり方や官能基に着目して分類される．
- 有機化合物の名称は，飽和炭化水素であるアルカンの名称を基本にして，その分子構造の一部が置換さ

れたと考えてつけられる．

- 有機化合物の異性体には，構造異性体と立体異性体に分類される．立体異性体には，エナンチオマーとジアステレオマーがある．

◆◆◆ **演 習 問 題** ◆◆◆

3・1　次の構造式中の，■で囲まれた官能基(a)〜(f)の名称を示せ.

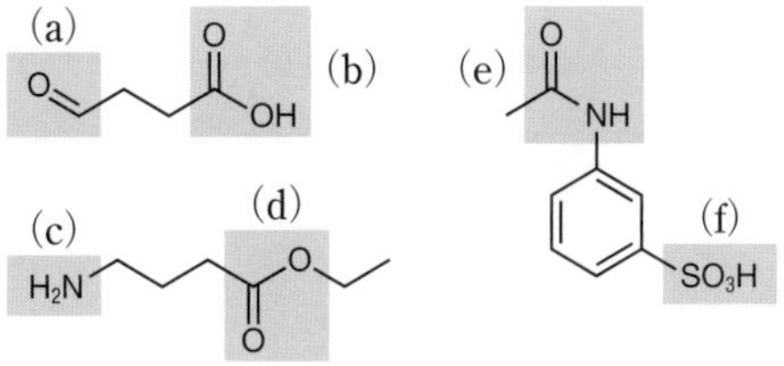

(a)　(b)

(c)　(d)

(e)　(f)

3・2　次のニューマン投影式で表された分子の構造式を，例にならって構造式で記せ. なお，ニューマン投影式で手前に描かれた炭素原子を構造式の右側に記すものとする.

(例)

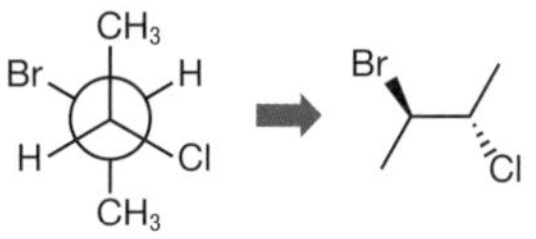

(a) 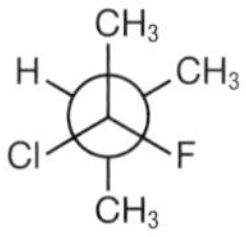　(b)

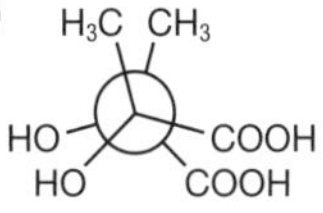

3・3　次の有機化合物の名称を IUPAC の置換命名法に従って示せ.

(a)　(b)

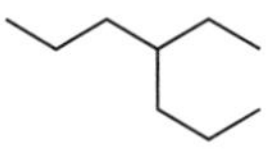

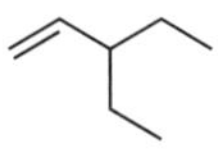

(c)

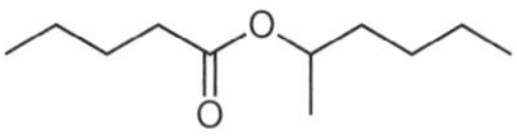

(d) 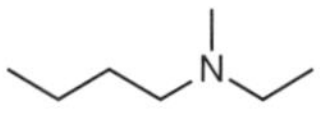　(e)

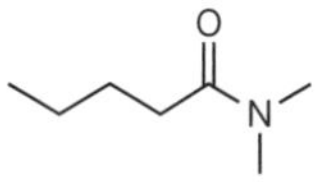

(f)　(g)

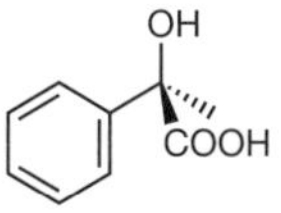

(R)- または (S)- を付けて答えよ　　(E)- または (Z)- を付けて答えよ

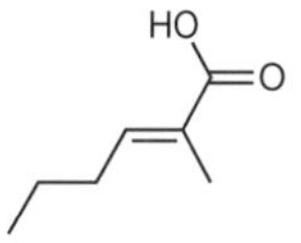

3・4　次の**A**〜**C**の有機化合物について，(a)〜(d)の記述に該当するものの記号をすべて選べ.

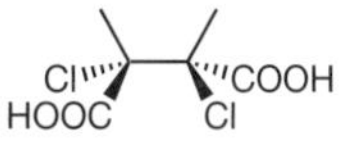

1

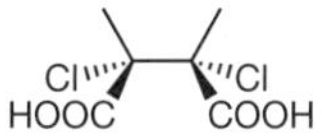

A 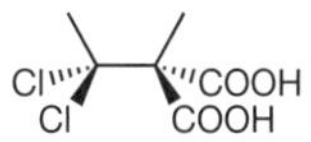　　**B** 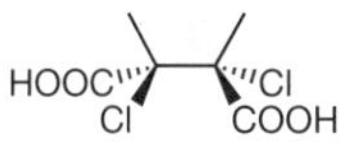　　**C**

(a)　**1**と構造異性体の関係にあるもの.
(b)　**1**とエナンチオマーの関係にあるもの.
(c)　**1**とジアステレオマーの関係にあるもの.
(d)　鏡像異性体が存在しないもの.

4 共鳴と芳香族化合物

第4章では，有機化学の中で重要な芳香族化合物の基本的な性質について学習する．本章では，まず"共鳴"とよばれる分子やイオン内の電子の状態に着目して，分子やイオンの構造について考察する．高等学校の化学で学習したベンゼンは代表的な芳香族炭化水素であり，ベンゼン分子内のベンゼン環はきわめて安定な構造である．本章の後半では，ベンゼンを初めとする芳香族化合物について述べる．

4・1 共鳴構造と共鳴混成体

炭酸イオン CO_3^{2-} の電子式と構造式は，図4・1のように表される．一般に炭素原子と酸素原子間の結合の長さの大小関係は C−O＞C=O であるから[*1]，このイオンの形は二等辺三角形になるはずである．しかし，実際の炭酸イオンでは，3個の酸素原子を結ぶ正三角形の重心に炭素原子の中心がある．また炭素原子の中心と3個の酸素原子の中心間の結合の長さはすべて等しく，その長さは単結合より短く二重結合より長い[*2]．

*1 平均的な C−O 結合の長さは 0.143 nm，C=O 結合の長さは 0.122 nm である．

*2 炭酸イオンにおける炭素原子と酸素原子の結合距離は 0.130 nm である．

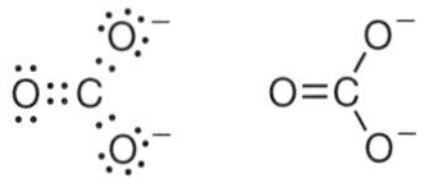

図4・1 炭酸イオンの電子式と構造式

この現象は，図4・2のように各酸素原子の非共有電子対が C−O 結合上に流れこむことでおこる[*3]．このように電子には，より広い空間に広がろうとする性質がある．炭酸イオンにおける各原子の座標を固定すると，C−O 結合と C=O 結合の位置によって図4・3に示す **A〜C** の3通りの構造を描くことができ，各原子の座標を固定すると，これらは互いに異なる構造である．このように同一の

*3 これを電子の**非局在化**（delocalization）という．

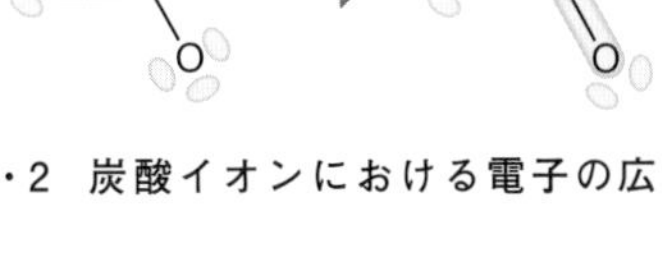

図4・2 炭酸イオンにおける電子の広がり

共鳴構造
resonance structure

極限構造
canonical structure

分子やイオンにおいて複数の構造を描くことができるとき，個々の構造を**共鳴構造**（または**極限構造**）という．しかし，実際の炭酸イオンでは，図4・2のように電子が炭素原子と3個の酸素原子との間に広がっているので，炭酸イオンの構造を表すためには**A**〜**C**のどの構造式でも不十分である．しいて描くとすると，**A**〜**C**を重ね合わせて平均した**D**の構造が図4・2における右側の構造の電子の状態を表している．このように分子やイオンを一つの構造式で表すことができず，複数の構造式の重ね合わせによって表さなければならない状態を**共鳴**という．炭酸イオンは全体として −2 の電荷をもつ．**A**〜**C** の共鳴構造では非共有電子対を3組もつ2個の酸素原子上に，それぞれ −1 の負電荷が存在するように描くが，図4・3に示す**D** では負電荷をもつ酸素原子の非共有電子対がC−O結合上に流れ込んでいるので，各酸素原子は −2/3 の負電荷をもつと考えられる．**D** のような構造は**共鳴混成体**とよばれる．

共鳴
resonance

共鳴混成体
resonance hybrid

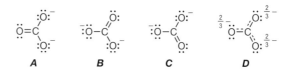

図4・3 炭酸イオンにおける共鳴（1）

 A〜**C** の共鳴構造は実在しないが，電子の移動によって互いに移り変わっており，結果的に平均の構造**D** になっていると考えることができる．この様子を図4・4のように表す．ここでは便宜的に，各酸素原子に①〜③の番号を付す．まず**A** の構造における酸素原子①の非共有電子対がC−O①結合上に移動する．この様子を曲がった矢印〔⌒(1)〕で表す[*1]．この電子対の移動によって中心にある炭素原子の電子が過剰となるので，これを解消するために（すなわち炭素原子の最外殻電子の数をオクテット則に従った8に保つために），C=O②結合におけるπ電子（対）が曲がった矢印(2)のように酸素原子②上に移動して**B** の構造になる．このとき**A** と**B** の間は両向きの矢印（⟷）で結ばれる[*2]．さらに**B** の構造から曲がった矢印(3)，(4)のように電子対が移動すると**C** の構造になる．

[*1] この曲がった矢印は，電子対の移動を現すために一般的に用いられる．

[*2] この矢印は，可逆変化（平衡）を現す矢印（⇌）とは異なるものである．

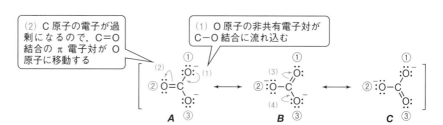

図4・4 炭酸イオンにおける共鳴（2）

 ここで曲がった矢印の使い方についてのポイントをまとめる．

- 矢印は，これから移動する電子対からスタートする．
- 矢印の先（羽の部分）は，電子対が移動する先を示す．

- 矢印の向きは，電子が移動する方向を示す．
- 電子対が移動した結果，原子のもつ電荷が変化する[*1]．共有電子対が移動した結果，矢印の根元にある原子の電荷はプラス方向に 1 だけ変化する．一方，電子対を最終的に受入れた原子の電荷はマイナス方向に 1 だけ変化する．
- 共鳴は図 4・5 の (a)，(b) のように単結合をはさんで電子対が隣接する場合や，(c) のように単結合をはさんで電子対と空の軌道[*2]とが隣接する場合に起こりやすい．

*1 原子上の電荷は実際には図 4・3 の **D** のように分散している．

*2 空の軌道とは，電子雲を受入れることができる "容器" と考えるとよい．

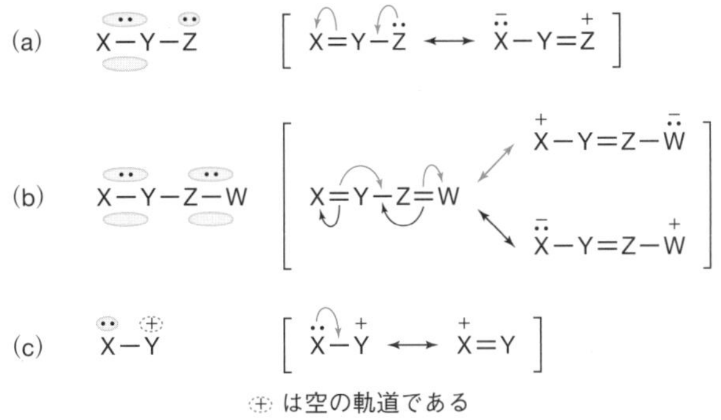

(a) $\ddot{X}-Y-\ddot{Z}$ $\left[\; \ddot{X}=Y-\ddot{\underset{..}{Z}} \longleftrightarrow \ddot{\underset{..}{X}}-Y=Z \;\right]$

(b) $\ddot{X}-Y-\ddot{Z}-W$ $\left[\; \ddot{X}=Y-\ddot{Z}=W \begin{array}{c} \nearrow \; \overset{+}{X}-Y=Z-\ddot{\underset{..}{W}} \\[8pt] \searrow \; \ddot{\underset{..}{X}}-Y=Z-\overset{+}{W} \end{array} \right]$

(c) $\ddot{X}-\overset{\oplus}{Y}$ $\left[\; \ddot{X}-\overset{+}{Y} \longleftrightarrow \overset{+}{X}=Y \;\right]$

⊕ は空の軌道である

図 4・5 共鳴がみられる構造

4・2 1,3-ブタジエンにおける共鳴構造

1,3-ブタジエンは，図 4・6 における中央の構造式で表される炭化水素である．1,3-ブタジエン分子には，2 個の炭素原子間の二重結合が単結合をはさむ構造があり，図 4・7 のように電子が非局在化している．この様子を図 4・8 のように表すことができる．このとき曲がった矢印で表されるように分子中央の C−C 結合に π 結合の電子（以下，π 電子）対が流れ込むことで，分子末端の炭素原子に電荷が現れる．この電荷は構造式において炭素原子の結合の数が 4 でなくなったことで現れた見かけ上の電荷である．このような電荷は**形式電荷**とよばれる．しかし実際の 1,3-ブタジエン分子の共鳴混成体を考える場合には，**A**〜**C** の共鳴構造がすべて同等に扱われるわけではない．すなわち形式電荷をもつ **A** や **C** の共鳴

形式電荷
formal charge

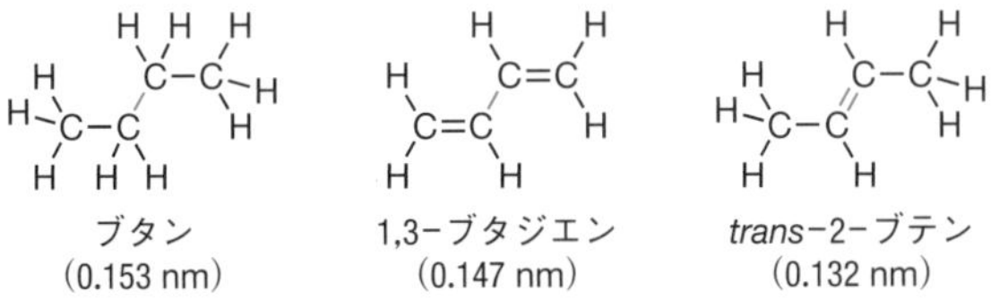

ブタン
(0.153 nm)

1,3-ブタジエン
(0.147 nm)

trans-2-ブテン
(0.132 nm)

図 4・6 ブタン，1,3-ブタジエン，*trans*-2-ブテンの構造と分子中央の炭素原子間の距離

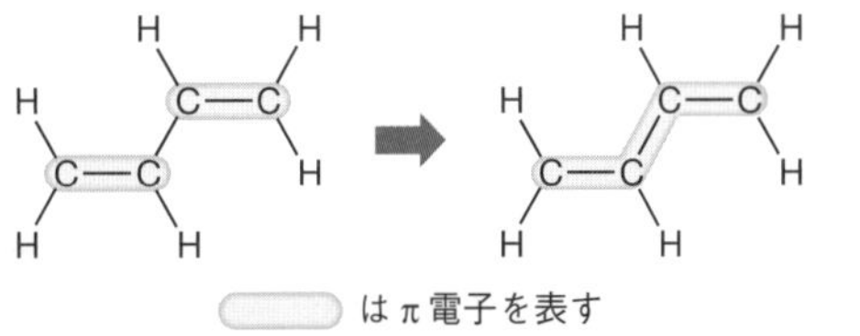

は π 電子を表す

図 4・7 1,3-ブタジエン分子における π 電子の非局在化

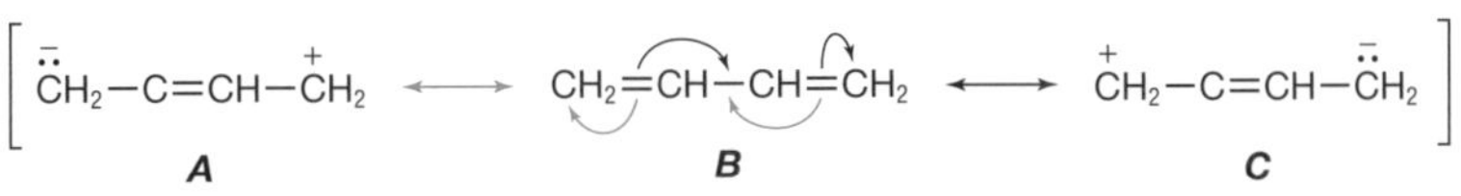

$$\left[\; \ddot{\text{C}}\text{H}_2-\text{C}=\text{CH}-\overset{+}{\text{C}}\text{H}_2 \longleftrightarrow \text{CH}_2=\text{CH}-\text{CH}=\text{CH}_2 \longleftrightarrow \overset{+}{\text{C}}\text{H}_2-\text{C}=\text{CH}-\ddot{\text{C}}\text{H}_2 \;\right]$$

A   **B**   **C**

図 4・8 1,3-ブタジエン分子における共鳴

*1 前節の炭酸イオンにおける3個の共鳴混成体 **A**〜**C** では，炭素原子を中心にそれぞれを 120° 回転させると他の共鳴混成体と同じ構造になる．したがって，**A**〜**C** がすべて同じ安定性をもっている．

*2 たとえば，カルボニル基をもつホルムアルデヒドでは，π電子(対)の移動によって下図 **A**〜**C** の共鳴構造が考えられるが，電気陰性度が大きい酸素原子上に正電荷がある **C** の寄与はきわめて小さい．

*3 これを 1-ブテンの水素化熱という．

*4 これを共鳴安定化エネルギーまたは非局在化エネルギーという．

共役二重結合
conjugated double bond

*5 二重結合や三重結合が単結合1個を間にはさんで存在することを**共役**という．

構造は安定性が低く，共鳴混成体を考える際には"軽く"扱われる．これを"共鳴構造の寄与が小さい"という．一般に共鳴構造の安定性は，形式電荷をもつ原子の数が少なく，共有結合の数が多いものほど高い*1．また，たとえば電気陰性度が大きい酸素原子の形式電荷が正になるなど電気陰性度的に無理があるものは寄与が低い*2．

図 4・6 に示すように，1,3-ブタジエン分子の中央にある2個の炭素原子間の距離（0.147 nm）はブタンの C−C 結合の距離（0.152 nm）より短く，*trans*-2-ブテンの C=C 結合の距離（0.137 nm）より長い．これは炭酸イオンの場合と同様に，1,3-ブタジエン分子における2組のπ電子(対)の広がりによって起こる現象と考えられる．

1-ブテンと水素 H_2 を反応させるとブタンが生成する．この反応では 1-ブテン 1 mol 当たり 127 kJ/mol の熱が発生する*3．このとき炭素原子間の二重結合に水素分子が反応する（図 4・9，①）．仮に 1,3-ブタジエン分子における2個の炭素原子間の二重結合が独立に存在し，個々に水素分子と反応するのであれば，1 mol の 1,3-ブタジエンに 2 mol の水素を反応させてブタンが生成するときには 127×2＝254 kJ/mol の熱が発生すると予測される（②）．しかし，この反応を実際に行うと，発生する熱は 239 kJ/mol であり，水素化熱が 254−239＝15 kJ/mol だけ予測より小さい（③）．これは実在の 1,3-ブタジエンが，共鳴による電子の広がりによって 15 kJ/mol だけ安定化されていることによる*4．このように，分子内で電子が存在範囲を広げると，分子のエネルギーが低下して安定化する．1,3-ブタジエン分子にみられる C=C−C=C という構造のように，単結合と二重結合とが交互に並んだ構造は**共役二重結合**とよばれる*5．

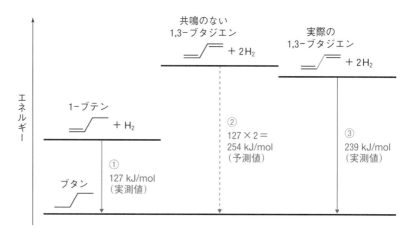

図 4・9 共鳴による 1,3-ブタジエンの安定化

4・3 ベンゼンについて

4・3・1 ベンゼンの発見

本書の中では異色の扱いであるが，ここで有機化学を学習するうえできわめて重要な物質であるベンゼンについて，その発見の経緯から構造の決定までを歴史

的に俯瞰してみよう.

　19世紀後半のロンドン市街地では, 夜間の照明にガス灯が用いられていた（図4・10）. 当時のガス灯に使われたガスは, 石炭の乾留（熱分解）によって得られる石炭ガスであった. しかし, 冬期になって気温が低下すると, ガス灯に石炭ガスを供給する配管に油状の物質が凝結し, ガスの流れが悪くなる現象が頻発した. イギリスのファラデー[*1]は, 依頼を受けてこの油状物質を調査し, 組成式がC_2Hの炭化水素であると発表した（1825年）.

　アンソクコウノキ（学名 *Styrax benzoin*）は東南アジアに分布するエゴノキ科の高木で, その樹皮を傷つけたときに滲み出る樹液から得られる樹脂は**ベンゾイン樹脂**（和名は安息香）とよばれ, バニラ様の芳香をもつ香料として用いられていた（図4・11）. 16世紀頃, この樹脂から今日では**安息香酸**とよばれているカルボン酸が単離された. ドイツのミッチェルリッヒ[*2]は, 安息香酸と石灰（水酸化カルシウム）とを混合して加熱し, 生成物を蒸留することで油状の有機化合物を得た. ミッチェルリッヒはこの化合物を分析し, この物質がファラデーの発見した物質と同じものであること, その組成式はC_2HではなくCHであることを突き止めた（1833年）. やがて気体の密度などから分子量を求める方法が確立し, この化合物の分子式がC_6H_6であることがわかった. 今日, この物質はアンソクコウノキの学名にちなんで, **ベンゼン**とよばれている.

4・3・2　ベンゼンの構造

　1850年代に炭素原子の原子価が4であることが提唱された. これに基づいてドイツのケクレ[*3]は, 分子式がC_6H_6と決定されていたベンゼンの構造が図4・12に示す構造（1,3,5-シクロヘキサトリエン）であると提唱した. この構造式が正しければ, 2個の水素原子を同じ原子で置換したベンゼンには, 4種類の構造異性体が存在するはずである. たとえばジクロロベンゼンには, 図4・13に示す**A～D**の構造異性体が考えられる. しかし, 実際には, ジクロロベンゼンには3種類の構造異性体しか存在しなかった. ケクレはこの事実に対して, ベンゼンにおける炭素原子間の二重結合と単結合は"平均化"されていると考えた（図4・14）. この考え方によれば, 図4・13における**A**と**B**は同じ物質になる[*4].

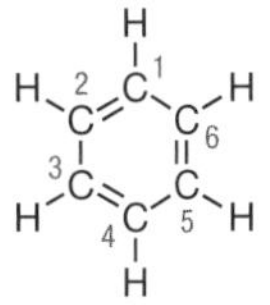

図4・10　ガス灯
(© JenJ_Payless/Shutterstock.com)

*1 Michael Faraday

ベンゾイン樹脂
benzoin resin

安息香酸　benzoic acid

*2 Eilhardt Mitscherlich

図4・11　ベンゾイン樹脂
（安息香）

ベンゼン　benzene

*3 Friedrich August Kekulé von Stradonitz

図4・12　1,3,5-シクロヘキサトリエン

*4 この時点では量子力学は存在せず, 電子の広がりや共鳴という考え方はなかった.

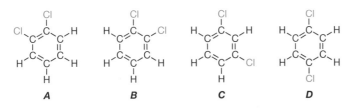

図4・13　想定されるジクロロベンゼンの構造異性体

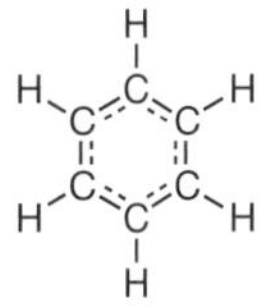

　ケクレの提唱した炭素原子間の二重結合と単結合の"平均化"は, 今日では以下のように解釈できる. ベンゼン分子内の炭素原子はsp^2混成軌道をとり, 各炭

図4・14　C−CとC=Cが平均化された構造

素原子における p 軌道の電子雲は, 図 4・15 の **A** のように環に対して垂直に広がっている. 1,3,5-シクロヘキサトリエン構造では p 軌道の不対電子が, 隣接する 3 箇所の炭素原子間で π 結合を形成している (**B**). しかし, 電子雲にはなるべく広い空間に広がろうとする性質があるので, 6 個の p 軌道における不対電子による電子雲は, 環を形成する 6 個の炭素原子全体に広がって非局在化している (**C**).

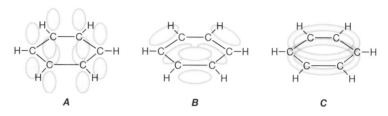

A　　　**B**　　　**C**

図 4・15　ベンゼン分子における p 軌道の電子雲

実際, ベンゼン分子における炭素原子間の結合距離を測定すると, 各炭素原子の中心を結んだ図形は正六角形であり, その一辺の長さは 0.140 nm である (図 4・16). この結合距離は平均的な炭素原子間の二重結合よりも長く, 単結合よりも短い[*1]. これはベンゼン分子に図 4・17 のような電子対の移動を伴う共鳴構造があることを示している.

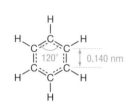

図 4・16　ベンゼン分子の構造

[*1] 平均的な結合距離は C–C: 0.154 nm, C=C: 0.134 nm である.

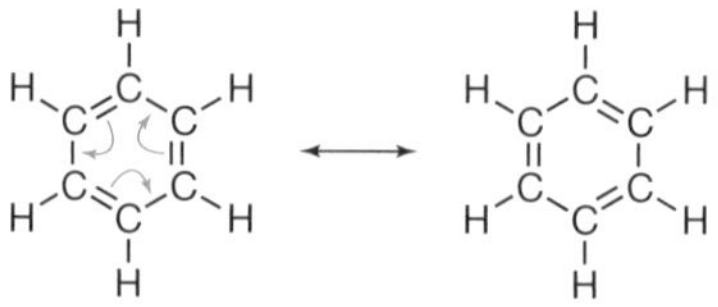

図 4・17　ベンゼンにおける共鳴

以上の知見を基に, ベンゼンの構造式は図 4・18 における **A**〜**C** のいずれで表記してもよいことになっている. なお, これらの構造式では, 炭素原子の元素記号および水素原子と水素–炭素原子間の価標が省略されている[*2]. ベンゼン分子から水素原子を取除いた構造はベンゼン以外の有機化合物の分子にも見られ, 一般に**ベンゼン環**とよばれる.

[*2] 図 4・18 における **A**, **B** の構造は**ケクレ構造**(Kekulé's structure) とよばれる.

ベンゼン環
benzene ring

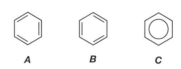

A　　　**B**　　　**C**

図 4・18　ベンゼンの表記法

4・4　芳香族性

シクロヘキセンと水素とを反応させてシクロヘキサンが生成する反応の水素化熱は 120 kJ/mol である (図 4・19, ①). また 1,3-シクロヘキサジエンと水素を反応させてシクロヘキサンが生成する反応の水素化熱は 230 kJ/mol である (②). 後者の値は前者の 2 倍よりも 10 kJ/mol 分小さい. この差は 1,3-シクロ

ヘキサジエンにおける共鳴安定化エネルギーによる．前節で述べたように，ベンゼンの共鳴構造は 1,3,5-シクロヘキサトリエンで表されるが，実際にはベンゼン環全体に π 電子の電子雲が広がっている．1,3,5-シクロヘキサトリエンの構造には炭素原子間の二重結合にはさまれた単結合が 3 箇所あるので，電子の広がりによる安定化を考慮すると，1 mol のベンゼンと 3 mol の水素が反応してシクロヘキサンとなるときの水素化熱は，

$$120 \times 3 - (120 \times 2 - 230) \times 3 = 120 \times 3 - 10 \times 3 = 330 \text{ kJ/mol}$$

と予測される（③）．しかし，測定された水素化熱は 207 kJ/mol であり，この予測値よりも 123 kJ/mol 分低い（④）．これはベンゼンの構造に，共鳴による安定化を上回る安定性を与える性質があることを示している．この性質は**芳香族性**とよばれ，ベンゼン分子に含まれるベンゼン環の構造に起因する*．ベンゼン環のような芳香族性を示す構造に含まれる炭素原子間の二重結合は化学的な反応性が低く，たとえば，一般的な炭素原子間の二重結合にみられる付加反応（第 7 章参照）を起こしにくい．また，芳香族性を示す構造を保ったまま，炭素原子に結合している水素原子の置換反応を起こしやすい（第 6 章参照）．

芳香族性
aromaticity

* 芳香族性によるベンゼンの安定化は，量子力学によって説明される．詳しくはほかの成書を参照されたい．

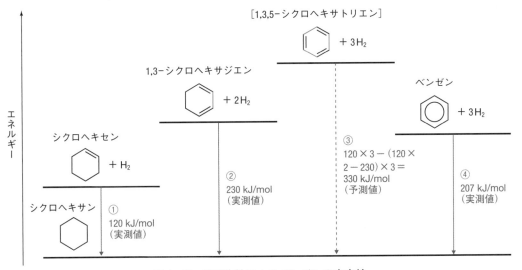

図 4・19　芳香族性によるベンゼンの安定性

　分子内に環状構造をもつ有機化合物がベンゼンのように芳香族性を示すためには，共鳴によって π 電子が環全体に非局在化されていることが必要になる．しかし，1,3,5,7-シクロオクタテトラエンでは（図 4・20），平面構造式（**A**）だけ

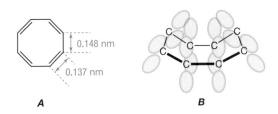

図 4・20　1,3,5,7-シクロオクタテトラエン

で判断すると，環を形成する 8 個の炭素原子上に π 電子が非局在化されているように思えるが，実際の分子構造（**B**）では 8 個の炭素原子が同一平面上になく，各炭素原子の p 軌道がベンゼンの場合のように互いに平行に広がっていないため共役できない．実際，1,3,5,7-シクロオクタテトラエンでは炭素原子間の二重結合が付加反応を起こしやすく，その分子における炭素原子間には，長さ 0.134 nm の結合と長さ 0.148 nm の結合が交互に存在している．またシクロオクテンの水素化熱は 96 kJ/mol であり，1,3,5,7-シクロオクタテトラエンの水素化熱は 423 kJ/mol である（共に生成物はシクロオクタン）．後者の値は前者の 4 倍を上回り，共鳴による安定化はみられない．

1,3-シクロブタジエン分子では，平面構造式から判断できるように 4 個の炭素原子が同一平面上にあり，各炭素原子の p 軌道は互いに平行に広がっているにもかかわらず，炭素原子間には，長さ 0.135 nm の結合と長さ 0.157 nm の結合が交互に存在している（図 4・21）．さらに 1,3-シクロブタジエンは化学的な反応性に富む不安定な物質である．このように芳香族性がみられるための条件は，平面構造式だけでは判断できない．

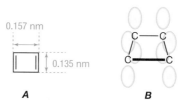

図 4・21 1,3-シクロブタジエン

* Erich A. A. J. Hückel

ヒュッケル則
Hückel's rule

1931 年にドイツのヒュッケル*は量子力学的な計算によって，環状構造が芳香族性を示すための条件 ①〜③ を見出した．これを**ヒュッケル則**という．

① 環を構成する原子が，すべて π 結合に関わること．
② 環構造が平面，あるいは平面に近い構造であること．
③ $4n+2$ 個（$n=0, 1, 2, 3, \cdots$）の π 電子が非局在化していること．

ヒュッケル則は芳香族性を示すための十分条件であり，ヒュッケル則に従わない芳香族化合物も存在する．芳香族性はベンゼンばかりでなく，ベンゼン環をもつ化合物に一般的にみられる性質である．さらに図 4・22 に示すような化合物も芳香族性を示す．これらの分子における環構造を形成する原子は同一平面上にあり，青色を付した電子対が π 結合に関与する．おのおのの分子における非局在

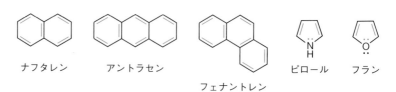

ナフタレン   アントラセン   フェナントレン   ピロール   フラン

図 4・22 芳香族性を示す化合物

化した π 電子の数は，ナフタレンで 10 個，アントラセンとフェナントレンで 14 個，ピロールとフランで 6 個であり[1]，その数はいずれも $4n+2$（$n = 0, 1, 2, 3, \cdots$）で表される．これに対して，1,3,5,7-シクロオクタテトラエンや 1,3-シクロブタジエンは，この規則にあてはまらない化合物である．一般に，分子内にベンゼン環をもつ有機化合物を**芳香族化合物**という[2]．

4・5　補　　足

§4・1 で導入した曲がった矢印は，共鳴を説明するための電子対の移動を表すために用いられるが，その他にも分子やイオン間の電子対の移動を表すためにも用いられる．このような例は次章以降で紹介する．

不対電子の移動を表す場合には片羽の曲がった矢印（⌒）が用いられる．図 4・23 の **A** はアリルラジカルとよばれる[3]．アリルラジカルにおける不対電子をもつ炭素原子の混成軌道は sp^2 であり，混成軌道に含まれない 2p 軌道に不対電子がある．この不対電子の電子雲は C=C 結合の π 電子雲とつながり，アリルラジカルは共鳴混成体となっている（**B**）．この様子を表すために図 4・24 のように電子の移動を示す．このとき移動する電子は 3 個であり，それぞれの移動の様子が片羽の曲がった矢印によって表現される．

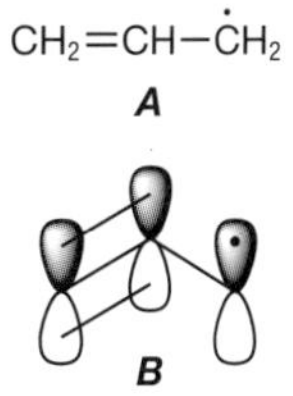

$$CH_2=CH-\dot{C}H_2 \quad \longleftrightarrow \quad \dot{C}H_2-CH=CH_2$$

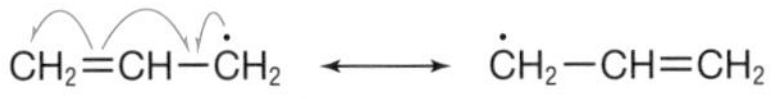

図 4・24　アリルラジカルにおける共鳴

[1] ピロールやフランの分子における N 原子や O 原子は sp^2 混成軌道をとる．ピロールにおける N 原子上の非共有電子対およびフランにおける O 原子上の非共有電子対のうちの 1 組の電子対は p 軌道にあり，電子雲が環に対して垂直方向に広がっている．これらの電子対は，炭素原子間における 2 組の π 結合と共に共鳴に関与する．

芳香族化合物
aromatic compound

[2] ピロールやフランのように，分子内にベンゼン環をもたない芳香族化合物もある．

$$CH_2=CH-\dot{C}H_2$$
A

B

図 4・23　アリルラジカル

[3] 不対電子をもつ原子，分子，イオンを総称して**ラジカル**（radical）とよぶ．

コラム　**ケ ク レ の 夢**

炭素の原子価を 4，水素の原子価を 1 とするとき，C_6H_6 という分子式をもつ構造は複数考えられ（図），これらもベンゼンの構造の候補とされていた．ケクレがベンゼンの環状構造に関する着想を得たのは，夢がきっかけであるといわれている．ケクレは教科書を執筆していた際に，暖炉の前でうたた寝をした．このとき，連なった原子が蛇のようにうねっており，さらに 1 匹の蛇が自身の尻尾に噛み付きながら回っている夢を見て，ベンゼンの環状構造を思いついた．このエピソードは 1890 年に行われた講演でケクレ自身が述べている．

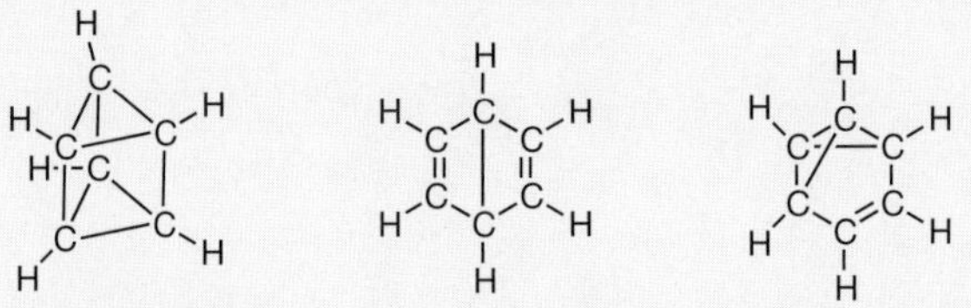

ラーデンブルベンゼン　　デュワーベンゼン　　ベンズバレン
（プリズマン）

◆◆◆ ま と め ◆◆◆

- 炭酸イオンでは C=O における π 結合の電子対と，2 個の酸素原子における非共有電子対とがイオン全体に広がっている．このような電子の状態は共鳴とよばれる．共鳴のある分子やイオンは，単一の構造式（共鳴構造）では正確に表すことができない．
- 共鳴構造における電子対の移動を，曲がった矢印を使って表すことができる．
- 電子の広がりによって，分子やイオンはエネルギー的に安定になる．
- ベンゼンの分子には芳香族性とよばれる特異な安定性がある．芳香族性はベンゼン以外の分子にもみられる．

◆◆◆ 演 習 問 題 ◆◆◆

4・1 1-ペンテンの水素化熱は 127 kJ/mol である．この値を用いて以下の問いに答えよ．

(a) 1,4-ペンタジエンの水素化熱（1 mol の 1,4-ペンタジエンと 2 mol の水素が反応してペンタンが生成するときの反応熱）は何 kJ/mol と考えられるか．

(b) 1,3-ペンタジエンの水素化熱（1 mol の 1,3-ペンタジエンと 2 mol の水素が反応してペンタンが生成するときの反応熱）は 226 kJ/mol である．この値が(a)で求めた値より小さいのはなぜか．理由を述べよ．

4・2 1,3-ブタジエンの共鳴を考える場合，π 結合の電子対を 1 組ずつ動かすこともできる．(a)～(d) の共鳴構造から矢印のように電子対を動かすと，どのような構造になるか．

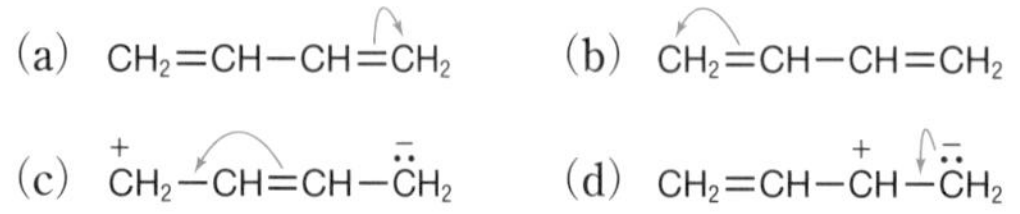

(a) $CH_2=CH-CH-CH_2$

(b) $CH_2=CH-CH=CH_2$

(c) $\overset{+}{CH_2}-CH=CH-\overset{..}{CH_2}$

(d) $CH_2=CH-\overset{+}{CH}-\overset{..}{CH_2}$

4・3 下図にアリルカチオンにおける共鳴を示す．これに倣って (a), (b) の共鳴を考え，電子対を 1 組ずつ移動させながら，考えられる共鳴構造をすべて記せ．

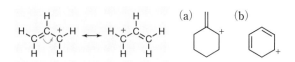

4・4 次の(a)～(e)の化合物のうち，ヒュッケル則に基づいて芳香族性があると考えられるものをすべて選べ．

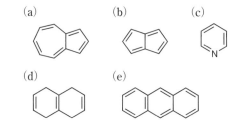

5

酸 と 塩 基

　第5章では，高等学校の化学でも学習した"酸と塩基"および"中和"を扱う．まず，電離と電離平衡を通して酸と塩基の定義およびその強弱について学習する．さらに有機化学の反応を扱ううえで重要なプロトンの移動すなわち中和を，電子の観点から考える．

5・1　酸 と 塩 基 の 定 義

　水溶液中で溶質からイオンが発生する変化を**電離**といい，電離する物質を**電解質**という．古典的な定義である**アレニウスの定義**では，酸とは水溶液中で電離して水素イオン（以下，プロトンと記す*）H^+ を発生する性質をもつ物質であり，塩基とは水溶液中で電離して水酸化物イオン OH^- を発生する性質をもつ物質である．

　アレニウスの定義は物質の性質に基づく定義であるが，高等学校の化学で学習する**ブレンステッド・ローリーの定義**は，電離などの変化における役割に基づく定義である．たとえば，水溶液中の酢酸の電離は図5・1(a)のように表すことができる．この変化では，酢酸分子から水分子にプロトンが移動して，オキソニウムイオン H_3O^+ が生成している．このときの酢酸のようにプロトンを供与する役割をもつ分子やイオンを酸，水のようにプロトンを受容する役割をもつ分子やイオンを塩基と定義する．また，図5・1(b)に示したアンモニアの電離では水分子からアンモニア分子にプロトンが移動して水酸化物イオンが生成している．したがって，アンモニアの電離では，プロトンを供与する役割をもつ水が酸，プロトンを受取る役割をもつアンモニアが塩基と定義される．

電離（ionization）：他書には"解離"と表記しているものもあるが，本書では高等学校までの化学で学習した"電離"を用いる．

電解質 electrolyte

アレニウスの定義
Arrhenius definition

* アレニウスは酸を"水素イオン"によって定義した．水素イオンの実態は水素原子の原子核であり，最も存在比の多い ^1H で考えるとプロトン（陽子，proton）に相当する．そこで本書では，水素イオンをプロトンと表記する．

ブレンステッド・ローリーの 定 義（Brønsted–Lowry definition）：ブレンステッドの定義（Brønsted definition）ともいう．

(a)

(b)

図5・1　ブレンステッドの酸と塩基

　有機化学においてよく用いられる酸と塩基の定義として，**ルイスの定義**がある．水溶液中における酸の電離では，プロトンが水分子に配位結合してオキソニ

ルイスの定義
Lewis definition

*1 オキソニウムイオンは水和されたプロトンとみなすことができるが, 実際には水中で1個のプロトンが2個の水分子と結合し, さらにその周囲にある4個の水分子を強く引きつけている.

ルイス酸
Lewis acid

ルイス塩基
Lewis base

→ は配位結合を表す

図5・2 ルイスの酸と塩基

電離平衡
ionization equilibrium

*2 平衡定数の定義に従って, 式5・2には溶媒である水の濃度 $[H_2O]$ は含まれない. また, $[H_3O^+]$ を $[H^+]$ と表記する.

*3 高等学校の化学では電離度の大小によって酸と塩基の強弱を比較した. しかし, 電離度は濃度によって変化するので, 濃度に依存しない電離定数によって酸と塩基の強弱を比較する方が正確である. なお, 電離定数は平衡定数であるので, 温度によって変化する.

共役塩基
conjugated base

ウムイオンが生成すると考えることができる*1. 高等学校の化学で学習したように, 配位結合では一方の分子またはイオンが, もう一方の分子またはイオンに非共有電子対を供与する. ルイスの定義では, 非共有電子対を受取る分子またはイオンを酸, 非共有電子対を提供する分子またはイオンを塩基とする. たとえば, 図5・1(a)のオキソニウムイオンではプロトンが酸, 水分子が塩基となる. また, 亜鉛(II)イオン Zn^{2+} に4個のアンモニア分子がその非共有電子対によって配位結合したテトラアンミン亜鉛(II)イオン $[Zn(NH_3)_4]^{2+}$ では, 亜鉛(II)イオンが酸, アンモニア分子が塩基である (図5・2). ルイスの定義に基づく酸を**ルイス酸**, 塩基を**ルイス塩基**とよぶことがある. ルイスの定義は配位結合の形成過程における分子やイオンの役割に基づく定義であり, この観点からブレンステッドの定義を拡張したものと考えてよい.

5・2 電離平衡と酸・塩基の強弱

5・2・1 酸の電離平衡

　水溶液中での酢酸の電離は完全には進行せず, 酢酸分子と酢酸イオン, オキソニウムイオンが共存している. このとき酢酸分子と水分子とが反応する正反応と, 酢酸イオンとオキソニウムイオンから酢酸分子と水分子が生成する逆反応の速度が等しくなっており, 反応が見かけ上停止している. このような状態を**電離平衡**という (式5・1).

$$CH_3COOH + H_2O \rightleftharpoons CH_3COO^- + H_3O^+ \tag{5・1}$$

酢酸の電離平衡における平衡定数（電離定数）K_a は,

$$K_a = \frac{[CH_3COO^-][H^+]}{[CH_3COOH]} \tag{5・2}$$

で与えられ*2, 電離定数の大小によって, 酸の強さを比較することができる. 電離定数の値が大きい酸は, 電離が進みやすくプロトンを放出しやすいので強い酸である*3. 25℃における酢酸の電離定数は 2.7×10^{-5} mol/L である. このように電離定数の値は一般に小さいので, 電離定数の比較のために $pK_a = -\log_{10} K_a$ という値を用いることが多い. たとえば, 25℃における酢酸の pK_a は4.6である. おもな酸の pK_a の値を表5・1に示す. pK_a の値が小さい酸ほど強い酸であり, 電離によって発生した陰イオンの安定性が大きい. 電離の逆反応では, この陰イオンがブレンステッド・ローリーの定義による塩基として作用し, これを**共役塩基**という. たとえば, 式5・1における電離平衡では, 酢酸イオンが酢酸分子の共役塩基である.

5・2・2 酸の強弱を決める要因

　共役塩基である陰イオンの安定性は, イオンの内部で電荷（電子）がどの程度広がっているかによって決まる. たとえば, ハロゲン化水素の酸としての強さは HF < HCl < HBr < HI の順である. 原子の電気陰性度（§2・1参照）は F > Cl > Br > I の順であるから, ハロゲン原子と水素原子との結合における分極だ

表5・1　酸　の　pK$_a$[†1]

酸の名称	化学式	pK$_a$[†2]	酸の名称	化学式	pK$_a$[†2]
硫　酸	HO-SO$_3$H	−12 (pK$_{a1}$) 2.0 (pK$_{a2}$)	フマル酸	(structure)	3.0 (pK$_{a1}$) 4.4 (pK$_{a2}$)
ヨウ化水素	HI	−10	サリチル酸	(structure)	3.4 (pK$_{a1}$) 13.4 (pK$_{a2}$)
臭化水素	HBr	−9	フッ化水素	HF	3.2
塩化水素	HCl	−7	ギ　酸	HCOOH	3.8
硝　酸	HO-NO$_2$	−3	安息香酸	(structure)-COOH	4.2
ベンゼンスルホン酸	(structure)-SO$_3$H	−2.8	酢　酸	CH$_3$COOH	4.8
ピクリン酸 (2,4,6-トリニトロフェノール)	(structure)	0.29	炭　酸	HO-CO-OH	6.4 (pK$_{a1}$) 10.3 (pK$_{a2}$)
リン酸	HO-P-OH (O, OH)	2.2 (pK$_{a1}$) 7.2 (pK$_{a2}$) 12.3 (pK$_{a3}$)	シアン化水素	HCN	9.2
マレイン酸	(structure COOH, COOH)	1.9 (pK$_{a1}$) 6.2 (pK$_{a2}$)	フェノール	(structure)-OH	10.0

†1　日本化学会編，“化学便覧”，丸善（1984）；D. F. Detar, *J. Am. Chem. Soc.*, **72**, 7205 (1982)；W. L. Mock *et al.*, *Tetrahedron Lett.*, **31**, 5687 (1990)；I. Koppel *et al.*, *J. Org. Chem.*, **56**, 7172 (1991)；J. Yoon *et al.*, *J. Am. Chem. Soc.*, **114**, 5874 (1992)；P. A. Moss *et al.*, *Tetrahedron Lett.*, **33**, 4291 (1992)；F. G. Bordwell *et al.*, *J. Am. Chem. Soc.*, **114**, 10173 (1992)；L. Xie *et al.*, *J. Org. Chem.*, **57**, 4986 (1992)；C. F. Bernasconi *et al.*, *J. Org. Chem.*, **58**, 217 (1993)；G. V. Lamoureux *et al.*, *J. Org. Chem.*, **58**, 633 (1993)；F. G. Bordwell *et al.*, *J. Org. Chem.*, **58**, 6067 (1993)；E. A. Castro *et al.*, *J. Org. Chem.*, **67**, 4494 (2002)；I. Um *et al.*, *J. Org. Chem.*, **70**, 4980 (2005) を基に作成.

†2　pK$_{an}$ は第 n 段階目の電離における pK$_a$ 値

けを考えると，酸としての強さの順が逆のように思える．これは共役塩基である
ハロゲン化物イオンの直径が F$^-$ < Cl$^-$ < Br$^-$ < I$^-$ の順であることに起因する．
ハロゲン化物イオンの電荷はいずれも −1 であるが，直径の大きいハロゲン化物
イオンほど，この電荷が空間に大きく広がって安定になる．また，フェノールと
メタノールは共に分子内にヒドロキシ基をもつが，フェノールの pK$_a$ は 10.0，
メタノールの pK$_a$ は 15.5 であり，フェノールの方が酸としての性質が相対的に強
い．これはフェノールの共役塩基であるフェノキシドイオン C$_6$H$_5$O$^-$ に図5・3
のような共鳴があり，負電荷がイオン全体に広がっているためと考えられる*.

* このように共鳴が分子やイオンの性質に影響を与える効果を，**共鳴効果**（resonance effect）または **R 効果**という．

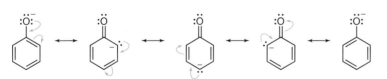

図5・3　フェノキシドイオンの共鳴

　酢酸はカルボキシ基に含まれる −OH の部分で電離する．酢酸は同じく分子
内に −OH をもつメタノールより強い酸（pK$_a$ 4.6）であるが，これはカルボキ

*1 プロトンを放出した後の
カルボキシ基には下図のよう
な共鳴があり，カルボキシ基
全体に負電荷が広がってい
る．これもカルボキシ基の電
離が進行しやすいことの原因
となっている．

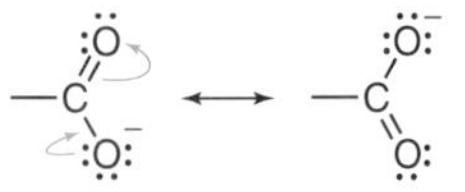

シ基の −OH に隣接する C＝O（カルボニル基）が電子を強く引き寄せるためで
ある*1．このように電離する構造の近傍に電気陰性度が大きい原子や電子を引き
寄せる基が存在することも，酸としての性質が強くなる要因である．たとえば，
酢酸分子のメチル基における水素原子を，電気陰性度が大きい塩素原子で置換し
た構造をもつカルボン酸の pK_a は，図 5・4 のように塩素原子の数が多いものほ

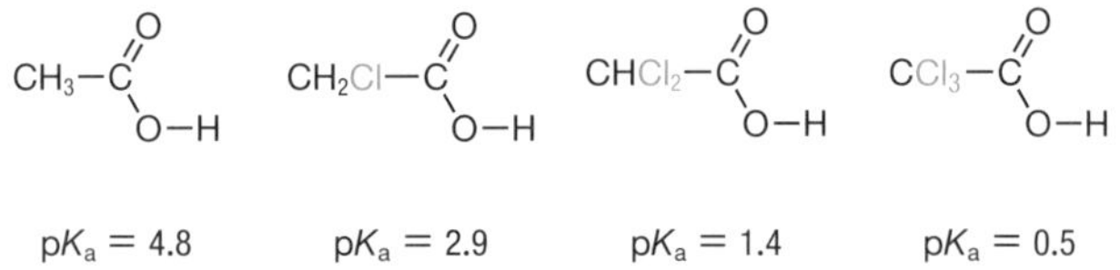

$$CH_3-C(=O)-O-H \qquad CH_2Cl-C(=O)-O-H \qquad CHCl_2-C(=O)-O-H \qquad CCl_3-C(=O)-O-H$$

$pK_a = 4.8$ $pK_a = 2.9$ $pK_a = 1.4$ $pK_a = 0.5$

図 5・4 　酢酸とクロロ酢酸の pK_a

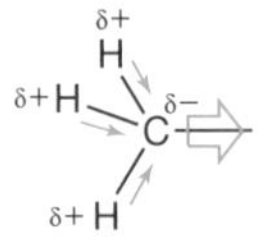

図 5・5 　メチル基による
誘起効果

ど小さくなる．代表的な官能基が電子を引き寄せる力の指標値を表 5・2 に示す．
電離する官能基に電子を引き寄せる基が結合すると，水素原子の部分正電荷が大
きくなり，酸としての性質が強くなる．一方で電子を押し出す性質をもつ基が結
合すると，酸としての性質が弱くなる．たとえば，メチル基では炭素原子の方が
水素原子より電気陰性度が大きいため C−H 結合の共有電子対が炭素原子側に偏
在し，電子を押し出す効果がある（図 5・5）．したがって，カルボキシ基にメチ
ル基が結合した構造をもつ酢酸（pK_a 4.8）は，カルボキシ基に水素原子が結合
したギ酸（pK_a 3.8）より弱い酸である*2．

*2 このように分子内の水素
原子を他の基で置き換えるこ
とで σ 結合における電子の
分布が変化し，分子内の電子
の分布が変わることがある．
これを誘起効果（inductive
effect）または I 効果という．

表 5・2 　種々の基が電子を引き寄せる指標値[†]

化学式	指標値	化学式	指標値	化学式	指標値
CH_3	2.47	$CHCl_2$	2.60	$COOH$	2.82
CH_2CH_3	2.48	CCl_3	2.67	CHO	2.87
CH_2Cl	2.54	C_6H_5	2.72	$C{\equiv}CH$	3.07
CH_2OH	2.59	$CH{=}CH_2$	2.79	NO_2	3.42

[†]   N. Inamoto, S. Matsuda, *Chem. Lett.*, **11**, 1003（1982）を基に作成．数値が大きい基ほど，
電子を強く引き寄せる．

*3 分子内に電離する可能性
がある基を n 個もつ酸を "n
価の酸"という．マレイン酸
とフマル酸は，共に分子内に
2 個の −COOH をもつので 2
価のカルボン酸である．

酸の強さを決める別の要因として分子内の水素結合がある．互いにシス−トラ
ンス異性の関係にあるマレイン酸とフマル酸の分子には 2 個のカルボキシ基があ
る*3．このような酸には，第一電離定数 K_{a1} と第二電離定数 K_{a2} がある（マレイ
ン酸とフマル酸の pK_{a1} および pK_{a2} は表 5・1 参照）．pK_{a1} どうしを比べると，シ
ス形のマレイン酸の方がトランス形のフマル酸より酸としての性質が強いことが

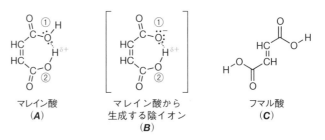

マレイン酸
（**A**）

マレイン酸から
生成する陰イオン
（**B**）

フマル酸
（**C**）

図 5・6 　マレイン酸とフマル酸

わかる．これは図5・6の**A**のようにマレイン酸分子においてカルボキシ基の酸素原子 ① がもう一つのカルボキシ基の部分正電荷をもつ水素原子と水素結合を形成し，その結果，酸素原子 ① を含むO-Hの分極が，分子内で水素結合を形成しないフマル酸の場合より大きくなるためである．一方，pK_{a2}どうしを比べるとマレイン酸の方が大きく，第二段階の電離はフマル酸の方が進行しやすい．これは図5・6の**B**のように陰イオンとなったカルボキシ基の酸素原子 ① と，もう一つのカルボキシ基の水素原子が水素結合を形成することで，2段階目の電離が進行しにくくなるためである[*1].

*1 この水素原子は負電荷または部分負電荷をもつ2個の酸素原子の間に固定されているため，$O^{②}-H$結合が切れにくくなっている．

5・2・3 塩基の電離平衡

水溶液中でのアンモニアの電離も，電離平衡になっている（式5・3）．

$$NH_3 + H_2O \rightleftharpoons NH_4^+ + OH^- \tag{5・3}$$

この場合の電離平衡定数K_bは，

$$K_b = \frac{[NH_4^+][OH^-]}{[NH_3]} \tag{5・4}$$

で与えられ，この値が大きいほど強い塩基である[*2].アンモニアの場合は，$K_b = 2.3 \times 10^{-5}$ mol/Lである．酸で用いるpK_aに対して，塩基の場合は$pK_b = -\log_{10} K_b$という値を用い，この値が小さい酸ほど強い塩基である．アンモニアのpK_bは4.6である．アンモニアの電離の逆反応は，アンモニウムイオンの電離に相当する．たとえば式5・3の両辺にH^+を加え，左辺と右辺を入替えると次式5・5になる[*3].

$$NH_4^+ + H_2O \rightleftharpoons NH_3 + H_3O^+ \tag{5・5}$$

この加水分解ではアンモニウムイオンがブレンステッドの定義による酸として作用するので，アンモニウムイオンをアンモニアの**共役酸**という．このときの平衡定数は共役酸の電離定数K_aに相当する．25℃における水のイオン積が$K_w = 1.0 \times 10^{-14}$ $(mol/L)^2$であることを考慮すると，$pK_a = 14 - pK_b$の関係があり，弱塩基の場合にはこの値が小さくなる．酸の場合と統一的に扱うために，この値を塩基の強弱の指標として用いることもある．代表的な塩基のpK_bの値を表5・3に示す．

*2 平衡定数の定義に従って，式5・4には溶媒である水の濃度$[H_2O]$は含まれない．

*3 ここでは$H^+ + OH^- \rightarrow H_2O$，$H_2O + H^+ \rightarrow H_3O^+$と考える．

共役酸
conjugated acid

表5・3 塩基のpK_b[†]

名称	化学式	pK_b	名称	化学式	pK_b
グアニジン	$(NH_2)_2C=NH$	0.4	ピリジン	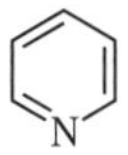	8.8
ジエチルアミン	$(C_2H_5)_2NH$	3.1			
メチルアミン	CH_3NH_2	3.4	アニリン	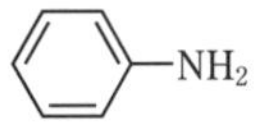	9.4
アンモニア	NH_3	4.8			

† H. K. Hall, *J. Am. Chem. Soc.*, **79**, 5441 (1957)；J. Andrraos, *et al.*, *J. Am. Chem. Soc.*, **114**, 5643 (1992)；E. A. Castro *et al.*, *J. Org. Chem.*, **68**, 5930 (2003) を基に作成．

5・2・4　塩基の強弱を決める要因

　塩基性を示す有機化合物の多くは分子内に窒素原子をもち，その非共有電子対でプロトンと結合する．このとき窒素原子の電子密度が大きいとプロトンと結合する性質，すなわち塩基としての性質が強くなる．たとえば，アンモニア分子の水素原子を，電子を押し出す効果のあるメチル基で置換した構造をもつメチルアミン CH_3NH_2 の pK_b の値は 3.4 であり，pK_b の値が 4.6 のアンモニアより強い塩基である．一方，アンモニア分子の水素原子をフェニル基 C_6H_5- で置換した構造をもつアニリン $C_6H_5NH_2$ には図 5・7 のような共鳴があり，窒素原子の非共有電子対がこの共鳴に使われるため，窒素原子における電子の密度がアンモニアの場合よりも小さい．したがって，アニリンはアンモニアよりも弱い塩基（pK_b 9.4）である*.

* 同様な共鳴はフェノキシドイオンでも見られる（図5・3）このようにフェニル基には，結合している原子の電子を引きつける性質がある（§6・4・2参照）.

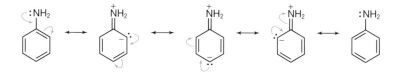

図5・7　アニリンの共鳴

　塩基にプロトンが結合した共役酸において共鳴による電荷の広がりがあれば，共役酸が安定になるので，その塩基は強い塩基である．たとえば，グアニジン $(NH_2)_2C=NH$ は非常に強い塩基（pK_b 0.4）であるが，これはグアニジン分子にプロトンが結合したグアニジウムイオンにおける共鳴のためである（図5・8）.

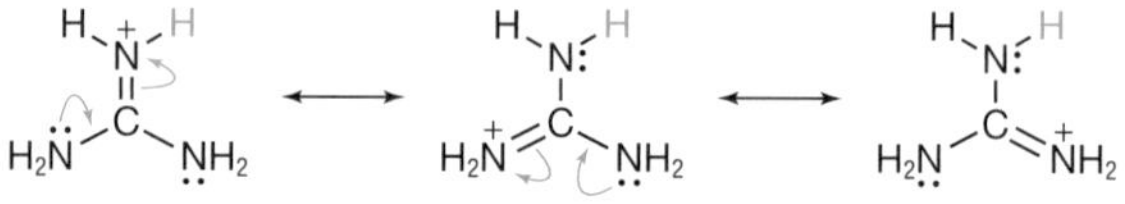

図5・8　グアニジウムイオンの共鳴

　アミド結合 $-NH-CO-$ には窒素原子が含まれるが，一般にアミドの窒素原子は塩基性を示さない．これはアミド結合の $C=O$ の分極が大きく，図5・9に示すような共鳴によって窒素原子の電子密度が小さくなっているため，窒素原子にプロトンが結合できないことによる．

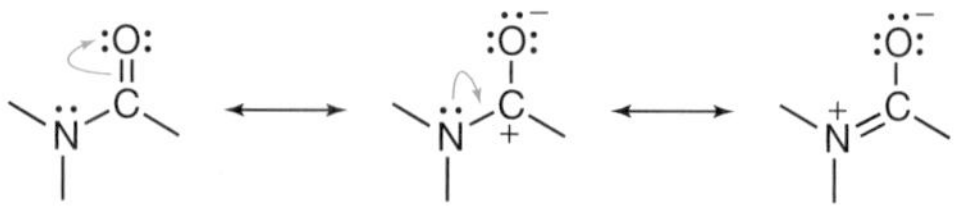

図5・9　アミド結合の共鳴

5・3　塩と酸・塩基との反応

　塩は酸の共役塩基と塩基の共役酸とが結合した物質とみなすことができる．酸 HX と，酸 HY の共役塩基である Y^- を含む塩との反応は，一般に式 5・6 で表される可逆反応である．

$$HX + Y^- \rightleftharpoons X^- + HY \qquad (5\cdot6)$$

この反応の平衡定数 K は，HX と HY の電離定数 K_{HX} と K_{HY} を用いて式 5・7 のように表される．

$$K = \frac{[X^-][HY]}{[HX][Y^-]} = \frac{K_{HX}}{K_{HY}} \qquad (5\cdot7)$$

HX が HY よりも強い酸であれば，$K_{HX} > K_{HY}$ の関係があるので $K > 1$ となり，式 5・6 の平衡は右辺側に偏る．すなわち，酸 HY の共役塩基 Y^- を含む塩に HY より強い酸を加えると HY が生成する．この反応は酸の価数によらず進行する．たとえば，酢酸 CH_3COOH は炭酸 H_2CO_3 および炭酸水素イオン HCO_3^- よりも強い酸であるから（表 5・1 参照），炭酸イオンを含む塩である炭酸カルシウム $CaCO_3$ に酢酸を加えると，

$$CaCO_3 + 2CH_3COOH \longrightarrow Ca(CH_3COO)_2 + H_2O + CO_2 \qquad (5\cdot8)$$

のように反応して二酸化炭素が発生する[*1]．この反応では水溶液中で生成する炭酸が分解して二酸化炭素と水になり，さらに二酸化炭素が気体として反応系（ここでは溶液）外に出ていくことで，ルシャトリエの原理に従って平衡が連続的に右辺側に移動する．したがって，結果的に式 5・8 の反応は不可逆的に進行する．このように，ある酸の塩にその酸よりも強い酸を加えると，強い方の酸が塩となり弱い方の酸が生成（遊離）する．この方法によって，酸としての性質をもつ有機化合物の共役塩基（陰イオン）を含む塩の水溶液に塩酸や硫酸水溶液を加え，その有機化合物を遊離させて取出すことができる[*2]．

同様の反応は塩基でも進行する．第一級アミンであるアニリンは水酸化ナトリウムより弱い塩基である．そこでアニリンの共役酸であるアニリニウムイオン $C_6H_5NH_3^+$ を含む塩化アニリニウム（アニリン塩酸塩）の水溶液に水酸化ナトリウム水溶液を加えると，式 5・9 のようにアニリンが遊離する．水酸化ナトリウムがきわめて強い塩基なので，この反応は概ね完全に進行する[*3]．

$$C_6H_5NH_3Cl + NaOH \longrightarrow C_6H_5NH_2 + H_2O + NaCl \qquad (5\cdot9)$$

5・4　HSAB 則

5・4・1　酸と塩基の硬さ，軟らかさ

HSAB の H は hard（硬い），S は soft（軟らかい）の頭文字であり，A は acid（酸），B は base（塩基）の頭文字である．この場合の酸と塩基はルイスの定義によるものであるが，拡張して陽イオンも酸，陰イオンも塩基の範疇に含めて考える．

"硬い酸（hard acid）"とは，半径が小さく正電荷が大きい陽イオン（あるいは部分正電荷が大きい原子）をさす．硬い酸では最外殻の電子あるいは結合によって受入れた電子の軌道が原子核に近い．"軟らかい酸（soft acid）"とは半径が大きく正電荷が小さいイオン（あるいは部分正電荷が小さい原子）をさす．軟

[*1] 炭酸カルシウムは石灰石，貝殻，卵殻などに含まれる．

[*2] 高等学校の化学で学習した H_2S や SO_2 など酸性が強くない気体の実験室的製法は，この原理に基づく反応である．

[*3] 高等学校の化学で学習した NH_3 の実験室的製法は，この原理に基づく反応である．

らかい酸では最外殻の電子あるいは結合によって受入れた電子の軌道が原子核から遠い．塩基の硬さと軟らかさも，負電荷や部分負電荷の値と半径の大きさに依存する．すなわち"硬い塩基（hard base）"ではイオンや原子の半径が小さく，負電荷や部分負電荷の絶対値が大きい．また"軟らかい塩基（soft base）"ではその逆である．実際の分類では"硬い"と"軟らかい"のほかに"中間（middle）"という評価を設ける．代表的な硬い酸，軟らかい酸および中間の性質をもつ酸と，硬い塩基，軟らかい塩基および中間の性質をもつ塩基の例を表5・4に示す．多くの場合，中間の性質をもつ酸・塩基は，硬い酸・塩基よりも軟らかい酸・塩基の性質に近い．

表5・4　HSAB則における酸と塩基の分類

	硬い（hard）	中間（middle）	軟らかい（soft）
酸	H^+, Li^+, Na^+, K^+, Mg^{2+}, Ca^{2+}, Al^{3+}, Sc^{3+}, Ti^{4+}, Cr^{3+}, Fe^{3+}, Sn^{4+}	Mn^{2+}, Fe^{2+}, Co^{2+}, Ni^{2+}, Cu^{2+}, Zn^{2+}, Sn^{2+}, Pb^{2+}	Pd^{2+}, Pt^{2+}, Hg^{2+}, Cu^+, Ag^+, Au^+
塩基	NH_3, H_2O, F^-, OH^-, O^{2-}, CH_3COO^-, CO_3^{2-}, SO_4^{2-}, PO_4^{3-}	$C_6H_5NH_2$, NO_2^-, Br^-	CN^-, I^-, $S_2O_3^{2-}$, S^{2-}

5・4・2　HSAB則の意味と適用例

　HSAB則とは，"硬い酸と硬い塩基の組合わせ，あるいは軟らかい酸と軟らかい酸の組合わせでは結合が強くなる"という経験則である．いくつか例をあげてみよう．

　水溶液中で進行する中和は，オキソニウムイオンと水酸化物イオンとの反応であり，この反応はほぼ完全に進行する*．一方，オキソニウムイオンと硫化水素イオンHS^-との反応は，その逆反応が酸である硫化水素の第一段階目の電離に相当することからわかるように，完全には進行しない（図5・10）．両反応はオキソニウムイオンから水酸化物イオン（OH^-）あるいは硫化水素イオン（HS^-）へのプロトンの移動と考えることができるが，上記の事実からプロトンとの親和性は$OH^- > HS^-$の順であることがわかる．このときプロトンは最も原子核に近いK殻に各陰イオンの非共有電子対を受入れ，硬い酸として挙動する．プロトンとの結合に関与する非共有電子対は，水酸化物イオンの酸素原子ではL殻，硫化水素イオンの硫黄原子ではL殻の外側のM殻にある．したがって，水酸化物イオンの酸素原子は硬い塩基，硫化水素イオンの硫黄原子は軟らかい塩基として挙動し，水酸化物イオンの方が硬い酸であるプロトンと強く結合するため，上記の親和性の順になると考えられる．

* 中学校の理科や高等学校の化学で学習した中和は，そのほとんどが水溶液中での反応であった．この場合には酸が放出したプロトンは水和されてオキソニウムイオンとなり，これが塩基の電離によって発生した水酸化物イオンと反応する．これは溶媒である水を介したプロトンの移動と考えてよい．

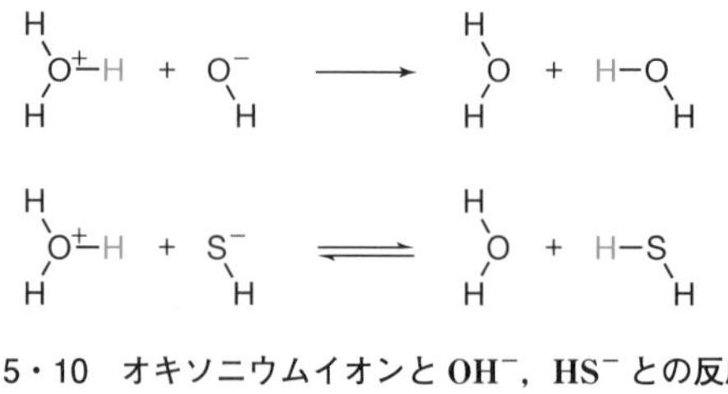

図5・10　オキソニウムイオンとOH^-，HS^-との反応

　高等学校の化学で学習したように，フッ化銀AgFは水に溶けやすいがヨウ化銀AgIは水に難溶である．これらは銀(I)イオンAg$^+$とハロゲン化物イオン（フッ化物イオンF$^-$，ヨウ化物イオンI$^-$）とが結合した塩であるが，表5・4のようにAg$^+$は軟らかい酸であり，F$^-$は硬い塩基，I$^-$は軟らかい塩基である．HSAB則に従って考えると，Ag$^+$とI$^-$は強固に結合するがAg$^+$とF$^-$の結合は弱いため，両者の水に対する溶解度に相違が現れると説明できる．このようにHSAB則を用いるといろいろな現象を説明することができるが，HSAB則がすべての場合に適用できるとは限らない．

　有機化合物の分子にも，硬い酸としての性質を示す部分と軟らかい酸としての性質を示す部分をもつものがある．図5・11のような構造をもつ有機化合物は，一般にα,β-不飽和カルボニル化合物とよばれ，共鳴によって1位の炭素原子と3位の炭素原子が部分正電荷をもつ．このとき電気陰性度が大きい酸素原子に結合した1位の炭素原子を含むC=O結合の分極は，2位と3位の炭素原子間のC=C結合の分極よりも大きい．したがって，1位の炭素原子は硬い酸としての性質を示し，3位の炭素原子は軟らかい酸としての性質を示す*.

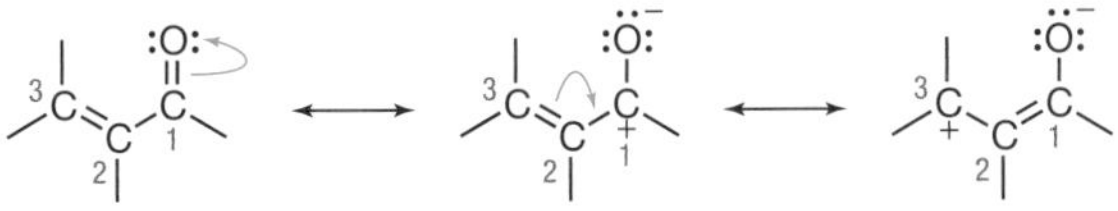

図5・11　α,β-不飽和カルボニル化合物の共鳴

> ＊　多原子イオンである[C≡N]$^-$では，C原子が軟らかい塩基，N原子が硬い塩基の性質を示す．Fe^{3+}と[Fe(CN)$_6$]$^{4-}$あるいはFe^{2+}と[Fe(CN)$_6$]$^{3-}$の反応で生成するプルシアンブルー（濃染色の顔料）では，硬い酸であるFe^{3+}がN原子と，中間の性質をもつFe^{2+}がC原子と結合している．

【コラム】 **HSAB則と鉱物の組成**

　自然界に産出する鉱物の多くは地下で熱水から析出する．多くの鉱物はこのときマグマ中に含まれる金属陽イオンと陰イオンとが結びついて結晶化するので，HSAB則に従った“相性のよい”組合わせを組成とする鉱物が多く存在して鉱床を形成する．鉱物中の金属陽イオンには酸化物として産出するものと硫化物として産出するものがある．たとえば，硬い酸である鉄(III)イオンFe^{3+}は，硬い酸である水酸化物イオンあるいは酸化物イオンと結合して赤鉄鉱Fe$_2$O$_3$・nH$_2$Oとして産出する．なお，鉱物の組成をMO$_x$・nH$_2$Oのように表す場合は，一般にM-OH（水酸化物型）という構造とM-O-Mという構造（酸化物型）が両方含まれることを表している．一方，中間の性質をもつ酸に分類される鉄(II)イオンFe^{2+}は，軟らかい塩基としての性質をもつ硫化物イオンあるいは硫黄を含む陰イオンと結合して，黄銅鉱CuFeS$_2$や黄鉄鉱FeS$_2$として産出する．また，硬い塩基であるフッ化物イオンは硬い酸であるカルシウムイオンと結びついたホタル石（成分: CaF$_2$）やアルミニウムイオンと結びついた氷晶石（成分: Na$_3$[AlF$_6$]）などの形で産出する．

◆◆◆ ま と め ◆◆◆

• 酸と塩基の定義には，アレニウスの定義，ブレンステッド・ローリーの定義，ルイスの定義がある．

アレニウスの定義は物質の性質に基づく定義であり，ブレンステッド・ローリーの定義とルイスの

定義は物質の役割に基づく定義である.

- 酸と塩基の強弱は,電離平衡定数によって比較される.酸と塩基の強弱には分子の構造や,電離によって生じる陰イオンまたは陽イオンの構造が関与している.

- 陽イオンと陰イオンとの結合しやすさ,あるいは結合の強さを説明する場合 HSAB 則による説明が有効な場合がある.

- 弱い酸の塩に強い酸を加えると,弱い酸が遊離して強い酸が塩になる.同様の現象は塩基でもみられる.

◆◆◆ 演 習 問 題 ◆◆◆

5・1 次の各反応において下線を付けた分子やイオンは,ブレンステッドの定義による酸,塩基のいずれの役割をしているか.

(a) HCl + $\underline{H_2O}$ ⟶ Cl⁻ + H₃O⁺

(b) $\underline{NH_4^+}$ + OH⁻ ⟶ NH₃ + H₂O

(c) $\underline{CH_3COO^-}$ + HCl ⟶ CH₃COOH + Cl⁻

5・2 次の各事項の理由を説明せよ.

(a) 下記の **A**〜**C** の酸の強さは **C**>**B**>**A** の順番になる.

A CH₃−CH₂−COOH

B CH₂=CH−COOH

C CH≡C−COOH

(b) 安息香酸のカルボキシ基の pK_a は 4.2,サリチル酸のカルボキシ基の pK_a は 3.0 であり,後者の方が強い酸である.

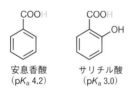

安息香酸
(pK_a 4.2)

サリチル酸
(pK_a 3.0)

(c) 複数の窒素原子を分子内にもつグアニジンと尿素は,下図のように構造が似ている.しかしグアニジンの窒素原子は塩基としての性質を示すが,尿素の窒素原子は塩基としての性質を示さない.

グアニジン   尿素

5・3 HSAB 則を用いて,以下の下線部の理由を説明せよ.

(a) エタノール CH₃CH₂OH の pK_a は 16.0,エタンチオール CH₃CH₂SH の pK_a は 10.6 であり,エタンチオールはエタノールより強い酸である.

(b) カルシウムイオンと鉛(Ⅱ)イオンをそれぞれ 0.1 mol/L の濃度で含む弱酸性の水溶液に硫化水素を通じると,硫化カルシウムは沈殿しないが硫化鉛(Ⅱ)は沈殿する.

5・4 ギ酸と酢酸の電離定数をおのおの K_{a1} = 1.76 × 10⁻⁴ mol/L,K_{a2} = 1.76 × 10⁻⁵ mol/L として,次の問いに答えよ.なお $\sqrt{10.0}$ = 3.16 とする.

(a) 0.100 mol の酢酸イオンを含む水溶液に 0.100 mol のギ酸を加えて平衡状態にした.このとき酢酸イオンの何%が酢酸分子になっているか.

(b) 0.100 mol の酢酸イオンを含む水溶液にギ酸を加えて,酢酸イオンの 99.0%を酢酸分子にしたい.このとき加えるべきギ酸の物質量を求めよ.

6

置　換　反　応

　第6章では，有機化学における基本反応の一つである置換反応について学習する．置換反応は，分子内の原子や基が，別の原子や基に置き換わる反応である．ここでは単に反応の様式や結果のみをまとめるのではなく，反応の過程で分子やイオンにどのような変化が起こるのかを，電子の挙動に着目しながら述べる．

6・1　有機化学の基本反応

　高等学校の化学で学習したように，有機化合物の反応には種々のものがあるが，それらの大半は図6・1に例示する4種類の反応からなる*．一見複雑に見える反応でも，その過程をたどると，往々にしてこれらの反応の組合わせになっている．本章では，(a)に示した**置換反応**を扱う．

> * 図6・1に示した反応式はあくまで模式的なものであり，各反応の内容はこれらに限定されるものではない．詳細についてはおのおのの該当箇所で述べる．
>
> **置換反応**（substitution）：分子内のある原子や原子団が，他の原子や原子団に“置き換えられる”反応をいう．

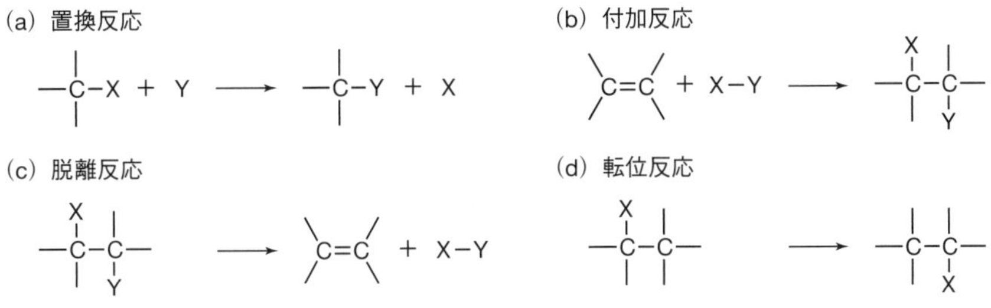

(a) 置換反応

(b) 付加反応

(c) 脱離反応

(d) 転位反応

図6・1　有機化合物の反応の種類

6・2　ラジカル置換反応

　ラジカルとは，不対電子をもつ反応性が高い化学種（ここでは原子または原子団）の総称である．ラジカルが関与しながら進行する置換反応を**ラジカル置換反応**という．

> ラジカル
> radical

　ラジカル置換反応の代表的な例は，高等学校の化学で学習したアルカンと塩素との反応である．たとえば，メタンと塩素とを混合し，紫外光を含む光を照射すると，メタン分子の水素原子が塩素原子で置換されたクロロメタン CH_3Cl が生成する（式6・1）．

$$CH_4 + Cl_2 \longrightarrow CH_3Cl + HCl \qquad (6・1)$$

この反応では，まず光のエネルギーによって塩素分子内の共有結合が開裂し，反応性の高い塩素ラジカル（塩素原子）Cl・ができる（式6・2）[*1]．塩素ラジカルはメタン分子と反応して塩化水素とメチルラジカル CH_3・ができる（式6・3）．メチルラジカルは塩素分子と反応して生成物であるクロロメタン CH_3Cl と塩素ラジカルができる（式6・4）．この塩素ラジカルは再び式6・3のようにメタン分子と反応して塩化水素とメチルラジカルができる．

*1 ラジカルを表記する場合には，一般に次の反応に関与する不対電子（・）を化学式の横に付記する．

$$Cl_2 \longrightarrow 2Cl\cdot \qquad (6\cdot2)$$

$$CH_4 + Cl\cdot \longrightarrow HCl + CH_3\cdot \qquad (6\cdot3)$$

$$CH_3\cdot + Cl_2 \longrightarrow CH_3Cl + Cl\cdot \qquad (6\cdot4)$$

このように式6・3と式6・4の反応が，鎖がつながるように繰返し起こる（図6・2）．このような反応は**連鎖反応**とよばれる[*2]．連鎖反応は無限に起こるのではなく，式6・5～式6・7のようなラジカルどうしの結合によって終了する[*3]．

連鎖反応
chain reaction

*2 燃焼や爆発など，ラジカルが関与する連鎖反応の例は身のまわりに多く存在する．

*3 連鎖反応のきっかけとなる式6・2のような反応を連鎖開始反応，式6・3，式6・4のような反応を連鎖伝搬反応，これらを停止させる式6・5～式6・7のような反応を連鎖停止反応という．また，連鎖反応に関与する塩素ラジカルやメチルラジカルのような化学種を連鎖伝達体という．

$$Cl\cdot + Cl\cdot \longrightarrow Cl_2 \qquad (6\cdot5)$$

$$CH_3\cdot + Cl\cdot \longrightarrow CH_3Cl \qquad (6\cdot6)$$

$$CH_3\cdot + CH_3\cdot \longrightarrow CH_3CH_3 \qquad (6\cdot7)$$

十分な量の塩素が存在すれば，クロロメタンがさらに塩素と反応してジクロロメタン CH_2Cl_2，トリクロロメタン（クロロホルム）$CHCl_3$，テトラクロロメタン CCl_4 が順次生成する．これらのような塩素原子による置換反応を，特に**塩素化**という[*4]．

塩素化
chlorination

*4 塩素のようなハロゲンの原子による置換は，一般に**ハロゲン化**（halogenation）とよばれる．

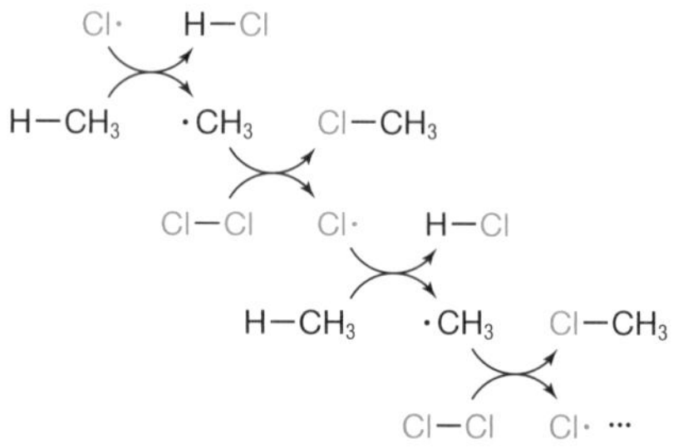

図6・2　塩素とメタンの連鎖反応

6・3　求核置換反応

炭素原子に電気陰性度が大きい原子や基が結合すると，共有電子対の偏在によって炭素原子がわずかに正の電荷（部分正電荷）を帯びる．炭素原子上の部分正電荷に，非共有電子対をもつ化学種が反応して進行する置換反応を**求核置換反応**という（図6・3）[*5]．ここでYを**求核試薬**，反応物におけるXを**脱離基**という．

求核置換反応
nucleophilic substitution

*5 求核という用語における“核”は部分正電荷を表している．

求核試薬（nucleophilic reagent）：求核剤ともいう．

脱離基
leaving group

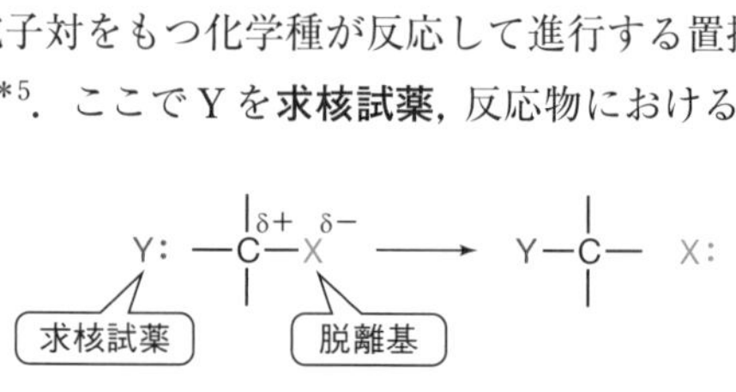

図6・3　求核置換反応

6・3・1 S_N1 反 応

求核置換反応は，途中の反応機構によって大きく2種類に大別され，それらは **S_N1 反応**および **S_N2 反応**とよばれる[*1].

S_N1 反応では，反応物の分子から脱離基が脱離した後，求核試薬が反応する．S_N1 反応の反応機構を，2-ブロモ-2-メチルプロパン $(CH_3)_3CBr$ と水酸化カリウム KOH との反応を例に解説する（式6・8，図6・4）．この反応には，カリウムイオンは直接に関与しないので，式6・8のように2-ブロモ-2-メチルプロパンと水酸化物イオン OH^- との反応に着目すれば十分である．

$$(CH_3)_3CBr + OH^- \longrightarrow (CH_3)_3C-OH + Br^- \qquad (6・8)$$

この反応では，まず2-ブロモ-2-メチルプロパン分子において電気陰性度が大きい臭素原子が臭化物イオンとして脱離し，中間体 (I)[*2] ができる〔図6・4(a)の過程〕．中間体 (I) のように炭素原子が正電荷をもつ陽イオンを**カルボカチオン**（または**カルボニウムイオン**）という．次に中間体 (I) における正電荷をもつ炭素原子に水酸化物イオンが結合して，2-メチル-2-プロパノールが生成する〔図6・4(b)の過程〕．この反応のように，複数の段階を経て進行する反応を**多段階反応**とよぶ．多段階反応の速度は，最も活性化エネルギーが大きく速度が遅い段階によって決まる．このような段階を**律速段階**（第9章参照）という．S_N1 反応の律速段階は，脱離基が脱離する過程〔図6・4では(a)の過程〕であり，他の過程はきわめて迅速に進む．したがって，式6・8の反応は，反応速度式が $v = k[(CH_3)_3CBr]$ と表される一次反応になる[*3].

$$(CH_3)_3CBr + KOH \longrightarrow (CH_3)_3COH + KBr$$

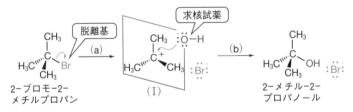

図6・4　2-ブロモ-2-メチルプロパンと水酸化カリウムとの反応

図6・5のような，分子内に不斉炭素原子を1個もつ鏡像異性体の一方のみを含む臭化物と，水酸化物イオンとの反応を想定する．この反応の過程は図6・4

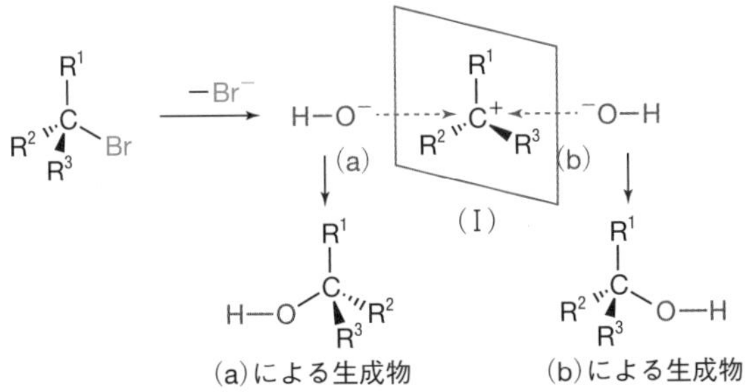

図6・5　S_N1 反応によるラセミ体の生成

*1 求核置換反応は S_N 反応ともよばれる．S は substitution（置換），N は nucleophilic（求核）の頭文字である．

*2 反応の途中にできる種々の化学種を**中間体**（intermediate）と総称する．

カルボカチオン
carbocation

多段階反応
multistep reaction

律速段階
rate-determining step

*3 S_N1 反応では反応速度式が一次式で表され，速度が一つの分子の濃度によって決まる．S_N1 反応は"一分子求核置換反応"ともよばれる．

の反応と同様である. 中間体のカルボカチオン (I) では, 中央の炭素原子 (sp² 混成軌道) と, これと直接結合する R¹〜R³ は同一平面上にある*1. カルボカチオン (I) への水酸化物イオンの接近には (a) と (b) の方向があり, 両者は同じ確率で起こる. したがって, (a) の方向から水酸化物イオンが接近・結合した生成物と (b) の方向から水酸化物イオンが接近・結合した生成物が等量ずつ生成し, 両者は互いに鏡像異性体の関係にある. この反応の生成物のように, 鏡像異性体が等量混合したものを**ラセミ体**という. すなわち, S$_N$1 反応では鏡像異性体の一方を出発物質としても, 生成物はラセミ体になる.

6・3・2 S$_N$2 反応

求核試薬が反応相手の分子に直接接近し, 結合しながら脱離基を追い出す様式の求核置換反応を S$_N$2 反応という. S$_N$2 反応のメカニズムをブロモメタン CH_3Br と水酸化カリウム KOH との反応によって解説する. この反応にも, カリウムイオンは直接関与しないので, 式6・9のようにブロモメタンと水酸化物イオン OH^- との反応に着目すれば十分である*2.

*2 この反応では水酸化物イオンが求核試薬, ブロモメタン分子における臭素原子が脱離基である.

$$CH_3Br + OH^- \longrightarrow CH_3OH + Br^- \tag{6・9}$$

この反応では求核試薬である水酸化物イオンが, 脱離基である臭素原子の反対側から接近する. これによって C−Br 結合が切れかかり, 新たに C−O 結合ができかかった遷移状態 (I) が生成する〔図6・6における (a) の過程〕. ここから C−Br 結合が切れて, メタノール CH_3OH と臭化物イオン Br^- とが生成する〔(b) の過程〕. S$_N$2 反応の律速段階は, (I) から脱離基が脱離する段階である. (I) にはブロモメタンに水酸化物が "結合" しているので, 式6・9の反応は速度式が $v = k[CH_3Br][OH^-]$ と表される二次反応である*3.

*3 S$_N$2 反応は二分子求核置換反応ともよばれる.

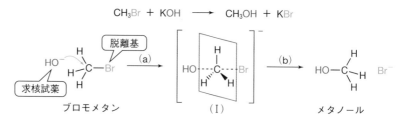

図6・6 ブロモメタンと水酸化カリウムとの反応

ここで S$_N$1 反応の場合と同様に, 分子内に不斉炭素原子を1個もつ鏡像異性体の一方のみを含む臭化物 **A** と水酸化物イオンとの反応を考えてみよう (図6・7). この場合にも, 求核試薬である水酸化物イオンは分子中央の炭素原子 (不斉炭素原子) をはさんで臭素原子の反対側から接近し, 遷移状態 (I) になる. 反応物である **A** の分子では, R¹〜R³ は中央の炭素原子の左側にあるが, (I) では中央の炭素原子とこれに結合する R¹〜R³ は, すべて同一平面上にある. ここらから臭素原子が脱離するとき, R¹〜R³ は炭素原子の右側に移動して, アルコール

B が生成する．このように ***A*** が ***B*** に変化するとき，不斉炭素原子のまわりの立体的な配置が反転する*1．S_N2 反応における，このような不斉炭素原子における立体構造の反転を**ワルデン反転**という．

*1 アルコール（***B***）分子のヒドロキシ基を臭素原子で置換した化合物は，（***A***）の鏡像異性体である．

ワルデン反転
Walden inversion

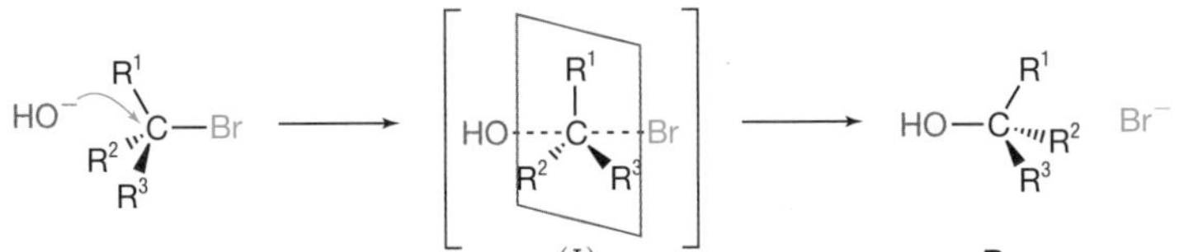

A (I) ***B***

図6・7 ワルデン反転

6・3・3 S_N1 反応と S_N2 反応の起こりやすさ

一般に多段階反応では，中間体がエネルギー的に安定である経路で反応が起こりやすい．図6・8に示す4種類の臭化アルキル ***A***～***D*** と水酸化物イオンとの反応を考えてみよう．仮に ***A***～***D*** と水酸化物イオンとの反応がすべて S_N1 反応であるとすると，中間体となるカルボカチオンの構造は，***A'***～***D'*** のようになる*2．

*2 ***A'*** では，正電荷をもつ炭素原子に3個の炭素原子が結合している．このようなカルボカチオンを第三級カルボカチオンという．同様な考え方により ***B'*** は第二級カルボカチオン，***C'*** は第一級カルボカチオンに分類される．なお，***D'*** も第一級カルボカチオンに含める．

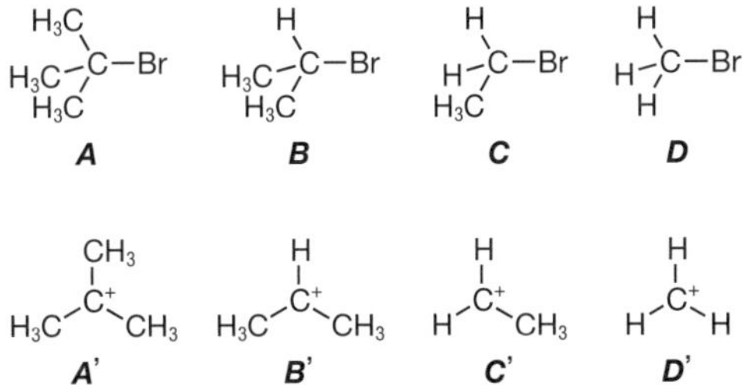

図6・8 臭化アルキル ***A***～***D*** からの生成が予想されるカルボカチオン ***A'***～***D'***

§6・3・1で述べたように，***A*** と水酸化物イオンとの置換反応が S_N1 反応になるのは，カルボカチオン ***A'*** がエネルギー的に安定であることによる．また，第4章で述べたように，多原子分子やイオンは共鳴によって電子の存在範囲が広がると安定になる．前述のように ***A'***～***D'*** のカルボカチオンにおける正電荷をもつ炭素原子は sp^2 混成軌道をとるが，このときの 2p 軌道には電子が存在しない*3．この炭素原子にメチル基のような C−H 結合をもつ炭化水素基が結合すると，電子が存在しない 2p 軌道と近傍にある C−H 結合の電子雲とがほぼ平行になるため，C−H 結合の電子が 2p 軌道に流れ込む．この現象は**超共役**とよばれる（図6・9）．***A'*** における正電荷をもつ炭素原子には3個のメチル基が結合しているの

*3 軌道とは電子雲の状態を意味する用語なので“電子が入っていない軌道”という表現は奇異であるが，ここでは電子雲が入るべき“容器”に相当するものと考えて欲しい．実際に有機化学では，しばしばこれを“空の軌道”と表記する．

超共役
hyperconjugation

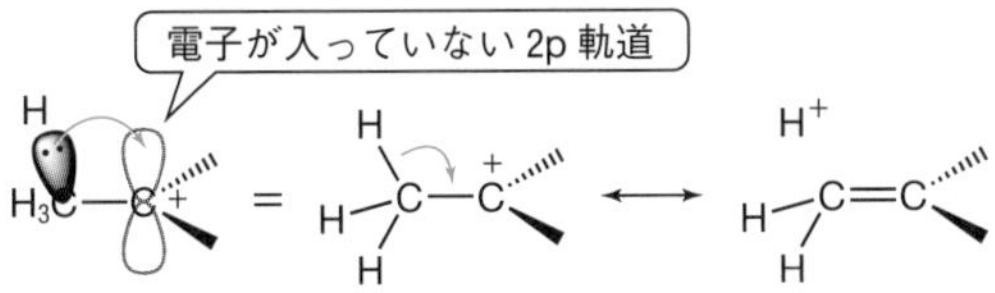

図6・9 メチル基の超共役

で，3方向から電子が流入し，3個のC−C結合上に電子が分布している（図6・10）．

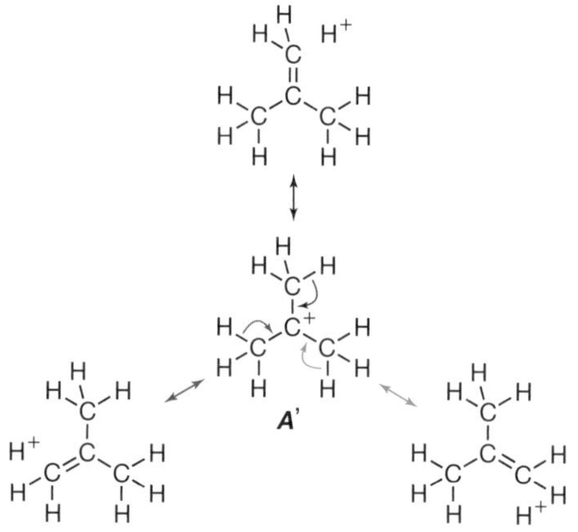

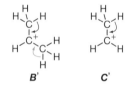

図6・10　カルボカチオン**A'**の超共役

　以上の理由により，**A**の求核置換反応は，安定なカルボカチオンである**A'**を経由するS_N1反応となる．これに対してカルボカチオン**B'**では空のp軌道に2方向から，カルボカチオン**C'**では1方向からしか電子が流入できず，安定性が順次低下する（図6・11）．また，カルボカチオン**D'**では，このような電子の流入がないので，最も不安定である．したがって，§6・3・2で述べたように，**D**の求核置換反応はカルボカチオンを経由しないS_N2反応となる．まとめると，図6・8における臭化アルキル**A〜D**におけるS_N1反応の起こりやすさは**A** > **B** > **C** > **D**の順となる．

図6・11　カルボカチオン
　B'と**C'**の超共役

6・4　芳香族求電子置換反応

6・4・1　ベンゼンを反応物とする求電子置換反応

　第4章で述べたように，化合物には，ベンゼン環とよばれる構造がある．ベンゼン環は芳香族性とよばれる性質によって化学的に安定である．たとえば，高等学校の化学で学習したように，ベンゼンに鉄粉の存在下で臭素Br_2を加熱しながら反応させると，ベンゼン環が保持されたままで水素原子が臭素原子に置換され，ブロモベンゼンが生成する（式6・10）．この反応はベンゼンの**臭素化**とよばれる．

臭素化
bromination

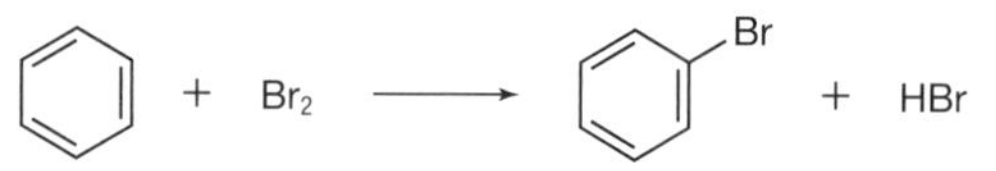

$$\text{ベンゼン} + Br_2 \longrightarrow \text{ブロモベンゼン} + HBr \qquad (6・10)$$

　このとき式6・11および式6・12の反応によって，ブロモニウムイオンBr^+という，不安定で反応性が高い陽イオンが生成する．

$$2Fe + 3Br_2 \longrightarrow 2FeBr_3 \qquad (6・11)$$

$$Br_2 + FeBr_3 \longrightarrow Br^+ + [FeBr_4]^- \qquad (6・12)$$

段落1段落1段落1

臭素原子は電子を1個受取って臭化物イオン Br^- になることで，クリプトン原子と同じ電子配置となって安定になる．しかし，ブロモニウムイオンでは臭素原子より電子が1個不足しているため，反応性が高く，周囲の分子がもつ電子（特に π 電子）に引寄せられて反応する．このような性質をもつ分子やイオンを**求電子試薬**という．ブロモニウムイオンは，ベンゼン環の π 電子に引寄せられ，炭素原子の一つと結合して正電荷をもつ中間体が生じる．この中間体は，一般に **σ錯体** とよばれる．σ錯体は安定な構造であるベンゼン環に戻ろうとして，プロトン（水素イオン）H^+ を放出する（図6・12）[*1].

求電子試薬（electrophilic reagent）：求電子剤ともいう．

σ錯体
σ-complex

[*1] この場合のσ錯体は，次の構造式で表される．

[*2] この反応で生成した臭化鉄（Ⅲ）は，再び式6・12の反応に使われる．このようにベンゼンの臭素化では臭化鉄（Ⅲ）が**触媒**（catalyst，付録参照）として作用する．鉄粉は臭化鉄（Ⅲ）を発生させるための原料として添加されたことになる．このような物質を**前駆体**（precursor）という．

芳香族求電子置換反応
electrophilic aromatic substitution

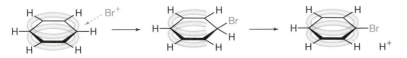

図6・12　ベンゼンの臭素化の途中経路（σ錯体）

このプロトンは式6・12の反応で生成したテトラブロミド鉄（Ⅲ）酸イオン $[FeBr_4]^-$ に受取られて，臭化水素 HBr と臭化鉄（Ⅲ）$FeBr_3$ が生成する（式6・13）[*2].

$$H^+ + [FeBr_4]^- \longrightarrow HBr + FeBr_3 \qquad (6・13)$$

ベンゼンの臭素化のように，芳香族化合物が求電子試薬と反応して進行する置換反応は，特に**芳香族求電子置換反応**とよばれる．ベンゼンを反応物とするおもな求電子置換反応を表6・1にまとめる．

表6・1　ベンゼンの芳香族求電子置換反応

反応の名称	試　薬	求電子試薬	生　成　物
臭素化	臭素＋鉄粉	Br^+ [†1]	ブロモベンゼン
塩素化	塩素＋鉄粉	Cl^+ [†2]	クロロベンゼン
ニトロ化	濃硝酸と濃硫酸の混合物（混酸）	NO_2^+ [†3]	ニトロベンゼン
スルホン化	発煙硫酸（SO_3 を溶かした濃硫酸）	SO_3 または HSO_3^+ [†4]	ベンゼンスルホン酸
アルキル化	ハロゲン化アルキル（RCl）＋塩化アルミニウム	R^+ [†5]	アルキルベンゼン

†1　$2Fe + 3Br_2 \rightarrow 2FeBr_3$, $Br_2 + FeBr_3 \rightarrow Br^+ + [FeBr_4]^-$
†2　$2Fe + 3Cl_2 \rightarrow 2FeCl_3$, $Cl_2 + FeCl_3 \rightarrow Cl^+ + [FeCl_4]^-$
†3　$HNO_3 + 2H_2SO_4 \rightarrow NO_2^+ + H_3O^+ + 2HSO_4^-$
†4　$SO_3 + H_2SO_4 \rightarrow HSO_3^+ + HSO_4^-$（スルホン化は濃硫酸のみでも進行する.）
†5　$RCl + AlCl_3 \rightarrow R^+ + [AlCl_4]^-$

多くの芳香族求電子置換反応ではσ錯体を生じる過程が律速段階であり，反

応の進行に伴うエネルギー変化は，模式的に図6・13のように表される．

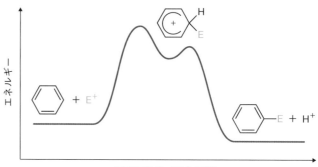

図6・13　反応の進行に伴うエネルギー変化　　E^+は求電子試薬を表す．

6・4・2 配 向 性

a. オルト-パラ（o-p）配向性　　ベンゼンの水素原子が，他の原子または基で置換された構造をもつ芳香族化合物に求電子置換反応を行うときには，特定の位置の水素原子が特に置換されやすい．これを**配向性**という．たとえば，水溶液中でフェノールと臭素を反応させると，ヒドロキシ基のオルト（o）位とパラ（p）位*に求核置換反応が起こり，2,4,6-トリブロモフェノールが生成する（図6・14）．この性質を**オルト-パラ（o-p）配向性**という．

配向性
orientation

* 置換基 X が結合した炭素原子を起点（1位）として，2位と6位をオルト（o）位，3位と5位をメタ（m）位，4位をパラ（p）位という．

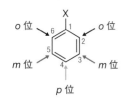

図6・14　フェノールの臭素化

この反応では，ベンゼンの臭素化のような触媒（あるいは触媒の前駆体）となる物質が不必要であり，さらに臭素化が常温で分子内の3箇所で進行する．これはフェノール分子におけるベンゼン環が，求電子試薬による攻撃を受けやすいことを示している．その理由は，図6・15のようにヒドロキシ基の酸素原子における非共有電子対が共鳴によってベンゼン環上のπ電子に流入し，ベンゼン環上の電子密度が大きくなるためと考えられる．この現象はベンゼン環に結合した原子が非共有電子対をもつ置換基においてよく見られ，このような性質を示す置換基を**電子供与基**という．この共鳴における電子対の移動は図6・16のように表される．中間の構造（Ⅰ）と（Ⅲ）ではヒドロキシ基のオルト（o）位の炭素原子上に，（Ⅱ）ではヒドロキシ基のパラ（p）位の炭素原子上に負電荷が現れるので，この位置を狙って求電子置換反応が進行すると考えることができる．

配向性の説明として，芳香族求電子置換反応の中間体である σ 錯体の安定性に着目するものもある．例としてフェノールと求電子試薬 X^+ の反応を考えてみよう（図6・17）．今，便宜的にフェノールの共鳴構造 **A** に X^+ が反応すると考え

O 原子上の非共有電子対がベンゼン環のπ電子雲に流入する

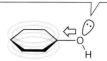

図6・15　ヒドロキシ基による電子供与

電子供与基
electron-donating group

(1)
(2)
(3)
(4)
(5)
(6)
(7)
(8)
(Ⅰ)
(Ⅱ)
(Ⅲ)

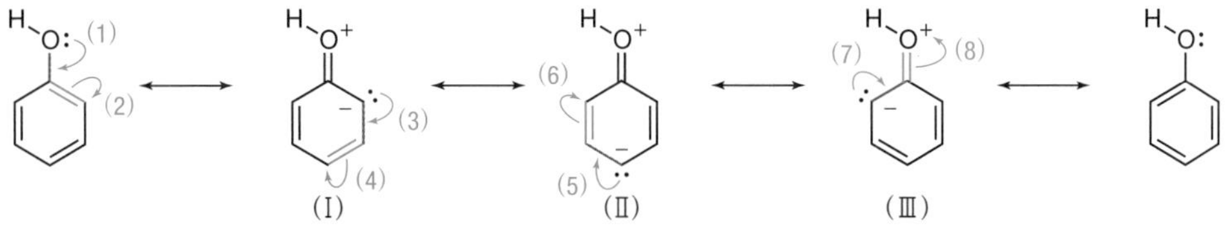

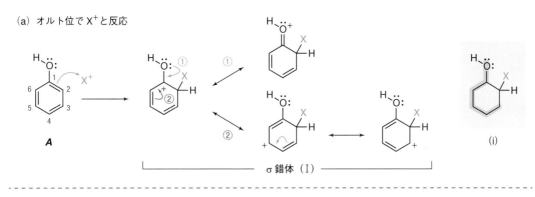

(1) O 原子の非共有電子対が C−O 結合上に移動する.
(2) C=C 結合のπ電子がオルト位の C 原子上に移動する.
→電子を与えた O 原子が正（＋），電子を受け取った C 原子が負（−）の電荷をもつ.

(3) C 原子上の電子対が C−C 結合上に移動する.
(4) C=C 結合のπ電子がパラ位の C 原子上に移動する.
→パラ位の C 原子が負（−）の電荷をもつ.

(5) C 原子上の電子対が C−C 結合上に移動する.
(6) C=C 結合のπ電子がオルト位の C 原子上に移動する.
→オルト位の C 原子が負（−）の電荷をもつ.

(7) C 原子上の電子対が C−C 結合上に移動する.
(8) C=O 結合のπ電子が O 原子上に移動する.
→正（＋）電荷，負（−）電荷が消える. ベンゼン環の C=C の位置が最初と変わる.

図 6・16　フェノールにおける共鳴

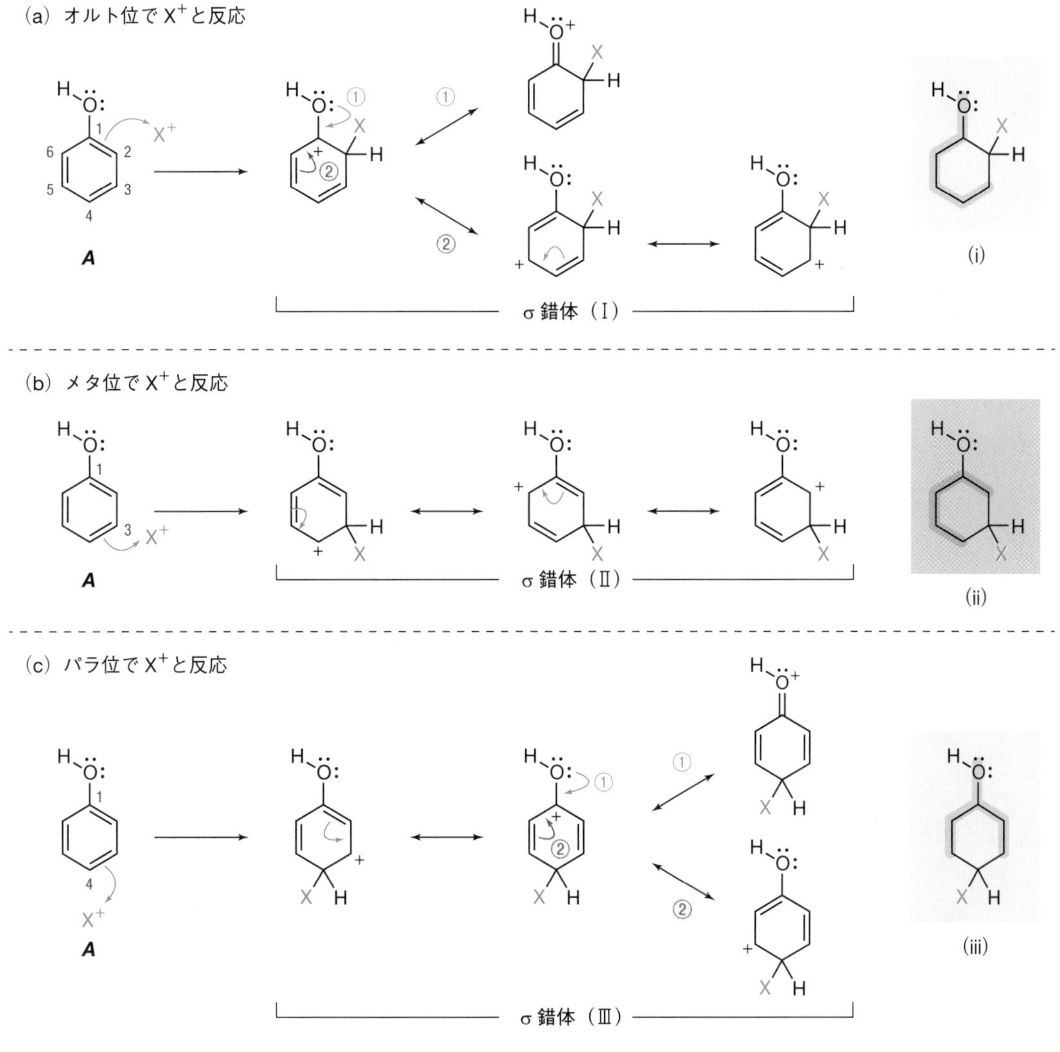

(a) オルト位で X⁺と反応
A
σ 錯体（Ⅰ）
(i)
(b) メタ位で X⁺と反応
A
σ 錯体（Ⅱ）
(ii)
(c) パラ位で X⁺と反応
A
σ 錯体（Ⅲ）
(iii)

図 6・17　フェノールからの σ 錯体における共鳴

る．図6・17(a)のようにオルト位（2位）にX⁺が結合するとき，1位と2位の炭素原子間のπ結合の電子がX⁺と結合したと考えるとσ錯体の構造は（I）になる．最初は1位の炭素原子上に正電荷があるが，ここから①または②のような共鳴を考えると，正電荷は3位と5位の炭素原子および酸素原子の3箇所に移動できる．このとき正電荷が動いた範囲の原子の電子が共鳴に使われる．すなわちσ錯体（I）では(i)の ⬛ で示した原子（O原子と5個のC原子）の電子が共鳴に使われていることになる．次に図6・17(c)のようにパラ位（4位）にX⁺が結合する場合を考える．このとき3位と4位の炭素原子間のπ結合の電子がX⁺と結合したと考えると，σ錯体（III）になる．（III）の共鳴では正電荷はやはり酸素原子を含む3箇所に移動でき，(iii)の ⬛ で示した原子（O原子と5個のC原子）の電子が共鳴に使われていることになる．この範囲の大きさはオルト位にX⁺が結合した場合と同じである．これらに対して，図6・17(b)のようにメタ位（3位）にX⁺が結合する場合には，σ錯体の構造は（II）になる．（II）の共鳴では正電荷は2箇所にしか移動できず，(ii)の ⬛ で示した原子（5個のC原子）の電子が共鳴に使われているが，酸素原子の電子は共鳴に使われていない．したがって，（II）の電子の拡がりは（I）と（III）より小さく，相対的に（II）は不安定である．以上のことから求電子試薬は，中間体であるσ錯体の構造が安定なオルト位またはパラ位でフェノールと反応すると説明できる．

　配向性は芳香族求電子置換反応における反応点の優先性を示すものであり，オルト位あるいはパラ位だけに置換反応が進行するわけではない．たとえば，濃硫酸と濃硝酸の混合物（混酸）を用いてフェノールを室温（25℃）でニトロ化すると，o-ニトロフェノール（2-ニトロフェノール）とp-ニトロフェノール（4-ニトロフェノール）がおもな生成物として生成する（図6・18）．しかし，他の反応条件では，メタ位に置換反応が起こった化合物が少量だけ生成する場合もある．

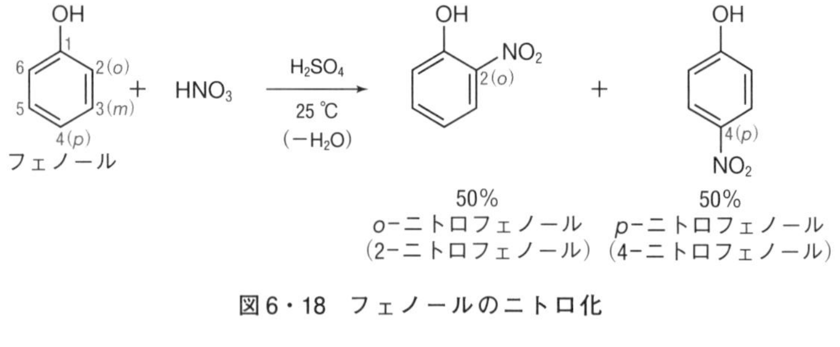

図6・18　フェノールのニトロ化

　トルエンもフェノールと同様にオルト–パラ（o-p）配向性を示す．これは，トルエンの置換基であるメチル基にはフェノールにおけるヒドロキシ基のような非共有電子対はないが，前節で述べた超共役によってC–H結合の共有電子対がベンゼン環上のπ電子に流入するためと説明できる（図6・19）．また，フェノールの場合と同様に，中間体であるσ錯体の安定性による説明も可能である．トルエンを十分にニトロ化すると，オルト位とパラ位がすべてニトロ化された2,4,6-トリニトロトルエン（図6・20）が生成する．この物質は軍事用の高性能火薬（TNT*火薬）として利用される．

* TNT は trinitrotoluene の下線部をとった略号である．

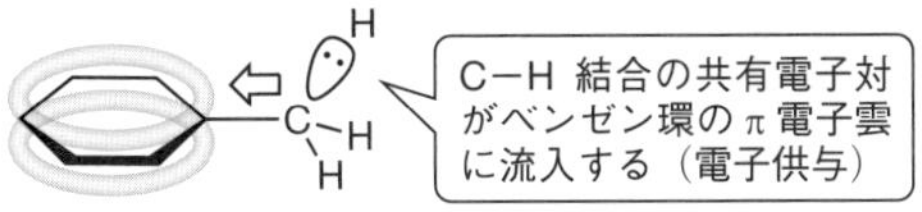

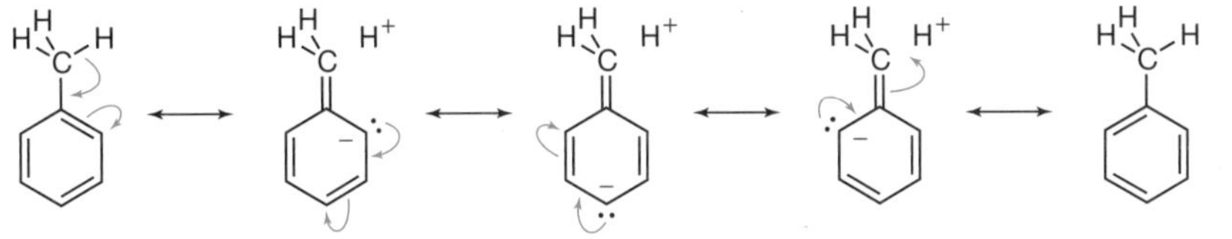

図6・19　トルエンにおける超共役

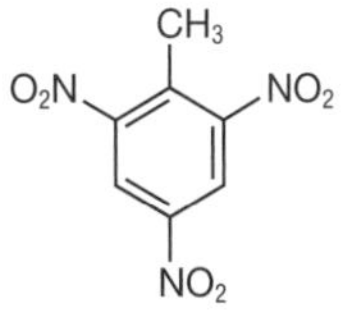

図6・20　2,4,6-トリニトロトルエン

b. メタ (*m*) 配向性　ニトロベンゼンを混酸でニトロ化すると，1,3-ジニトロベンゼンが生成する (図6・21)．これはニトロベンゼンの求電子置換反応が，ニトロ基のメタ位に進行しやすいことを示している．この性質を**メタ (*m*) 配向性**という．混酸を用いるベンゼンのニトロ化は 30〜50 ℃ で進行するが，ニトロベンゼンのニトロ化には，さらに高い温度 (80〜95 ℃) が必要である．これはニトロベンゼンの反応性がベンゼンよりも小さいことを示している．

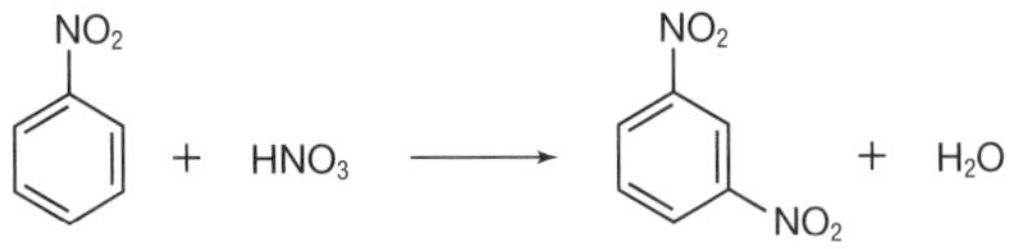

ニトロベンゼン　　　　　　1,3-ジニトロベンゼン

図6・21　ニトロベンゼンのニトロ化

ニトロ基*における窒素原子の電気陰性度は，結合している酸素原子の電気陰性度より小さい．したがって，ニトロ基の窒素原子は図6・22に示す共鳴のように電子不足となり，ベンゼン環上の π 電子を引きつける．これによってベンゼン環の電子の密度がベンゼンの場合より小さくなるため，求電子試薬の攻撃が起こりにくくなり，求電子置換反応における反応性が低下する．このような性質をもつ置換基を**電子求引基**という．ニトロ基とベンゼン環との共鳴における電子対の移動は，図6・23のように表される．中間の構造 (I) と (III) ではニトロ基のオルト位の炭素原子上に，(II) ではニトロ基のパラ位の炭素原子上に正電荷が現れるので，求電子剤 (正電荷ないしは部分正電荷を帯びている) はオルト位やメタ位では反応しにくい．したがって，メタ位に求電子置換反応が進行すると説明できる．

　メタ配向性もオルト-パラ配向性のように，中間体である σ 錯体の安定性を用いて説明することができる．ニトロベンゼンを例にして考えてみよう (図6・24)．ここでニトロ基では図6・22のように，窒素原子が正電荷を帯びていることに注意しよう．このとき窒素原子に結合する 1 位の炭素原子が正電荷を帯びる σ 錯体(III)は，隣接する正電荷どうしの反発のため寄与が小さい．たとえば，図6・24(b)のようにニトロベンゼンにおけるニトロ基のメタ位 (3位) に求電子試薬 X⁺ が結合したと考えると，σ 錯体の構造は (II) になる．(II) の共鳴を考えるとき，電子の広がりは (ii) の ● で示した原子 (5個の C 原子) の範囲に

* ニトロ基の電子式 (ルイス式) は，N 原子と O 原子の最外殻電子を 8 個とするために (i) のように表される．このとき N 原子と下側の O 原子との共有電子対には，N 原子の電子だけが使われている．そこでニトロ基の構造式は N−O 結合をイオン結合とみなして (ii) のように，あるいは N 原子が電子対を供与する配位結合と見なして (iii) のように表記する．本書では (ii) の表記法を用いる．

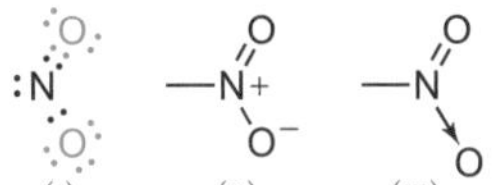

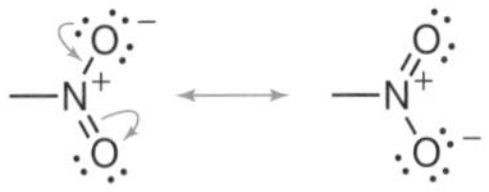

図6・22　ニトロ基における共鳴

電子求引基
electron-withdrawing group

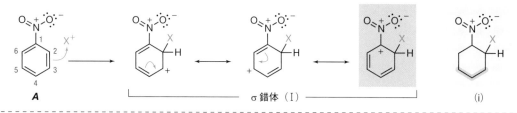

(1) ニトロ基における電子不足の N 原子を含む N－O 結合上に C＝C 結合の π 電子が移動する.

→ オルト (o) 位の C 原子が正 (＋) の電荷をもつ.

(2) C＝C 結合の π 電子が C－C 結合上に移動する.

→ パラ (p) 位の C 原子が正 (＋) の電荷をもつ.

(3) C＝C 結合の π 電子が C－C 結合上に移動する.

→ オルト (o) 位の C 原子が正 (＋) の電荷をもつ.

(4) C＝N 結合の π 電子が C－C 結合上に移動する.

→ ベンゼン環上の電荷が消え, ベンゼン環の C＝C の位置が最初と変わる.

図6・23　ニトロベンゼンにおける共鳴

(a) オルト位で置換

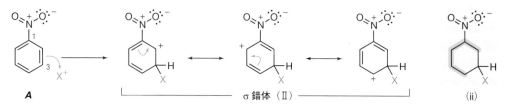

(b) メタ位で置換

(c) パラ位で置換

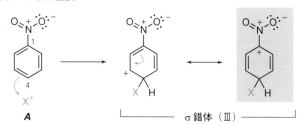

図6・24　ニトロベンゼンからのσ錯体における共鳴　▆▆ で示した構造は寄与が小さい.

なる. 次に図6・24(a)のようにニトロベンゼンのオルト位 (2位) に求電子試薬 X⁺ が結合したと考えると, σ錯体の構造は (I) になる. (I) の構造を考えるとき ▆▆ で囲まれた共鳴構造は先述の下線部の構造に相当するので, このときの電子の広がりは (i) の ▆▆ で示した原子 (3個の C 原子) の範囲になる. さらに, 図6・24(c)のようにニトロベンゼンのパラ位 (4位) に求電子試薬 X⁺ が結合し

たと考えるとσ錯体の構造は（Ⅲ）になるが，（Ⅲ）では電子対を動かすと先述の下線部の構造になるので，共鳴を考えることができない．したがって，ニトロベンゼンの場合は，求電子試薬がメタ位に結合したときのσ錯体が最も安定になるので，メタ配向性を示すと説明できる．

オルト-パラ配向性およびメタ配向性を示す代表的な置換基を表6・2に示す．一般に電子供与基が結合すると求電子置換反応の速度がベンゼンより大きくなってオルト-パラ配向性を示し，電子求引基が結合すると求電子置換反応の速度がベンゼンより小さくなってメタ配向性を示す．非共有電子対をもつハロゲン原子は電子供与基であり，オルト-パラ配向性を示すが，ハロゲン原子の電気陰性度が大きいためにベンゼン環の電子密度がやや小さくなる．したがってこの場合の反応の速度は，ベンゼンの場合より小さくなる．

表6・2　置換基の配向性

オルト-パラ（o-p）配向性	メタ（m）配向性
$-OH$, $-OCH_3$, $-NH_2$, $-CH_3$, $-NHCOCH_3$, $-F$, $-Cl$, $-Br$, $-I$	$-NO_2$, $-SO_3H$, $-CHO$, $-CO-R^*$, $-CN$, $-COOH$, $-COOR$

＊ Rは炭化水素基

c. 二置換ベンゼンの配向性　置換基が2個ある二置換ベンゼンにおける配向性は，二つの置換基の配向性の重ね合わせによって決まる．たとえば，4-ニトロトルエンではメチル基がオルト-パラ配向性，ニトロ基がメタ配向性を示すので，メチル基のo位でありニトロ基のメタ位でもある2位または6位に優先的に求電子置換反応が進行する（図6・25，**A**）＊．オルト-パラ配向性を示す二つの置換基がパラ位にある場合には，より強力な効果を示す置換基の配向性によって反応点が決まる．たとえば，4-メチルアセトアニリドでは，$-NHCOCH_3$基のオルト位（2位）に優先的に求電子置換反応が進行する．これは$-NHCOCH_3$基の配向性がメチル基よりも強いことを示している（図6・25，**B**）．

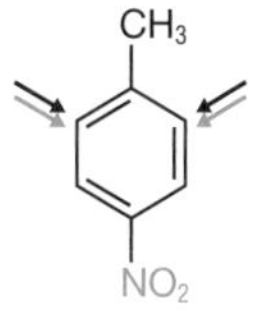

4-ニトロトルエン（**A**）

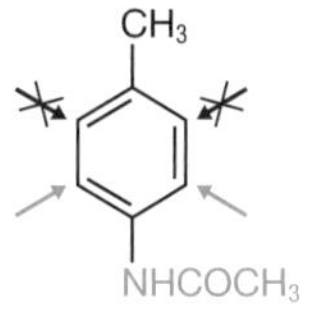

4-メチルアセトアニリド（**B**）

図6・25　置換基が2個ある場合の配向性　矢印の色は同色の基による配向性の位置を示す．

＊ メチル基のパラ位にはニトロ基があるので反応点にならない．

コラム　立体障害

3-クロロトルエンでは，塩素原子とメチル基がおのおのo, p配向性を示すので，2位と4位，6位に優先的に求電子置換反応が進行すると予想される（a）．しかし，実際には，メチル基と塩素原子のo位である2位には置換反応が進行しにくい．これは2位がかさ高いメチル基と塩素原子の両方に隣接しており，立体的に混み合っているためである（b）．このように有機化合物の化学反応は，周囲の基のかさ高さによって阻害される場合がある．この現象を**立体障害**という．

立体障害
steric hindrance

(a) (b)

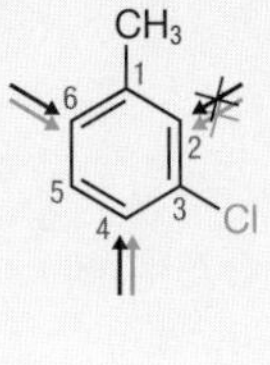

6・5 芳香族求核置換反応

1-クロロ-4-ニトロベンゼンに水酸化物イオン OH⁻ を作用させると，塩素原子がヒドロキシ基に置換された 4-ニトロフェノールが生成する．この反応では塩素原子が結合したベンゼン環の 1 位の炭素原子に水酸化物イオンが接近し，σ 錯体を経由した置換反応が進行する（図 6・26）．すなわち，水酸化物イオンが求核試薬となって，電子求引基であり脱離基の性質をもつ塩素原子が結合した炭素原子を攻撃して置換反応が起こる．このような反応を**芳香族求核置換反応**という*．

芳香族求核置換反応
nucleophilic aromatic
substitution

* 芳香族求核置換反応には，このほかにもさまざまな反応機構のものがある．

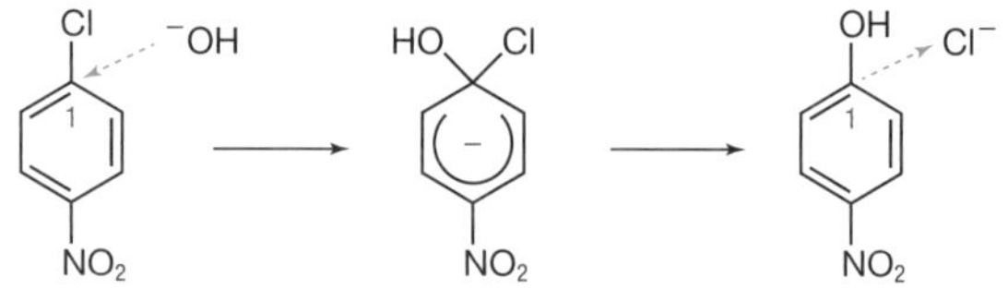

1-クロロ-4-   σ 錯体   4-ニトロフェノール
ニトロベンゼン

図 6・26 芳香族求核置換反応の例 σ 錯体の安定性にはニトロ基が関与している．

アルカリ融解
alkali fusion

高等学校の化学で学習したベンゼンスルホン酸ナトリウムの**アルカリ融解**では，ナトリウム塩となったスルホ基 −SO₃Na がヒドロキシ基に置換された後，生成したフェノールがさらに水酸化ナトリウムによって中和され，ナトリウムフェノキシドが生成する（図 6・27）．この反応も芳香族求核置換反応である．

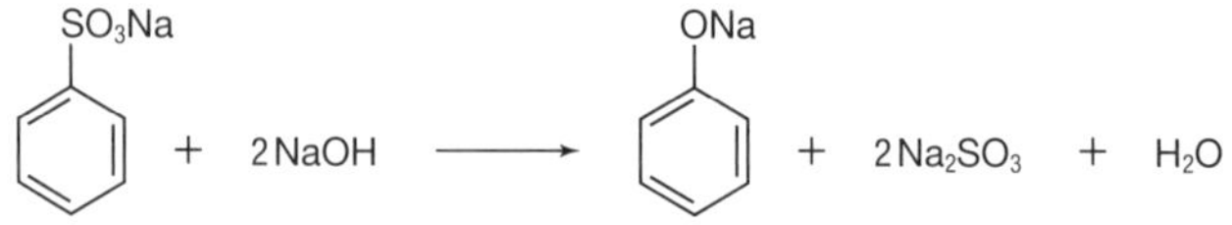

ベンゼンスルホン酸   ナトリウムフェノキシド
ナトリウム

図 6・27 ベンゼンスルホン酸ナトリウムのアルカリ融解

◆◆◆ ま と め ◆◆◆

- 不対電子をもち，反応性が高い化学種を総称してラジカルという．ラジカルが関与しながら進行する置換反応をラジカル置換反応という．
- 炭素原子上の部分正電荷に，非共有電子対をもつ化学種（求核試薬）が反応して進行する置換反応を求核置換反応という．
- 芳香族化合物の分子が電子不足の化学種（求電子試薬）と反応して進行する置換反応は，芳香族求電子置換反応とよばれる．ベンゼンの置換体における求電子置換反応では，その化合物の置換基によって反応しやすい位置が決まる．これを配向性という．
- 電子求引基をもつ芳香族化合物では，求核試薬と反応して電子求引基の結合した炭素原子で置換反応が起こることがある．これを芳香族求核置換反応という．

◆◆◆ 演 習 問 題 ◆◆◆

6・1 ある条件でプロパン C₃H₈ と塩素 Cl₂ とを反応させたところ，プロパン分子の水素原子 1 個が塩素原子に置換された生成物 **A** と **B** が得られた．**A** と **B** は構造異性体であり，おのおののラジカル **A′** と **B′**

から生成する.

$$CH_3-\underset{\underset{Cl}{|}}{CH}-CH_3 \qquad CH_3-CH_2-CH_2-Cl$$

$$\boldsymbol{A} \qquad\qquad\qquad \boldsymbol{B}$$

$$CH_3-\overset{\cdot}{C}H-CH_3 \qquad CH_3-CH_2-\overset{\cdot}{C}H_2$$

$$\boldsymbol{A'} \qquad\qquad\qquad \boldsymbol{B'}$$

(a) 式6・2と式6・3にならって, ラジカル $\boldsymbol{A'}$ と $\boldsymbol{B'}$ が生成する反応の化学反応式を, それぞれについて記せ. また, 式6・4にならってラジカル $\boldsymbol{A'}$ と $\boldsymbol{B'}$ から $\boldsymbol{A}$ と $\boldsymbol{B}$ が生成する反応の化学反応式を, それぞれについて記せ.

(b) ラジカル $\boldsymbol{A'}$ と $\boldsymbol{B'}$ の生成速度と塩素との反応性が等しいと仮定するとき, 生成する $\boldsymbol{A}$ と $\boldsymbol{B}$ の物質量比を最も簡単な整数比で表せ.

(c) 実際に生成した $\boldsymbol{A}$ と $\boldsymbol{B}$ の物質量比は $\boldsymbol{A}:\boldsymbol{B}=4:3$ であった. ラジカル $\boldsymbol{A'}$ と $\boldsymbol{B'}$ の塩素との反応性が等しいとき, ラジカル $\boldsymbol{A'}$ と $\boldsymbol{B'}$ の生成速度の比を最も簡単な整数比で表せ.

6・2　次の $\boldsymbol{C}$〜$\boldsymbol{E}$ を S_N1 反応が進行しやすい順に並べよ.

$$\boldsymbol{C} \qquad\qquad \boldsymbol{D} \qquad\qquad \boldsymbol{E}$$

6・3　次式に示す S_N2 反応が進行したときに生成する有機化合物 $\boldsymbol{F}$ の構造式を, 絶対立体配置まで正しく記せ.

+ KCN ⟶ [　　] + KCl

$$\boldsymbol{F}$$

6・4　次の芳香族化合物におけるベンゼン環の水素に求電子置換反応を行うとき, オルト, パラ配向性またはメタ配向性のいずれを示すか. 各物質における電子対の移動 (共鳴) による説明をしたうえで判断せよ.

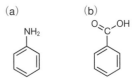

(a) NH₂

(b) O=C-OH

6・5　次の各芳香族化合物に求電子置換反応によって臭素化を行う場合, 臭素原子はどの炭素原子上に優先的に導入されると考えられるか. 優先される炭素原子を→で示せ.

(a) CH₃ / SO₃H　　(b) NO₂ / NO₂　　(c) CH₃ / Br

6・6　プロペン C_3H_6 とベンゼンを, 水素イオン H^+ を放出する性質がある酸触媒を用いて反応させると, 生成物として $C_6H_5-C_3H_7$ が生成する. この反応では, まずプロペンと水素イオンとが反応した, カルボカチオン $\boldsymbol{G}$ と $\boldsymbol{H}$ が想定される. $\boldsymbol{G}$ と $\boldsymbol{H}$ それぞれが, 正電荷をもつ炭素原子の部分でベンゼンと求電子置換反応して, $\boldsymbol{G}$ からは $\boldsymbol{I}$, $\boldsymbol{H}$ からは $\boldsymbol{J}$ の構造をもつ生成物が得られる ($\boldsymbol{G}$ と $\boldsymbol{H}$ は構造異性体の関係にある).

(a) $\boldsymbol{G}$, $\boldsymbol{H}$ の構造式を記せ.

(b) カルボカチオン $\boldsymbol{G}$ と $\boldsymbol{H}$ は, どちらが安定か. 理由と共に記せ.

(c) この反応では, $\boldsymbol{I}$ と $\boldsymbol{J}$ のどちらが主生成物になるか.

7

付 加 反 応

　高等学校の化学で学習したように，炭素原子間の二重結合あるいは三重結合にはさまざまな付加反応が進行する．本章ではまずこれらの付加反応について述べる．また炭素–酸素原子間の二重結合に対する付加反応についても解説する．

7・1　求電子付加反応

7・1・1　炭素原子間の二重結合への付加反応

　第6章で述べたように，置換反応には求核置換反応と求電子置換反応とがある．付加反応にも，同様に求核付加反応と求電子置換反応がある．また，第1章で述べたように，炭素原子間の二重結合や三重結合はσ結合とπ結合とから成り立っている．π結合の電子雲は，結合の外側に分布しており，電子に対する親和性の高い分子やイオン，すなわち電子不足で求電子試薬となる分子やイオンが，π結合に接近して付加反応が進行する．このような付加反応を**求電子付加反応**という．常温・常圧で求電子試薬となる物質には，塩素 Cl_2 や臭素 Br_2 などのハロゲン単体，オゾン O_3，過マンガン酸イオン MnO_4^- を含む塩のように酸化剤として反応するものが多い．

求電子付加反応
electrophilic addition

　a. ハロゲン単体の付加反応　　ハロゲン単体の付加反応の例として，臭素分子がエチレン分子における炭素原子間の二重結合（以下，C=C 結合と記す）に付加する反応を考えてみよう（式7・1）．

$$CH_2=CH_2 \ + \ Br_2 \ \longrightarrow \ Br-CH_2-CH_2-Br \tag{7・1}$$

　臭素分子とエチレン分子が図7・1の**a**のように接近すると，C=C 結合のπ電子との静電気的な反発によって臭素分子内で分極が誘起され，片方の臭素原子

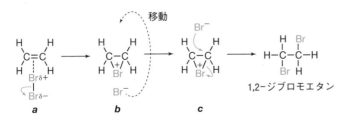

図7・1　エチレンへの臭素の付加反応

が部分正電荷（δ＋）を帯びて電子不足となる．ここにC＝C結合のπ電子が引きつけられ，**b**のような2個の炭素原子と1個の臭素原子を含む3員環構造をもつ不安定な陽イオン型の中間体と臭化物イオンができる．この中間体と臭化物イオンとが反応することで，二重結合を構成する2個の炭素原子に臭素原子が1個ずつ結合した1,2-ジブロモエタンが生成する．中間体では，臭化物イオンは最初に結合した臭素原子の反対側にまわりこんで結合する（**c**）．この反応は速やかに進行し，臭素の赤褐色の消失が観察される[*1].

シクロペンテンに臭素分子が付加反応する場合には，図7・2のように1,2-ジブロモシクロペンタンが生成するが，上記の反応機構によって，生成物における二つの臭素原子はシクロペンタン環をはさんで反対側（トランス）の位置に結合する[*2].このような付加反応を**トランス付加**（または**アンチ付加**）という．

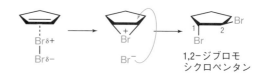

図7・2　シクロペンテンへの臭素の付加反応

臭素水溶液にエチレンを吹き込んでも，臭素による赤褐色の消失が観察される．この場合の化学反応式は式7・2で表される．

$$CH_2=CH_2 + Br_2 + H_2O \longrightarrow Br-CH_2-CH_2-OH + HBr \qquad (7\cdot2)$$

このとき，図7・3のように陽イオン型中間体が，おもに溶媒である水の分子と反応し，2-ブロモエタノールが生成物となる．

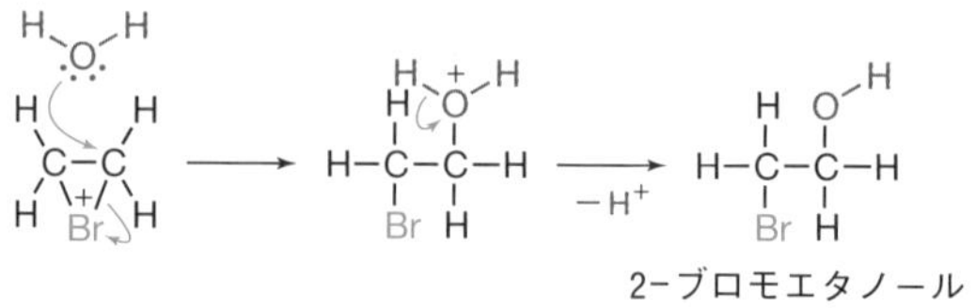

（図7・3の反応式図）

2-ブロモエタノール

図7・3　水溶液中での臭素の付加反応

b. 過マンガン酸イオン，オゾンの付加反応　　C＝C結合をもつ化合物と過マンガン酸イオンとの付加反応は図7・4のように進行し，過マンガン酸イオンによる赤紫色が消失する[*3].塩基性水溶液中では，最終的に隣接する炭素原子にヒドロキシ基が1個ずつ結合した構造をもつ1,2-ジオールが，酸性水溶液中では炭素原子間の結合が切れて2分子のカルボニル化合物が生成する[*4].多くの場

（図7・4の反応式図）

塩基性

酸性

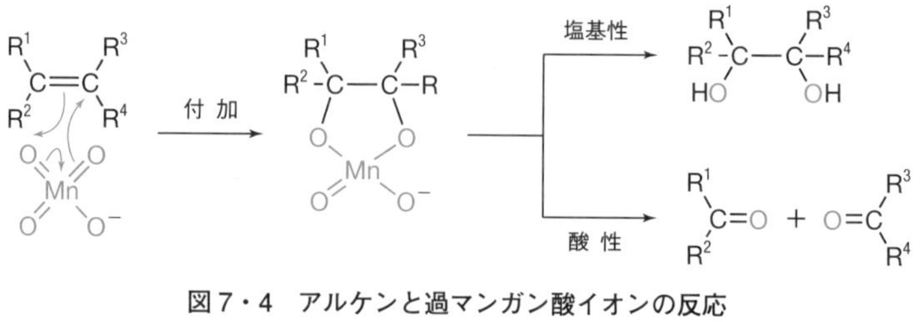

図7・4　アルケンと過マンガン酸イオンの反応

*1 この反応は，有機化合物の分子内におけるC＝C結合またはC≡C結合の検出に利用される．

*2 生成するトランス形の1,2-ジブロモシクロペンタンはラセミ体である．

トランス付加
trans addition

アンチ付加
anti addition

*3 この反応も有機化合物の分子内におけるC＝C結合またはC≡C結合の検出に利用される．

*4 形式上アルデヒドが生成する場合には，過剰の過マンガン酸イオンによって，さらにカルボン酸まで酸化が進む．

合，これらの反応では酸化マンガン(IV)が生成する.

C=C 結合をもつ化合物とオゾン O₃ との反応は図7・5のように進行する.

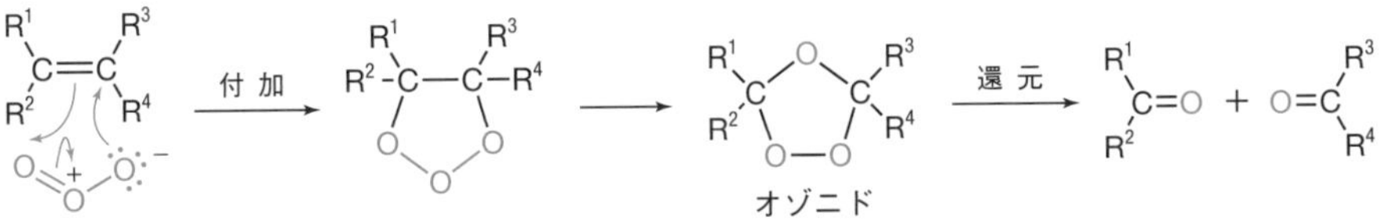

図7・5 アルケンとオゾンの反応

まず C=C 結合にオゾンが付加反応した後，原子の組替えによって中間体である
オゾニドが生成する．ここに亜鉛などの還元剤を加えると，炭素原子間の結合が
切れたカルボニル化合物が生成する[*1]．オゾン分子には図7・6のような共鳴が
あるが，オゾン分子のように，3個の原子の間で4個の電子（2組の電子対）に
よる共鳴がある分子やイオンを **1,3-双極子** とよび，1,3-双極子による付加反応
を，特に 1,3-双極子付加という．アルケンとオゾンとの反応は **オゾン分解** とよ
ばれ，歴史的に分子内に C=C 結合をもつ有機化合物の構造を決めるための手段
として用いられてきた.

図7・6 オゾンの共鳴

c. ハロゲン化水素，水の付加反応　C=C 結合をもつ化合物には，臭化水
素のようなハロゲン化水素が付加反応する．たとえば，2,3-ジメチル-2-ブテン
と臭化水素との反応では，図7・7のように臭化水素分子における部分正電荷を
もった水素原子が，2,3-ジメチル-2-ブテン分子の一方の炭素原子に結合する.
臭化水素の共有結合を構成する電子はより電気陰性度の高い臭素に引きつけられ
ているため，臭化水素における部分正電荷をもった水素原子は電子不足であり，
π 電子に対して求電子試薬として反応する．生成したカルボカチオンと臭化物イ
オンが反応して 2-ブロモ-2,3-ジメチルブタンが生成する.

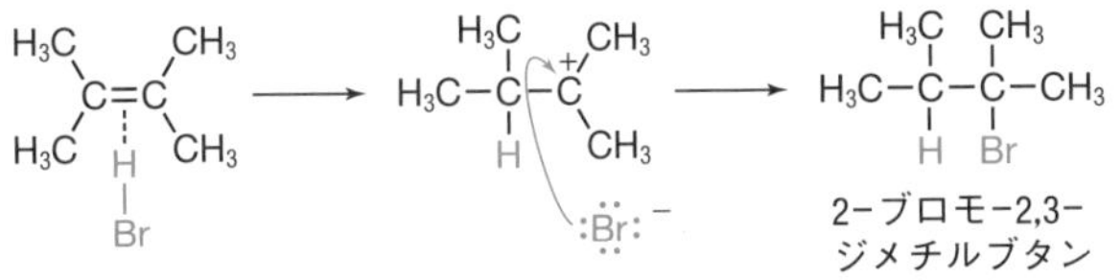

図7・7　2,3-ジメチル-2-ブテンと臭化水素の反応

リン酸を担持させたシリカゲルを触媒に用いてエチレンと水蒸気を反応させる
と，エタノールが生成する（式7・3）[*3].

$$CH_2=CH_2 + H_2O \longrightarrow CH_3-CH_2-OH \qquad (7 \cdot 3)$$

この反応では，図7・8のようにリン酸の部分正電荷をもった水素原子がエチ
レン分子の一方の炭素原子に結合する．生成したカルボカチオンと水分子が反応

*1 この反応では，生成した
アルデヒドからカルボン酸の
酸化は進行しない．なお，還
元剤である亜鉛の代わりに酸
化剤である過酸化水素を加え
て処理を行うと，アルデヒド
が酸化されてカルボン酸が生
成する.

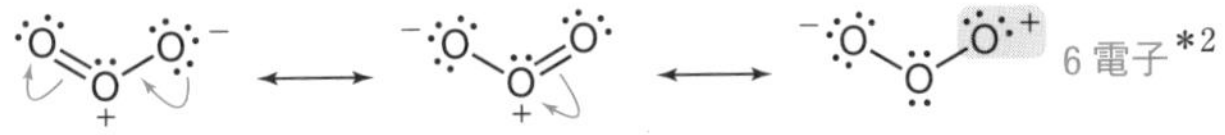

*2 一部の原子がオクテット
則を満たさず，6電子で安定
な構造となる分子も存在す
る．このほか，代表例にトリ
エチルボランなどがある.

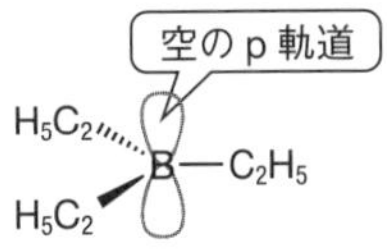

トリエチルボラン
（安定構造）

1,3-双極子
1,3-dipole

オゾン分解
ozonolysis

*3 水分子の付加反応を，一
般に **水和**（hydration）とい
う．エチレンの水和はエタ
ノールの工業的な製法として
利用されている.

* このようにエチレンから合成されるエタノールを“合成エタノール”，アルコール発酵によって得られるエタノールを“発酵エタノール”という．

して，触媒であるリン酸を再生しながらエタノールが生成する*.

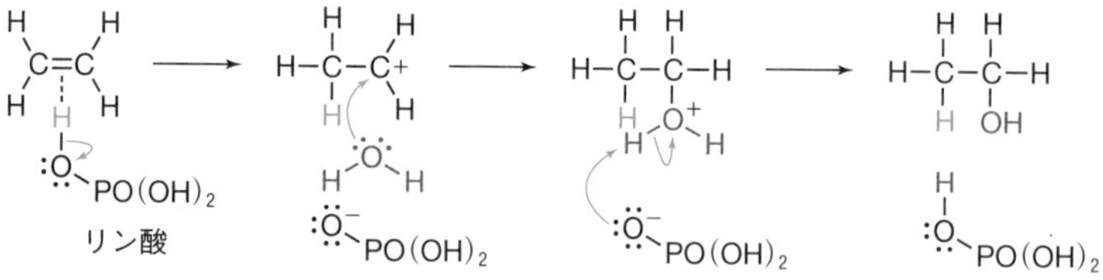

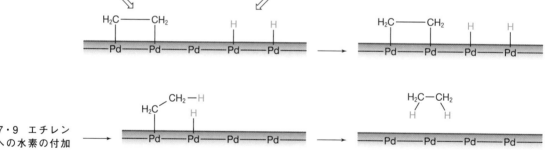

図7・8 エチレンへの水の付加（リン酸触媒）

エチレンを濃硫酸に吸収させ，C＝C結合に硫酸分子を付加反応させた後に水を加えて加熱することで，付加反応によって生成した硫酸エチルを加水分解してエタノールを得ることもできる（式7・4）.

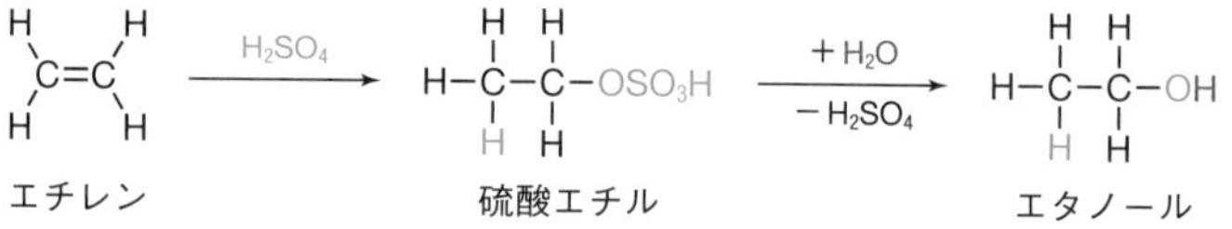

$$\text{エチレン} \xrightarrow{H_2SO_4} \text{硫酸エチル} \xrightarrow[-H_2SO_4]{+H_2O} \text{エタノール} \qquad (7 \cdot 4)$$

d. 水素の付加反応　ニッケル（Ni），パラジウム（Pd），白金（Pt）などの触媒を用いて，C＝C結合をもつ化合物に水素を付加させることができる．たとえば，パラジウムを触媒に用いるエチレンと水素との反応では，C＝C結合におけるπ結合とH−H結合が切れてPd−C結合とPd−H結合ができて，エチレンと水素が吸着される．H原子はパラジウムの表面を動くことができ，Pd−C結合がある部分に接近するとC−H結合が順次でき，エタンとなってパラジウムの表面から離れる（図7・9）.

図7・9 エチレンへの水素の付加

この付加反応は金属の表面で進行するため，2個の水素原子がC＝C結合に対して同じ側から結合する．たとえば，ニッケルなどの触媒を用いて1,2-ジメチル-1-シクロペンテンに水素を付加反応させると，2個のメチル基がシス形に結合した1,2-ジメチルシクロペンタンが生成する（式7・5）．このような付加反応は**シス付加**（または**シン付加**）とよばれる．

シス付加
cis addition

シン付加
syn addition

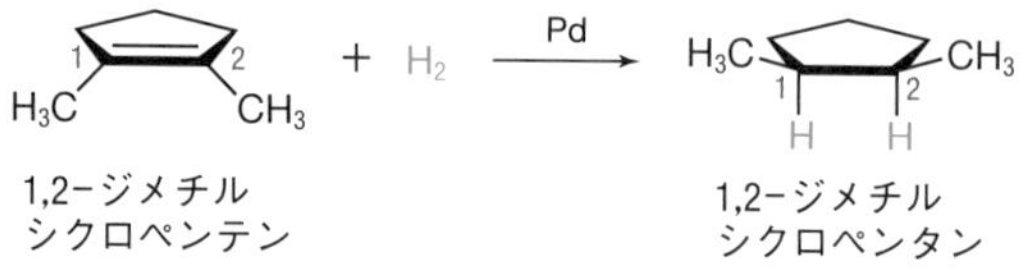

$$\text{1,2-ジメチルシクロペンテン} + H_2 \xrightarrow{Pd} \text{1,2-ジメチルシクロペンタン} \qquad (7 \cdot 5)$$

　また，エチレンやプロペンは，触媒の存在下で分子間での付加反応を繰返して高分子化合物となる．歴史的に有名な触媒は塩化チタン（Ⅳ）$TiCl_4$ とトリエチルアルミニウム $Al(C_2H_5)_3$ の混合物*であり，エチレンからはポリエチレン（式7・6），プロペンからはポリプロピレン（ポリプロペン）が生成する．このような反応を**付加重合**という．

* この触媒は発見者にちなんでチーグラー・ナッタ触媒とよばれる．

付加重合
addition polymerization

$$n\,CH_2{=}CH_2 \longrightarrow {+}CH_2{-}CH_2{+}_n \qquad (7 \cdot 6)$$
$$\text{ポリエチレン}$$

7・1・2　マルコウニコフ則

　1869 年にロシアのマルコウニコフは "左右非対称の分子構造をもつアルケンに塩化水素などのハロゲン化水素を付加反応させる場合，ハロゲン化水素分子内の水素原子が $C{=}C$ 結合の 2 個の炭素原子のうち，あらかじめ多くの水素原子が結合した炭素原子に優先的に結合する" という経験則を提示した．これを**マルコウニコフ則**という．たとえば，イソブテンと塩化水素との反応では式7・7のように 2 通りの生成物が考えられるが，実際に反応させると 2-クロロ-2-メチルプロパンがおもな生成物となる．

マルコウニコフ則
Markovnikov's rule

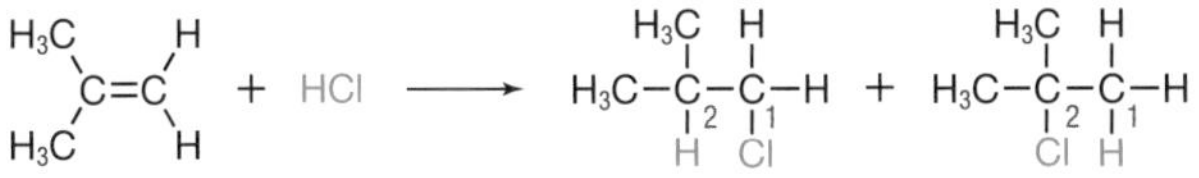

$$\qquad (7 \cdot 7)$$

イソブテン　　　1-クロロ-2-
メチルプロパン　　　2-クロロ-2-
メチルプロパン

　これは以下のように説明できる．イソブテンに塩化水素が付加反応する場合，前節で述べたように，まず部分正電荷をもつ水素原子が反応して中間体であるカルボカチオンができる．このとき水素原子が $C{=}C$ 結合を構成する(a)と(b)のどちらの炭素原子に結合するかによって，おのおののカルボカチオン **A** または **B** ができる（図7・10）．前章で述べたように，カルボカチオンでは正電荷をもつ炭素原子に $C{-}H$ 結合をもつ炭化水素基がより多く結合したものが，超共役によって安定となる（§6・3・3参照）．**B** では正電荷をもった炭素原子にイソプロピル基 1 個が，**A** では正電荷をもった炭素原子にメチル基 3 個が結合しているので **A** の方が安定である．一般に化学反応は安定な中間体を経由する経路で優先的に

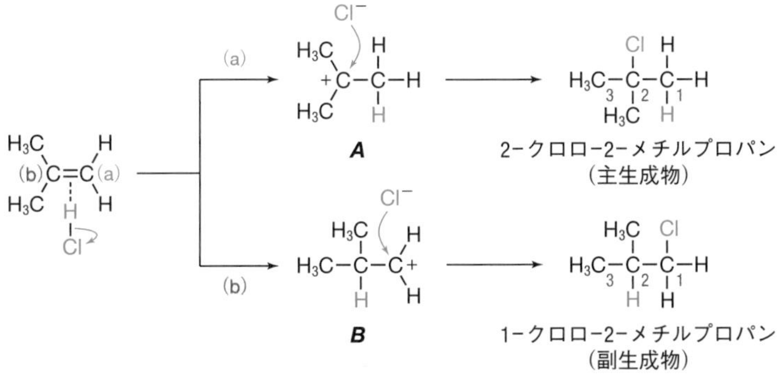

図7・10　2-メチルプロペンと塩化水素の反応

進むので，この反応では水素原子が(a)の炭素原子に優先的に結合して2-クロロ-2-メチルプロパンがおもな生成物となる.

マルコウニコフ則はハロゲン化水素ばかりでなく，H–X 型の分子がカルボカチオンを経由して付加反応する場合に一般的に成り立つ. たとえば，酸触媒を用いてプロペンに水を付加反応させると，マルコウニコフ則に従って2-プロパノールがおもな生成物になる（式7・8）.

$$CH_2=CH-CH_3 + H-OH \longrightarrow CH_3-CH(OH)-CH_3 \qquad (7・8)$$
プロペン　　　　　　　　　　　　　　　　　　　　2-プロパノール

7・1・3　1,3-ブタジエンと臭素の反応

1,3-ブタジエンに臭素を付加反応させると，式7・9に示す **A**（3,4-ジブロモ-1-ブテン）と **B**（1,4-ジブロモ-2-ブテン）が生成する. **A** では1,3-ブタジエンの1位と2位の炭素原子に臭素原子が結合している. このような生成物ができる付加反応を **1,2-付加** という*. また，**B** では1,3-ブタジエンの1位と4位の炭素原子に臭素原子が結合している. このような生成物ができる付加反応を **1,4-付加** という. なお，**B** では C=C 結合の位置が2位と3位の炭素原子の間にあることに注意したい.

*　命名法の規則に従って，**A** では C=C 結合を含む炭素原子を優先して番号を付す.

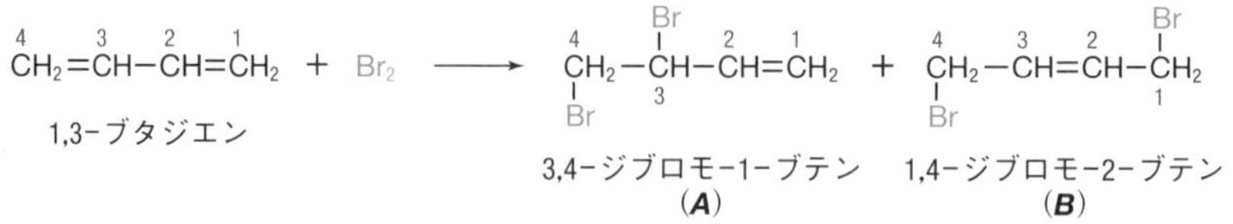

$$CH_2=CH-CH=CH_2 + Br_2 \longrightarrow \underset{Br}{CH_2}-CH-CH=CH_2 + CH_2-CH=CH-CH_2 \qquad (7・9)$$
1,3-ブタジエン　　　　　　　　　　　　3,4-ジブロモ-1-ブテン　　1,4-ジブロモ-2-ブテン
　　　　　　　　　　　　　　　　　　　　　　（**A**）　　　　　　　（**B**）

ここで1,4-付加がなぜ進行するのかを考えてみよう. この反応ではまず図7・2の場合と同様に1,3-ブタジエンの1位と2位の C=C 結合に臭素分子が接近し，3員環型の中間体を形成する. この中間体では1位の炭素原子には炭素原子1個と水素原子2個が結合し，2位の炭素原子には炭素原子2個と水素原子1個が結合しているので，臭素原子は立体的に混み合っていない1位の炭素原子に偏って結合する（図7・11の **a**）. この中間体に臭化物イオンが反応する際に，結合距離が長い2位の炭素原子と臭素原子の間の結合が切れて，**b** のようなカルボカチオンを経由すると考えられる. このカルボカチオンでは2位の炭素原子が正電荷をもつ. ここに臭化物イオンが結合すると1,2-付加によって **A** が生成す

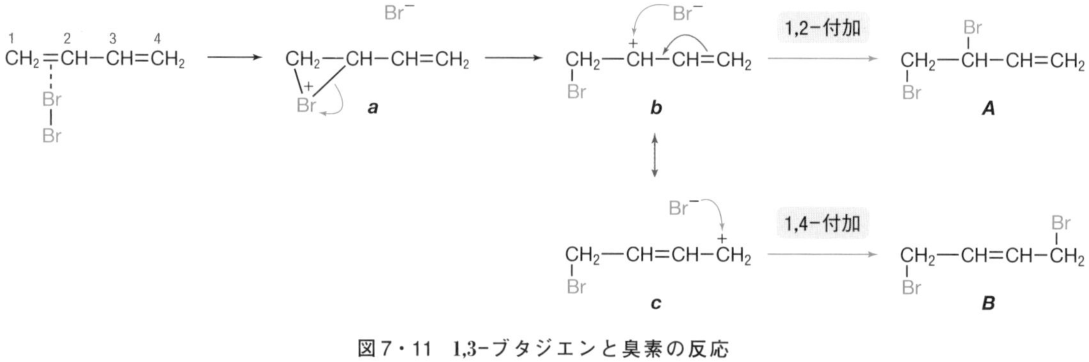

図7・11　1,3-ブタジエンと臭素の反応

る．一方，正電荷をもつ2位の炭素原子には電子が入っていない2p軌道があるので，ここに3位と4位のC=C結合のπ電子が流入すると，**c**のように4位の炭素原子が正電荷をもったカルボカチオンが生じる．この炭素原子に臭化物イオンが結合すると1,4-付加によって**B**が生成する*．

適切な触媒を用いて1,3-ブタジエンどうしを付加重合させると，分子間で1,4-付加を繰返した構造をもつ1,4-ポリブタジエンが生成する（式7・10）．1,4-ポリブタジエンは合成ゴムの成分として利用できる．

$$n\,\mathrm{CH_2=CH-CH=CH_2} \longrightarrow \left[\!\!\!\begin{array}{c}\mathrm{CH_2-CH=CH-CH_2}\end{array}\!\!\!\right]_n \tag{7・10}$$

　　　　1,3-ブタジエン　　　　　　　　　1,4-ポリブタジエン

* **b** と **c** は共鳴構造である．

7・1・4　炭素原子間の三重結合への付加反応

炭素原子間の三重結合にも，二重結合と同様に求電子付加反応が進行する．たとえば，アセチレンには臭素などのハロゲン単体が付加反応する（式7・11）．しかし，アセチレンの付加反応の速度はエチレンの場合に比べて遅い．これは反応の途中で生じる3員環型の中間体（図7・12）がエチレンの場合に比べて不安定なためとされている．また，アセチレンにニッケル，パラジウム，白金などの触媒を用いて水素を付加反応させると，エチレンを経由してエタンが生成する（式7・12）．

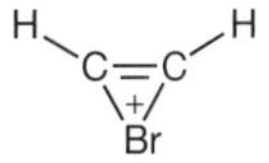

図7・12　アセチレンへの臭素の付加反応における中間体

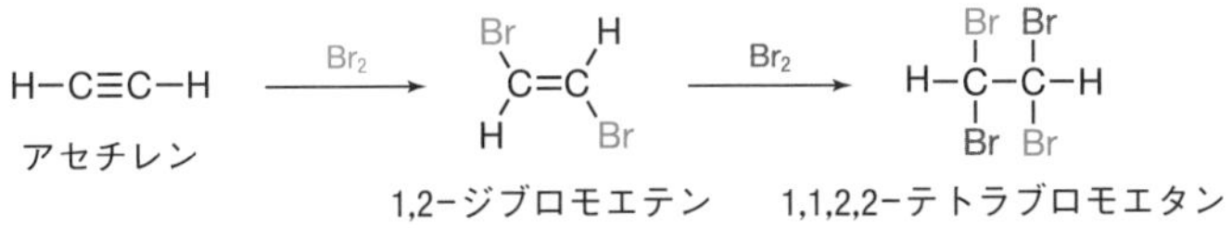

$$\mathrm{H-C\!\equiv\!C-H} \xrightarrow{\mathrm{Br_2}} \begin{array}{c}\mathrm{Br}\quad\mathrm{H}\\\mathrm{C\!=\!C}\\\mathrm{H}\quad\mathrm{Br}\end{array} \xrightarrow{\mathrm{Br_2}} \begin{array}{c}\mathrm{Br}\;\mathrm{Br}\\\mathrm{H-C-C-H}\\\mathrm{Br}\;\mathrm{Br}\end{array} \tag{7・11}$$

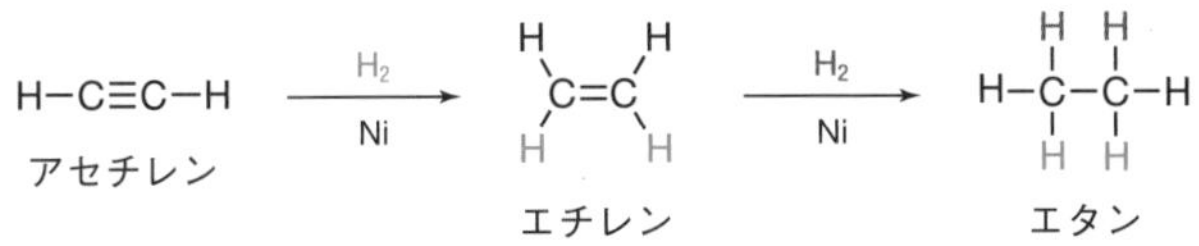

　アセチレン　　　　　　　　1,2-ジブロモエテン　　1,1,2,2-テトラブロモエタン

$$\mathrm{H-C\!\equiv\!C-H} \xrightarrow[\mathrm{Ni}]{\mathrm{H_2}} \begin{array}{c}\mathrm{H}\quad\mathrm{H}\\\mathrm{C\!=\!C}\\\mathrm{H}\quad\mathrm{H}\end{array} \xrightarrow[\mathrm{Ni}]{\mathrm{H_2}} \begin{array}{c}\mathrm{H}\;\mathrm{H}\\\mathrm{H-C-C-H}\\\mathrm{H}\;\mathrm{H}\end{array} \tag{7・12}$$

　アセチレン　　　　　　　　　　エチレン　　　　　　　エタン

アセチレンには種々の触媒の存在下でH−X形の分子構造をもつ化合物を付加反応させることができる（表7・1）．生成物の多くはおのおのの付加重合によって得られる有用な高分子化合物の原料となるので，これらの反応はかつて工業的に重要であった．現在これらの化合物は，おもにエチレンから合成されている．

表7・1　アセチレンの付加反応

$$\mathrm{H-C\!\equiv\!C-H} + \mathrm{HX} \longrightarrow \begin{array}{c}\mathrm{H}\quad\mathrm{H}\\\mathrm{C\!=\!C}\\\mathrm{H}\quad\mathrm{X}\end{array}$$

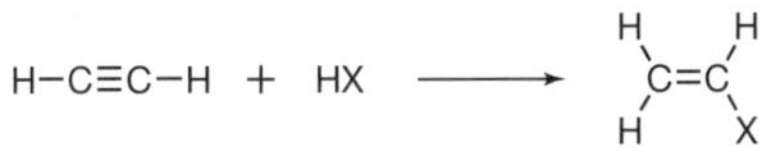

H−X	触　媒	生成物	
H−Cl	$\mathrm{HgCl_2}$	$\mathrm{CH_2=CH-Cl}$	（塩化ビニル[†]）
H−CN	$\mathrm{CuCl, NH_4Cl}$	$\mathrm{CH_2=CH-CN}$	（アクリロニトリル）
H−OCOCH$_3$	$\mathrm{HgSO_4}$	$\mathrm{CH_2=CH-OCOCH_3}$	（酢酸ビニル）

[†]　塩化ビニルは慣用名であり，IUPAC名はクロロエテンである．

エノール形（enol form）：エ
ノール（enol）は，二重結合
を表す -ene とアルコールの，
名称の語尾 -ol からつくられ
た用語.

ケト形
keto form

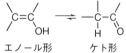

エノール形   ケト形

**図7・13　ケト形とエノール
　形の平衡**

互変異性体
tautomer

アセチレンへの付加反応として注意するべきものは，水の付加反応（水和）である．単純に考えると，この反応の生成物はビニルアルコールになるはずであるが，実際にはビニルアルコール分子内で水素原子の移動（転位，§8・6参照）が起こり，アセトアルデヒドが得られる（式7・13）．ビニルアルコールのように，炭素原子間の二重結合にヒドロキシ基が直接結合した構造は**エノール形**とよばれる．エノール形の構造は一般に不安定であり，すぐに水素原子の可逆的な転位を伴って**ケト形**に変化する（図7・13）．これは一般に，ケト形に大きく偏った平衡である．エノール形とケト形のように，互いに構造異性体であるが相互に変換しうるものを，**互変異性体**という．プロピンに水を付加反応させると，マル

コラム　**水銀の化合物による環境汚染**

　アセトアルデヒドは酢酸などの重要な物質の原料となるため，かつてアセチレンへの水の付加反応は工業的にきわめて重要な反応であった．この反応には希硫酸に溶解した硫酸水銀(II)が触媒として用いられ，各地でアセトアルデヒドの工業的な生産が行われていた．しかし，反応の過程で生成した塩化メチル水銀 CH_3HgCl が，工場排水と共に海洋に流出して魚介類の体内に蓄積され，これを食べた人々に深刻な中枢神経障害をもたらした．わが国ではこの事件が熊本県水俣市を中心とする地域（下図）でおこったので，この中枢神経障害は"水俣病"とよばれる．水俣市における最初の患者の認定（1956年）から，原因の特定および国と企業がそれを認めるまでに長い時間を要し，企業による公害が水俣病の原因と認定されたのは1968年のことである．この間もメチル水銀を含む工場排水の海洋投棄が続けられたため，工場があった水俣湾から周囲の不知火海にまで被害が拡大した．さらにこの間に，新潟県阿賀野川流域でも同様な事件が起こった（1965年に認定された第二水俣病）．水俣病はわが国における公害対策のきっかけとなり，1971年に環境庁（現在は環境省）が設置された．その後，水俣湾は埋め立てられ，さらに多大な努力が続けられた結果，現在の不知火海は安全な海となっている．

　今日，わが国ではさまざまな排水に対する規制がきわめて厳格になっている．また世界的に水銀の利用を規制する"水俣条約"が結ばれている．

コウニコフ則に準じた中間体である2-プロペノールを経由して，互変異性体であるアセトンが生成する（式7・14）[*1].

*1 マルコウニコフ則はC=C結合に対するH–X分子の付加反応における法則であるので，C≡Cへの付加反応では"準じた"という標記をとった．

$$H-C\equiv C-H + H_2O \xrightarrow{HgSO_4} \left(\begin{array}{c} H \\ C=C \\ H \end{array} \begin{array}{c} H \\ OH \end{array} \longrightarrow \right) \begin{array}{c} H \\ H-C-C \\ H \end{array} \begin{array}{c} H \\ O \end{array} \qquad (7\cdot13)$$

アセチレン　　　　　　　　　　　　　　　ビニルアルコール　　アセトアルデヒド

$$CH_3-C\equiv C-H + H_2O \xrightarrow{HgSO_4} \left(\begin{array}{c} HO \\ C=C \\ H_3C \end{array} \begin{array}{c} H \\ H \end{array} \longrightarrow \right) \begin{array}{c} O \\ H_3C-C-C-H \\ H \end{array} \qquad (7\cdot14)$$

プロピン　　　　　　　　　　　　　　　　2-プロペノール　　　アセトン
　　　　　　　　　　　　　　　　　　　　　　　　　　　　　（2-プロパノン）

赤熱した鉄管中にアセチレンを通すと，3分子のアセチレンの間で互いに重合が起こり，ベンゼンが生成する（式7・15）．また，アセチレンは触媒を用いて付加重合させることができる（式7・16）[*2].この反応で得られた高分子（ポリアセチレン）に微量のヨウ素を作用させると，金属のように電気をよく導く性質が現れる．

*2 アセチレンの付加重合でも，先述のチーグラー・ナッタ触媒（§7・1・1d参照）が有効である．ポリアセチレンにおける電気伝導の研究では，わが国の白川英樹がノーベル化学賞を受賞している．

$$(7\cdot15)$$

アセチレン×3　　　　　　　　　　　　ベンゼン

$$n\, H-C\equiv C-H \longrightarrow \left[CH=CH \right]_n \qquad (7\cdot16)$$

アセチレン　　　　　　　　　　ポリアセチレン

7・1・5 ベンゼンへの付加反応

ベンゼン分子内にあるベンゼン環には表記上はC=C結合があるが，芳香族性という安定性（§4・4参照）のために，求電子試薬が接近すると一般に付加反応ではなく置換反応が進行する（§6・4参照）．しかし，反応条件によってはC=C結合への付加反応が進行することがある．たとえばベンゼンに紫外光を含む光を照射しながら塩素を反応させると，1,2,3,4,5,6-ヘキサクロロシクロヘキサンが生成する（式7・17）[*3]. また，ニッケル触媒の存在下でベンゼンに高温・高圧で水素を反応させると，シクロヘキサンが生成する（式7・18）．

*3 この反応は塩素ラジカルによって起こる．生成する1,2,3,4,5,6-ヘキサクロロシクロヘキサンは，立体異性体の混合物である．

$$\text{ベンゼン} + 3Cl_2 \xrightarrow{\text{光}} \qquad (7\cdot17)$$

ベンゼン

1,2,3,4,5,6-ヘキサクロロ
シクロヘキサン

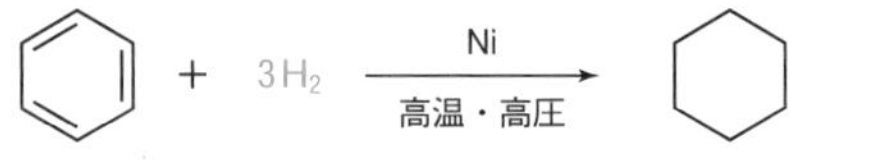

$$ \text{ベンゼン} + 3H_2 \xrightarrow[\text{高温・高圧}]{Ni} \text{シクロヘキサン} \tag{7・18} $$

7・1・6 シクロプロパンへの付加反応

　シクロアルカンの分子を構成する炭素原子間の結合は単結合であり，一般に反応性に乏しい．しかし，ハロゲンの単体やハロゲン化水素は，シクロプロパンに対し求電子付加反応を起こす（式7・19，式7・20）．このときの生成物はシクロプロパンの1位と3位に付加反応が進行したものとなる．これはシクロプロパンの分子がひずんでいるためと考えられる．

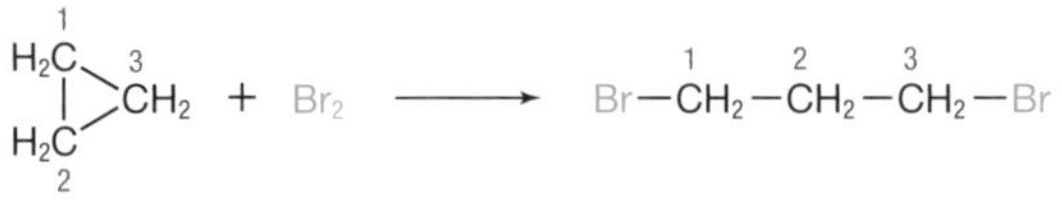

$$ \text{シクロプロパン} + Br_2 \longrightarrow Br-CH_2-CH_2-CH_2-Br \tag{7・19} $$

1,3-ジブロモプロパン

$$ \text{シクロプロパン} + HBr \longrightarrow Br-CH_2-CH_2-CH_2-H \tag{7・20} $$

1-ブロモプロパン

7・2　求 核 付 加 反 応

7・2・1 炭素-酸素原子間の二重結合への H-X 型分子の付加反応

　カルボニル基やカルボキシ基などに含まれる炭素原子と酸素原子の間の二重結合（以下 C=O 結合と記す）では，酸素原子の電気陰性度が炭素原子よりも大きいため，炭素原子が δ+，酸素原子が δ- に分極している．このような炭素原子には，窒素原子や酸素原子のような非共有電子対をもつ原子とそれに水素原子が結合した構造をもつ分子が，求核試薬として部分正電荷をもつ炭素原子に接近し，付加反応する（図7・14）．このような付加反応は**求核付加反応**とよばれる*.

求核付加反応
nucleophilic addition

* 求核付加反応によってO-H 結合ができる場合，可逆反応となる場合が多い．これはO-H 結合の結合エネルギーが小さいためと考えられる．

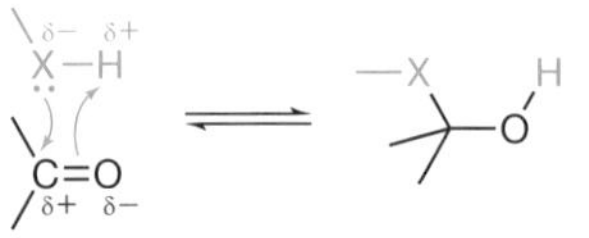

ヘミアセタール（hemiacetal）："ヘミ"は半分という意味の接頭辞である．下記の構造をもつものは，これに対して**アセタール**（acetal）とよばれる．

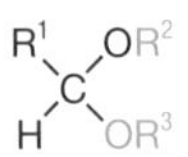

$$ \underset{H}{\overset{R^1}{\underset{}{C}}}\!\!\!\!-\overset{OR^2}{\underset{OR^3}{}} $$

シアノヒドリン
cyanohydrin

図7・14　カルボニル基への求核付加反応（X = O, N, S など）

　たとえば，ホルムアルデヒドは，室温の水溶液中で水分子との付加反応によって水和型の構造をとっている（式7・21）．また，アルデヒドのホルミル基（-CHO）にアルコールのヒドロキシ基が求核付加をすると，**ヘミアセタール**と一般によばれる化合物が生じる（式7・22）．炭素原子上に部分負電荷をもつシアン化水素もアルデヒドに付加反応し，**シアノヒドリン**と一般によばれる化合物が生じる（式7・23）．なお，実際にはこの反応は，塩基性条件でシアン化物イオン CN⁻

を発生させながら行うので，最初にホルミル基の炭素原子にシアン化物イオンが結合する．シアン化物イオンでは，炭素原子上に非共有電子対がある．

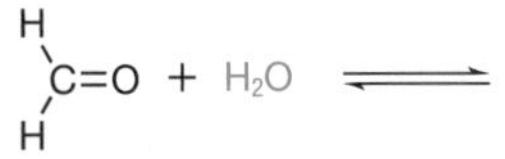

$$
\underset{\text{ホルムアルデヒド}}{\overset{H}{\underset{H}{>}}C=O} + H_2O \;\rightleftharpoons\; \overset{H}{\underset{H}{>}}C\overset{OH}{\underset{OH}{<}} \qquad (7\cdot21)
$$

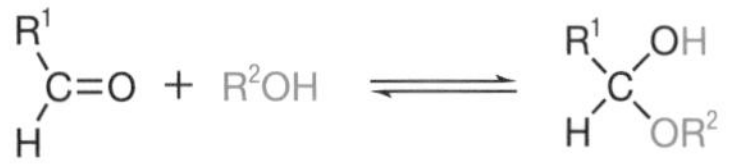

$$
\overset{R^1}{\underset{H}{>}}C=O + R^2OH \;\rightleftharpoons\; \underset{\text{ヘミアセタール}}{\overset{R^1}{\underset{H}{>}}C\overset{OH}{\underset{OR^2}{<}}} \qquad (7\cdot22)
$$

$$
\overset{R}{\underset{H}{>}}C=O + H-CN \;\rightleftharpoons\; \underset{\text{シアノヒドリン}}{\overset{R}{\underset{H}{>}}C\overset{OH}{\underset{CN}{<}}} \qquad (7\cdot23)
$$

7・2・2 グリニャール反応

ハロゲン（この場合は塩素，臭素，ヨウ素）原子と炭化水素基が結合した化合物にマグネシウムを反応させると，式7・24のように炭素原子とハロゲン原子との間にマグネシウム原子が挿入された化合物が生成する[*1]．

$$
R-X + Mg \longrightarrow R-MgX \quad (X = Cl,\ Br,\ I) \qquad (7\cdot24)
$$

この化合物は発見者にちなんで一般に**グリニャール反応剤**とよばれる[*2]．マグネシウム原子の電気陰性度は炭素原子より小さいので，グリニャール反応剤におけるC−Mg結合では，炭素原子が$\delta-$，マグネシウム原子が$\delta+$に分極している．そこでグリニャール反応剤にアルデヒドやケトンなどのC=O結合をもつ化合物を反応させると，求核付加反応が進行する[*3]．図7・15にグリニャール反応剤であるヨウ化メチルマグネシウムCH_3MgIとベンズアルデヒドとの反応の様子を示す．求核付加反応が進行した後は，水を加えて生成物を分解し，アルコールを生成させる．このようにグリニャール反応剤による求核付加反応を用いることで，新たに炭素原子間の共有結合が形成される．

*1 この反応の溶媒には，水（グリニャール反応剤と激しく反応する）を除去したジエチルエーテルなどのエーテル類が用いられる．

グリニャール反応剤
Grignard reagent

*2 グリニャール反応剤のように，炭素原子と金属元素の原子が共有結合した分子構造をもつ物質を，一般に有機金属化合物という．

*3 O−Mg結合の結合エネルギーは大きく，この付加反応は不可逆反応である．

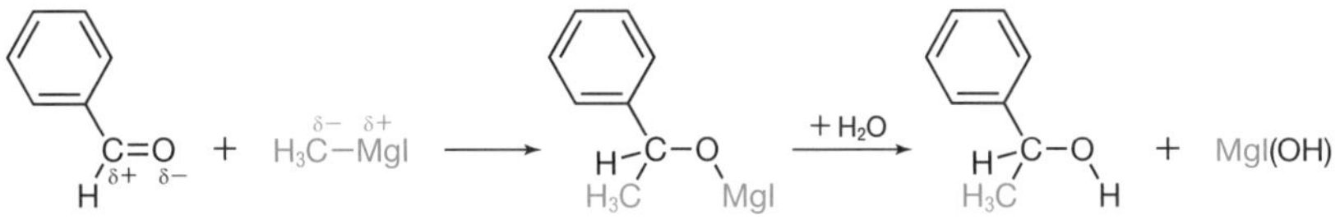

図7・15 ベンズアルデヒドとヨウ化メチルマグネシウムの反応

7・2・3 アルドール反応

アセトアルデヒドに水酸化ナトリウム水溶液を作用させると，3-ヒドロキシブタナールが生成する．この反応は以下のように可逆的に進行する（式7・25）．

$$
\underset{\text{アセトアルデヒド}\times2}{CH_3CHO + CH_3CHO} \;\underset{\text{}}{\overset{NaOH}{\rightleftharpoons}}\; \underset{\text{3-ヒドロキシブタナール}}{\overset{4\ \ \ \ 3\ \ \ \ \ \ \ \ \ \ 2\ \ \ \ 1}{CH_3CH(OH)CH_2CHO}} \qquad (7\cdot25)
$$

C=O 結合では電子対が酸素原子側に偏在しているため炭素原子が電子不足となり，周囲から電子を引きつける．その結果，アセトアルデヒド分子のメチル基における水素原子が部分正電荷を帯び，ここに水酸化物イオンが攻撃して炭素原子上に負電荷をもつ陰イオン（カルボアニオン）***a*** ができる．***a*** はエノール形の陰イオン（エノラート）***b*** に変化する*1．ここでもう 1 分子のアセトアルデヒドに ***b*** が求核付加反応し，生成した陰イオンが水分子から水素原子を奪って，3-ヒドロキシブタナールと水酸化物イオンが生成する（図 7・16）．このような反応は**アルドール反応**とよばれる．アルドール反応の最初に水酸化物イオン OH^- が消費されるが，最後の過程で再生されて，この反応の触媒となる．アルドール反応は，一般にアルデヒドまたはケトンの分子におけるカルボニル基に隣接した炭素原子に，水素原子が結合している場合に進行するが，ケトン分子間のアルドール反応は進行しにくい．

*1 ***a*** と ***b*** は共鳴構造であるが，O 原子上に負電荷がある ***b*** の寄与が大きい．

アルドール反応（aldol reaction）：アルドール反応という名称には，生成物がアルデヒドの構造（ホルミル基）とアルコールの構造（ヒドロキシ基）を併せもつためという説と，3-ヒドロキシブタナールの慣用名がアルドールであるためという説とがある．

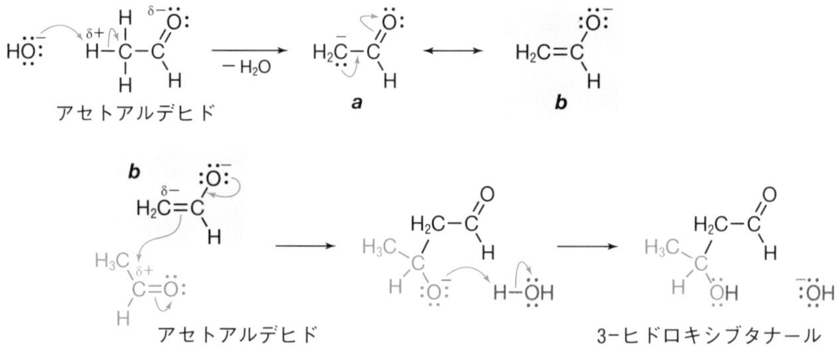

図 7・16　アセトアルデヒドのアルドール反応

7・3　ラジカル付加反応

炭素原子間の二重結合をもつ化合物に光を照射しながらハロゲン単体を作用させると，ラジカルを経由しながら付加反応が進行する．たとえば，エチレンと塩素との反応は図 7・17 のように進行し，連鎖反応によって 1,2-ジクロロエタンが生成する．このような付加反応を**ラジカル付加反応**という．

ラジカル付加反応
radical addition

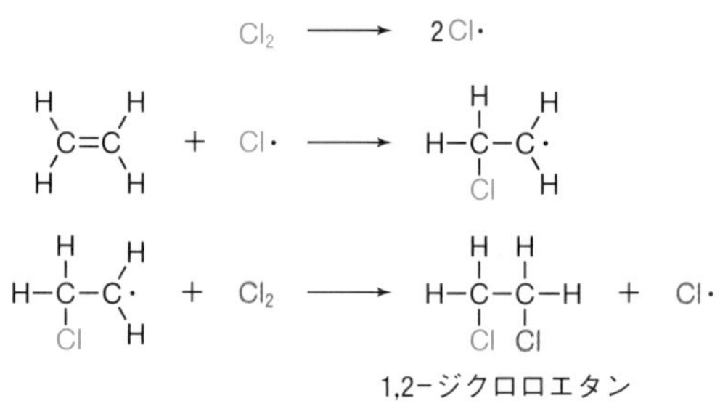

図 7・17　エチレンと塩素のラジカル付加反応

ハロゲン化水素のうち，臭化水素はラジカル付加反応を行う．この場合には，反応のきっかけとなるラジカルを発生させる物質（ラジカル開始剤）が必要である．たとえば，過酸化ベンゾイル（慣用名）*2 という物質では，加熱によって分

*2 分子内に−O−O−という構造をもつ物質を，一般に**過酸化物**（ペルオキシド）とよぶ．

子内の O−O 結合が切れてベンゾイルラジカル $C_6H_5CO-O\cdot$ を発生する（式 7・26）．このベンゾイルラジカルが臭化水素と反応して，臭素ラジカルが発生する（式 7・27）．

$$C_6H_5CO-O-O-CO-C_6H_5 \longrightarrow 2C_6H_5CO-O\cdot \qquad (7\cdot26)$$

過酸化ベンゾイル　　　　　　　　　　ベンゾイルラジカル

$$C_6H_5CO-O\cdot + HBr \longrightarrow C_6H_5CO-OH + Br\cdot \qquad (7\cdot27)$$

　プロペンへの臭化水素のラジカル付加反応では，図 7・18 のようなプロセスによって 1-ブロモプロパンと 2-ブロモプロパンが生成しうる．プロペンへの臭化水素の求電子付加反応では，マルコウニコフ則に従えば 2-ブロモプロパンが主生成物となると考えられるが（§7・1・2 参照），ラジカル付加反応では 1-ブロモプロパンが主生成物となる．これは図 7・18 におけるラジカル **A** と **B** のうち，カルボカチオンの場合と同様な超共役（§6・3・3 参照）によって **A** の方が安定なためである[*1,2]．

*1 このような付加反応を，逆マルコウニコフ型付加反応とよぶ場合がある．

*2 不対電子をもつ炭素原子は電子不足の状態にある

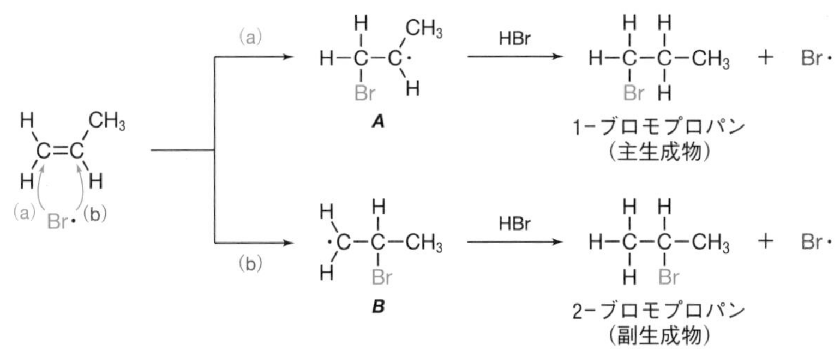

図 7・18　プロペンと臭素のラジカル付加反応

　スチレンに過酸化ベンゾイルを加えて加熱すると，C=C 結合へのベンゾイルラジカルの付加反応がきっかけとなってスチレン分子どうしがラジカル付加反応

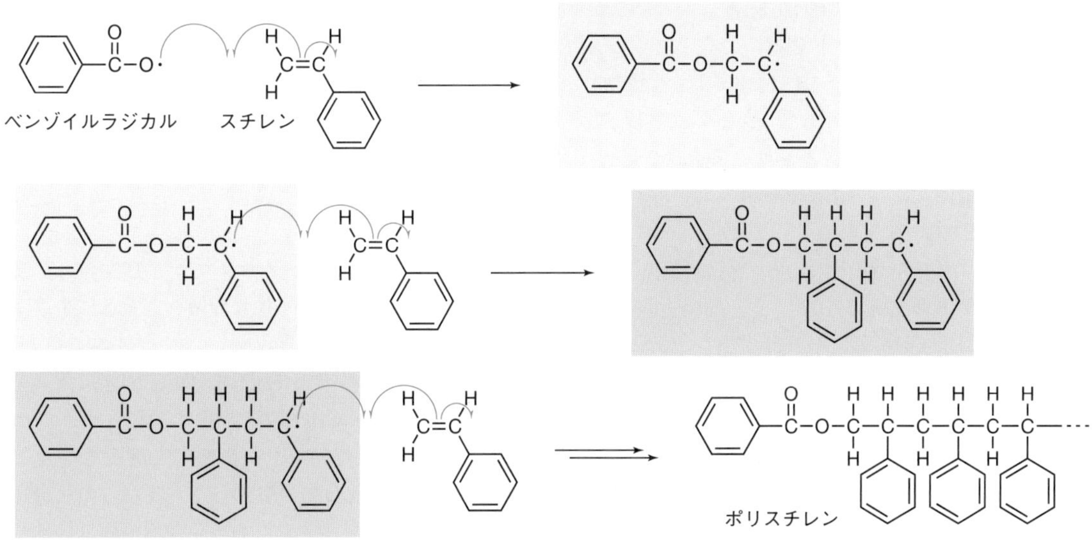

図 7・19　スチレンのラジカル重合

* ラジカル重合によって生成
した高分子化合物の分子末端
には，重合開始剤の構造の一
部が結合しているが，分子が
きわめて大きいので，これを
無視して考えることが多い.

を繰返し，ポリスチレンが生成する（図7・19）．このような重合は**ラジカル重合**とよばれる．このときの過酸化ベンゾイルのように，重合のきっかけとなる物質を一般に重合開始剤という*.

◆◆◆ ま と め ◆◆◆

• 炭素原子間の二重結合（C=C）や三重結合（C≡C）には，電子が不足している分子やイオン（求電子試薬）が接近して付加反応する．これを求電子付加反応という．

• 炭素原子間の三重結合（C≡C）をもつアルキンに水が付加反応する場合には，エノール形のアルコールを経由して，ケト形のアルデヒドやケトンが生成する．

• 炭素原子と酸素原子間の二重結合（C=O）に対しては，非共有電子対あるいは強い分極によって部分負電荷をもつ原子を含む分子やイオンが接近して付加反応する．これを求核付加反応という．このとき求核試薬は部分正電荷をもつ炭素原子を攻撃する．

• 炭素原子間の二重結合（C=C）にラジカルが反応することで起こる付加反応を，ラジカル付加反応という．

◆◆◆ 演 習 問 題 ◆◆◆

7・1 次の (a)〜(f) の付加反応による生成物の構造式を示せ．なお，生成物に鏡像異性体が存在する場合は区別をしなくてよい．

(a) $CH_3-CH=CH_2 + Cl_2 \longrightarrow$

(b)  + $Br_2 \longrightarrow$

(c)  + $H_2 \longrightarrow$

(d) 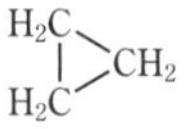 + $Cl_2 \longrightarrow$

(e) $H-C≡C-H + CH_3COOH \longrightarrow$

(f) $CH_2=CH-CH=CH_2 + Cl_2$
　　　$\longrightarrow$ 1,2-付加および1,4-付加による生成物

7・2 マルコウニコフ則に従って（あるいは準じて），次の付加反応による生成物 **A**〜**E** の構造式を記せ．

(a) $CH_3-CH=CH_2 + HBr \longrightarrow$ **A**

(b) $CH_3-C≡C-H + H_2O$
　　　$\longrightarrow$ エノール形中間体（**B**）
　　　$\longrightarrow$ ケト形生成物（**C**）

(c) $CH_2=CH-CH=CH_2 + HCl$
　　　$\longrightarrow$ 1,2-付加の生成物（**D**）および
　　　　1,4-付加の生成物（**E**）

7・3 分子式が $C_{10}H_{16}$ で表される炭化水素 **F** がある．**F** の分子では下図のように炭素原子がつながっており，炭素原子間にいくつかの二重結合がある．**F** を十分な量のオゾンと反応させた後，亜鉛粉末を

加えて処理したところ，下図のような4種類の化合物が生成した．

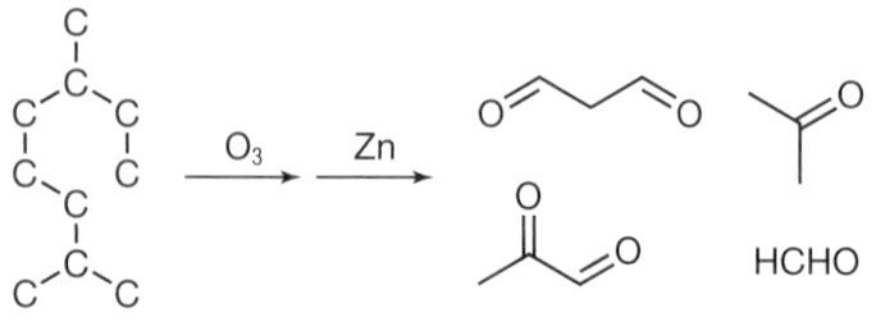

(a) **F** の分子内には炭素原子間の二重結合が何個あるか．

(b) **F** の構造式を記せ．

7・4 ベンズアルデヒド C_6H_5CHO に (a)〜(c) の各反応を行った．指定された生成物の構造式を示せ．

(a) メタノールを反応させたときに生成するヘミアセタール

(b) シアン化水素を反応させたときに生成するシアノヒドリン

(c) 臭化フェニルマグネシウム C_6H_5MgBr を反応させた後，生成物を加水分解したときに生成するアルコール

7・5 アセトアルデヒド CH_3CHO とプロピオンアルデヒド CH_3CH_2CHO の混合物に水酸化ナトリウム水溶液を加えてアルドール反応を進行させたところ，4種類の化合物が生成した．これらの化合物の構造式をすべて示せ．なお，鏡像異性体は区別しなくてよい．

8

脱離反応と転位反応

付加反応とは逆に，分子から原子または原子団（基）が除去される反応を脱離反応という．本章では，代表的な脱離反応である β 脱離について解説する．さらに，脱離反応と共に基本の 4 反応に数えられる転位反応についても解説する．

8・1 脱離反応の形式

脱離反応とは，分子から原子または原子団（基）が除去される反応である．特に分子内に隣接する原子の間で脱離が進み，二重結合あるいは三重結合ができる反応を **β 脱離**という．このとき，脱離する原子のうちの一つは水素原子であることが多い．また，脱離するもう一つの原子または原子団には電子を強く引きつける性質があり，これらは置換反応の場合と同様に脱離基とよばれる（図 8・1）．一般に，脱離基 X が結合している炭素を α 炭素，その隣の炭素をβ 炭素とよぶ．β 脱離とは，X と一緒に除去される原子（多くの場合は水素原子）が β 炭素に結合していることによる名称である．以下本章では，β 脱離を単に脱離反応と記す．

脱離反応
elimination

β 脱離
β elimination

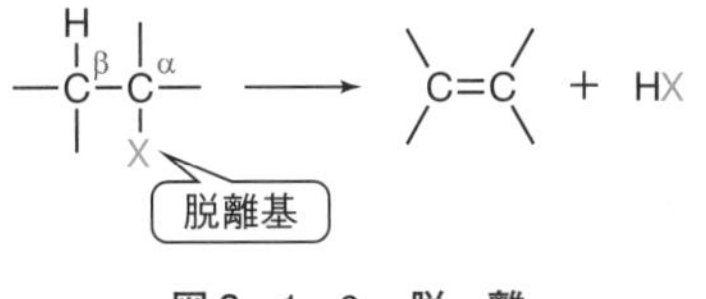

図 8・1 β 脱 離

求核置換反応に S_N1 反応や S_N2 反応のような分類があった（§6・3 参照）が，脱離反応にも同様に以下の 2 種類がある．

(1) 先に C−X 結合が切断され，その後に C−H 結合が切断される．
(2) C−X 結合と C−H 結合の切断が同時に進行する．

X は分子内の電子を引きつけながら脱離するので，上記(1)の反応機構で進行する脱離反応の多くはカルボカチオンを経由して進行する．このような脱離反応を **E1 反応**という．これに対して(2)の反応機構で進行する脱離反応を **E2 反応**という*．

* 本書では取上げないが，水素原子が H^+ として先にはずれる反応もある．これをE1cB 反応という．

8・2 E1 反 応

8・2・1 E1 反応の反応機構（メカニズム）

2-メチル-2-ブロモプロパンを水と反応させると，臭素原子が脱離基となった S_N1 反応が進行して 2-メチル-2-プロパノールが生成するが，同時に 2-メチルプロペンも生成する．この反応では，まず分子内の C−Br 結合が切断されて安定なカルボカチオン ***A*** が生成する（図 8・2）*．***A*** に対して(a)のように水分子が反応すると，S_N1 反応が進行して 2-メチル-2-プロパノールが生成する．しかし，(b)のように水分子が反応すると E1 反応が進行してイソブテン（2-メチルプロペン）が生成する．(a)でも(b)でも水分子がブレンステッド塩基（§5・1 参照）としてプロトンを受取り，オキソニウムイオン H_3O^+ が生成する．これらの反応の律速段階は C−Br 結合が切断される過程である．

* 正電荷をもつ炭素原子により多くの炭化水素基（アルキル基）が結合したカルボカチオンほど安定性が高い（§8・3・3 参照）．

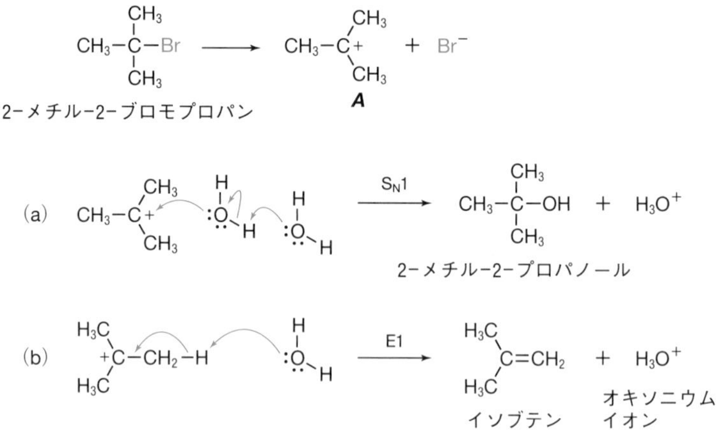

図 8・2　2-メチル-2-ブロモプロパンと水との反応

8・2・2 アルケンの安定性と E1 反応における選択性

2-メチル-2-ブロモブタンの脱離反応では，互いに構造異性体である 2 種類の生成物ができる．これらのうち主生成物となるのは 2-メチル-2-ブテンである（式 8・1）．

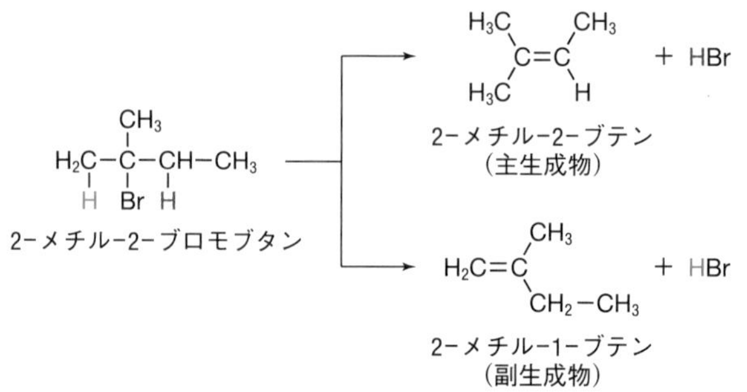

(8・1)

これは主生成物である 2-メチル-2-ブテンの方が，副生成物である 2-メチル-1-ブテンより安定なためである．この反応において中間体であるカルボカチオンから C−H 結合が切断される反応の活性化エネルギーを比べると，安定性

の高い2-メチル-2-ブテンが生成する経路の活性化エネルギーの方が小さい（図8·3）. 一般にアルケンでは, C=C 結合に C−H 結合をもつアルキル基が

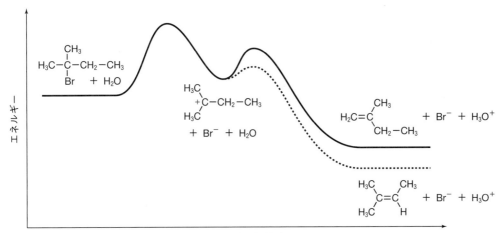

図8·3 2-メチル-2-ブロモブタンの脱離反応におけるエネルギー図

多く結合したものほど安定である. これにはアルキル基の C−H 結合と C=C 結合の超共役（§6·3·3参照）が関与していると考えられる（図8·4）. た

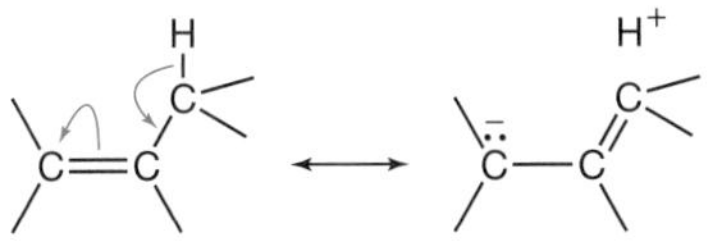

図8·4 C−H結合とC=C結合の超共役

とえば, 分子式が C_4H_8 で表される1-ブテン, *trans*-2-ブテン, *cis*-2-ブテンの水素化熱を比較すると 1-ブテン＞*cis*-2-ブテン＞*trans*-2-ブテンの順になる（図8·5）. 水素化熱が大きいほどエネルギー的に不安定であるから, この3種類の異性体の安定性は *trans*-2-ブテン＞*cis*-2-ブテン＞1-ブテンの順であり, C=C 結合を形成する炭素原子に結合したアルキル基が多いものが安定であることがわかる. なお, *trans*-2-ブテンが *cis*-2-ブテンより安定となるの

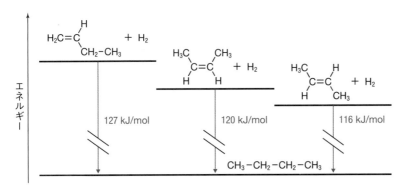

図8·5 水素化熱の比較

は，*trans*-2-ブテンでは分子内の二つのメチル基が離れた位置にあり，これら
の間の反発が小さいためである．臭素原子のように脱離基が陰イオンとなる場
合には，C=C 結合を形成する炭素原子に結合するアルキル基の数が多いアルケ
ンが優先して生成しやすい．この経験則を**ザイツェフ則**という．

ザイツェフ則（Zaitsev's rule）:
セイチェフ則（Saytzeff's rule）
ともいう.

8・2・3 酸性条件での E1 反応

E1 反応は酸性条件でも進行する．たとえば 2-メチル-2-プロパノールに触媒
として硫酸のようなブレンステッド酸を加えて加熱すると，図 8・6 のように

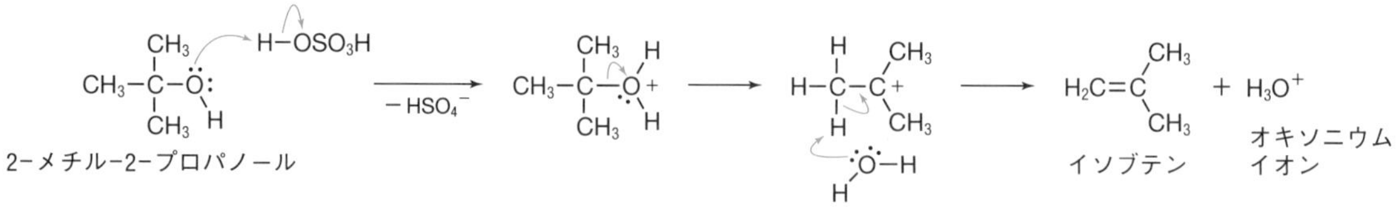

図8・6 酸性条件での E1 反応の例

ヒドロキシ基にプロトンが配位結合した後，水分子が脱離して第三級カルボカチ
オンが生成する．このカルボカチオンから図 8・2 の (b) と同様にプロトンが脱
離してイソブテンが生成する．同様な条件での脱離反応は第二級アルコールであ
る 2-ブタノールでも進行するが，その速度は 2-メチル-2-プロパノールの場合
より遅い．これは中間体であるカルボカチオンの安定性の相違による（図 8・7）．

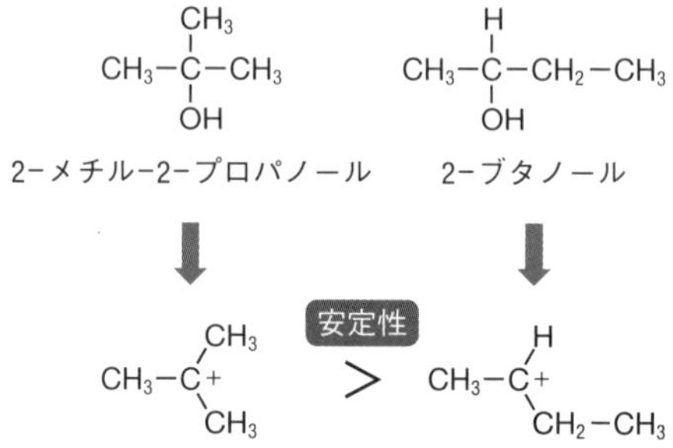

図8・7 アルコールの構造とカルボカチオンの安定性

8・3 E2 反 応

8・3・1 E2 反応の反応機構（メカニズム）

2-メチル-2-ブロモプロパンを水酸化物イオン OH$^-$ と反応させると，求核置
換反応は進行せず，脱離反応のみが進行してイソブテンが生成する（式 8・2）.

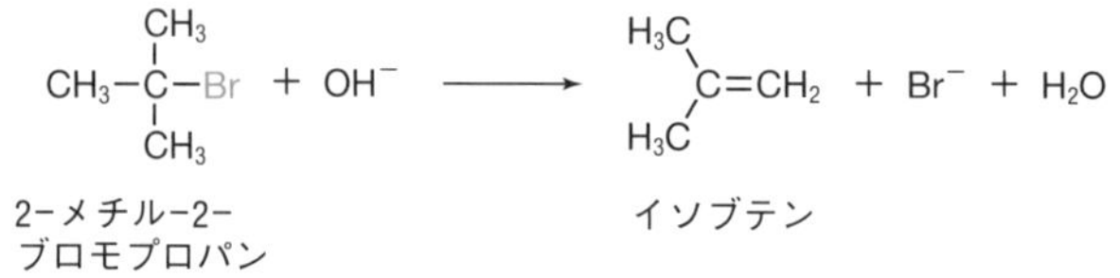

$$(8・2)$$

この反応では 2-メチル-2-ブロモプロパン分子のメチル基における水素原子
を塩基である OH$^-$ が攻撃し，図 8・8 のように連続的に電子対が移動して水，イ

ソブテンと臭化物イオンが生成する．この脱離反応にはカルボカチオンのような中間体がなく，2−メチル−2−ブロモプロパンと OH^- の 2 分子が関与している．このような反応が E2 反応であり，E2 の 2 は“2 分子反応”であることを示している．この反応が円滑に進行するためには，図 8・8 のように H，C，C，Br の 4 個の原子が同一平面内に位置し，C−H 結合と C−Br 結合が互いに逆向きになって平行に近い配座*1 をとる必要がある．

*1 このような配座は**アンチペリプラナー**（anti periplanar）とよばれる．

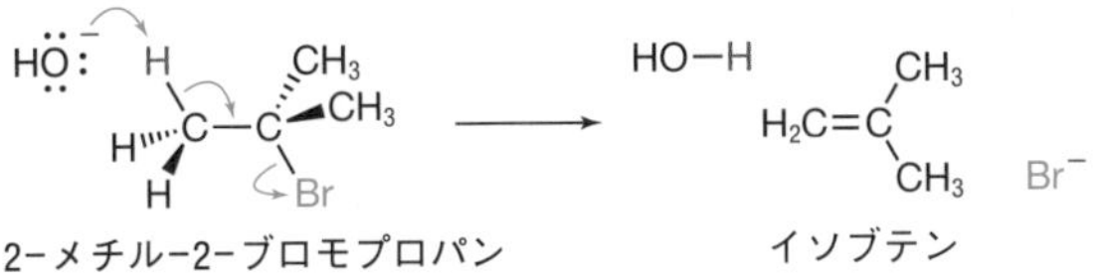

図 8・8　2−メチル−2−ブロモプロパンの E2 反応

8・3・2　E2 反応における選択性

2−ブロモブタンとメトキシドイオン CH_3O^- を反応させて E2 反応を進行させる場合，生成するアルケンとして 1−ブテン，2−ブテン*2 が考えられる．この場合にもザイツェフ則に従って，C=C 結合を形成する炭素原子に結合したアルキル基の数が多い．すなわち，エネルギー的に安定なアルケンである 2−ブテンが 1−ブテンより多く生成する（式 8・3）．

*2 トランス体とシス体の混合物．

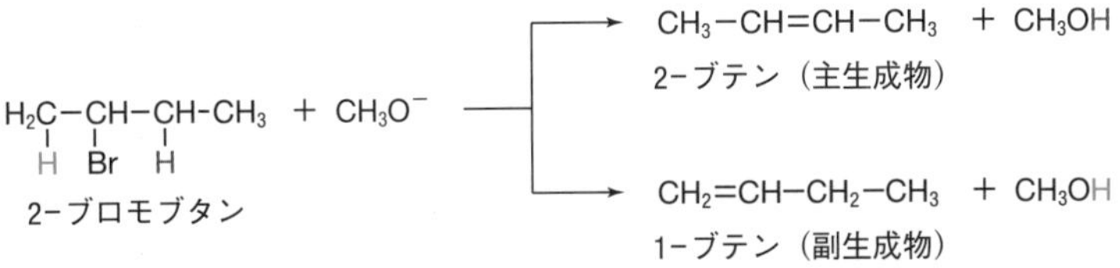

(8・3)

しかし，かさ高い*3 塩基を用いると生成物の選択性がザイツェフ則に従わない場合がある．たとえば，2−メチル−2−ブロモブタンと 2−メチル−2−プロポキシドイオン（*t*−ブトキシドイオン）$(CH_3)_3CO^-$ を反応させると，C=C 結合を形成する炭素原子に結合したアルキル基が少ない 2−メチル−1−ブテンが主生成物となる（式 8・4）．

*3“かさ高い”とは立体的に大きいという意味である．

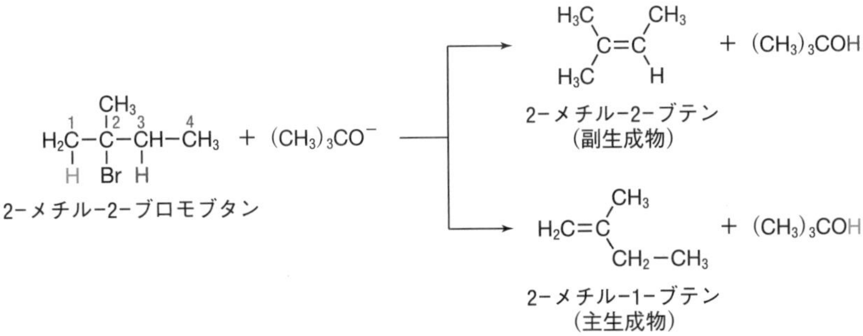

(8・4)

2−メチル−2−ブロモブタンの 1 位の炭素原子*4 には水素原子 3 個と炭素原子 1 個が結合している．一方，3 位の炭素原子には水素原子 2 個と炭素原子 2 個が

*4 または 2 位の炭素原子に結合したメチル基の炭素原子と考えてもよい．

結合している．したがって，1 位の炭素原子の方が立体的に混み合っていない（立体障害が小さい）ので，かさ高い塩基である $(CH_3)_3CO^-$ は 1 位の炭素原子に結合した水素原子を優先的に攻撃する．これによって C＝C 結合が 1 位と 2 位の炭素原子の間に優先してできる（図 8・9）．

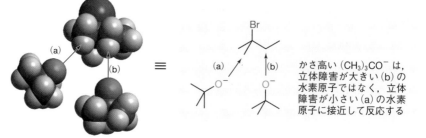

かさ高い $(CH_3)_3CO^-$ は，立体障害が大きい(b)の水素原子ではなく，立体障害が小さい(a)の水素原子に接近して反応する

図 8・9　かさ高い塩基を用いる場合の選択性

E2 反応における選択性は脱離基 X の種類によっても異なる．X はしばしば電子対を受入れて陰イオン X^- となって脱離する．このとき X の脱離しやすさは X^- の安定性によって決まる．言い換えると，X^- にプロトンが結合した酸 HX が強酸であるものほど脱離が進行しやすい．このような脱離基は"脱離能が大きい"といわれる．たとえば，ハロゲン化水素のなかでは HI が最も強酸であり，以下，酸としての強さは HBr，HCl，HF の順である*．したがって，脱離能は I＞Br＞Cl＞F の順になる．表 8・1 は 2 位の炭素原子にハロゲン原子が結合したヘキサン誘導体とメトキシドイオン CH_3O^- による E2 反応を進行させたときに生成するアルケンの割合を示したものである．脱離能が大きいハロゲン原子が結合した場合には，ザイツェフ則に従って 2-ヘキセンの割合（シス形とトランス形を合わせた割合）が多いが，最も脱離能が小さい F が脱離基となる場合には 1-ヘキセンの割合の方が多くなる．

*　ハロゲン化水素の pK_a (25 ℃) は HI：−10，HBr：−9，HCl：−7，HF：3.2 である．

表 8・1　脱離基（ハロゲン原子）と生成物の選択性

$$CH_3-CH-CH_2-(CH_2)_2CH_3 \xrightarrow{CH_3O^-} CH_2=CH-CH_2-(CH_2)_2CH_3 + CH_3-CH=CH-(CH_2)_2CH_3$$
$$\overset{|}{X}$$

1-ヘキセン　　　　　　　　　　2-ヘキセン

X	1-ヘキセン	:	2-ヘキセン
F	70	:	30
Cl	33	:	67
Br	28	:	72
I	19	:	81

この傾向は第四級アンモニウム塩における脱離反応においてさらに顕著となる．式 8・5 の (a) では臭素原子が脱離基となり，ザイツェフ則に従って 2-ペンテン（シス形とトランス形の混合物）が多く生成するが，式 8・5 の (b) ではトリメチルアンモニウム基が脱離基となり，1-ペンテンが主生成物となる．

$$CH_3-CH-CH_2-CH_2-CH_3 + CH_3O^- \xrightarrow[-X^-]{-CH_3OH} CH_2=CH-CH_2-CH_2-CH_3 + CH_3-CH=CH-CH_2-CH_3$$

(以下 X の下に)

$$\underset{X}{|}$$

1-ペンテン   2-ペンテン

$$(8\cdot5)$$

(a) X = Br   31   :   69

(b) X = N$^+$(CH$_3$)$_3$ 98   :   2

このような第四級アンモニウム塩の β 脱離は，特に**ホフマン脱離**とよばれる．また，第四級アンモニウム塩のように正電荷をもった脱離基が脱離するとき，C=C 結合を形成する炭素原子に結合するアルキル基が少ない物質が優先して生成する，という経験則を**ホフマン則**という．第四級アンモニウム塩の E2 反応においてホフマン則に従った生成物が多くできる理由の一つとして，立体障害が考えられる．図 8・10 のように，2 位に比較的はずれにくい脱離基をもった化合物に強塩基を作用させて E2 反応を行う場合を考えてみよう．ここで R をかさ高い炭化水素基とする．脱離基 X が Br 原子程度の大きさであれば，1 位の炭素原子を含むメチル基と R とが立体的に反発する影響の方が大きい．そこでこの反発を避けてメチル基と R とが最も離れ，かつ 3 位の炭素原子に結合した H 原子と X とが最も離れた図 8・11(a) の配座から，3 位の炭素原子上の X とアンチペリプラナーの位置にある H 原子に塩基が反応してザイツェフ則に従った生成物（主としてトランス形）が多く生成する．しかし，X がトリメチルアンモニウム基のように非常にかさ高い場合には R と X の立体的な反発が大きく影響し，R と X が近い図 8・11(a) の配座で反応することができない．そこで，図 8・11(b) のように R と X がやや離れ，X とアンチペチプラナーの位置にある，1 位の炭素原子上にある H 原子に塩基が反応して，ホフマン則に従った生成物が多くできる．

ホフマン脱離
Hofmann's elimination

ホフマン則
Hofmannn's rule

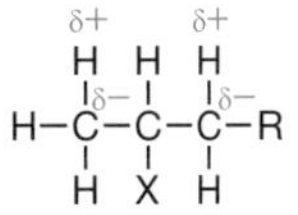

図8・10 X が脱離しにくい場合の分極

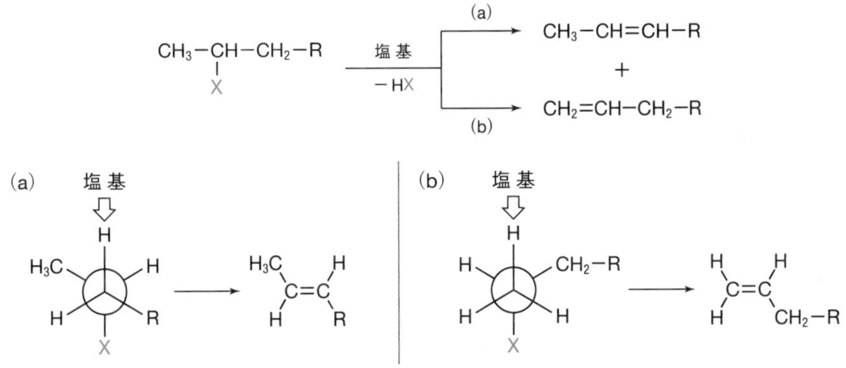

図8・11 ザイツェフ則とホフマン則

8・3・3 E1 反応と E2 反応の競争

先述（§8・2・1 参照）のように 2-メチル-2-ブロモプロパンを水と反応させると，S$_N$1 反応によって 2-メチル-2-プロパノールが生成するが，同時に E1 反応によって 2-メチルプロペンも生成する*．この場合には水がブレンステッド塩基として作用する．しかし強塩基である水酸化物イオンを反応させると，求

* この反応における生成物の割合は温度によって変化する．

核置換反応ではなく E2 反応が優先的に進行して，おもにイソブテンが生成する（図 8・12）．このように同じ化合物の脱離反応どうしを比べる場合，弱塩基を用いる場合には E1 反応が，強塩基を用いる場合には E2 反応が進行しやすくなる．

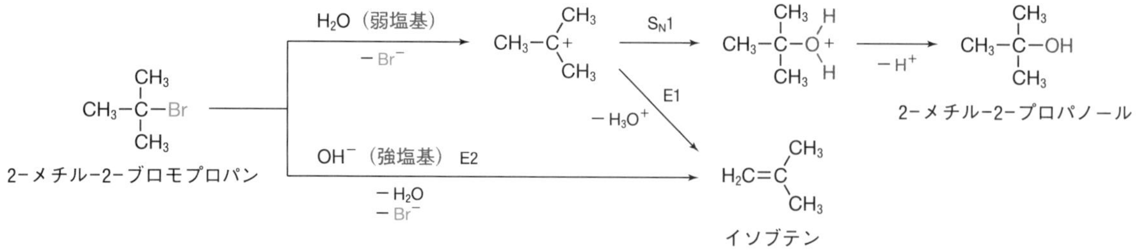

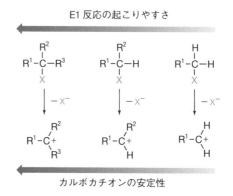

図 8・12　塩基の強弱と反応の選択性

E1 反応と E2 反応の進行しやすさは反応物の構造によっても変わる．ここでは反応物の分子において脱離能の大きい脱離基 X が結合した炭素原子，あるいはカルボカチオンにおいて正電荷をもった炭素原子に水素原子が結合していないものを第三級，水素原子が 1 個結合したものを第二級，水素原子が 2 個または 3 個結合したものを第一級と，便宜上よぶこととする．E1 反応では脱離基 X が先にはずれてカルボカチオンが生成する．カルボカチオンの安定性については第 6 章で述べた通り，第三級＞第二級＞第一級の順になるので，脱離能が大きい X が結合した反応物についても第三級＞第二級＞第一級の順に E1 反応が進行しやすい（図 8・13）．

E1 反応の起こりやすさ

カルボカチオンの安定性

図 8・13　E1 反応の起こりやすさとカルボカチオンの安定性

8・4　置換反応と脱離反応の競争

2-メチル-2-ブロモプロパンと水との反応のように，S_N1 反応と E1 反応とは競争的に進むことが多い．これは図 8・12 に示したように，両反応がカルボカチオンという共通の中間体を経由することによる．

S_N1 反応と E1 反応とが競争的に進むように，S_N2 反応と E2 反応も競争的に進む．S_N2 反応の進みやすさは第一級＞第二級＞第三級の順であるが，E2 反応の進みやすさは一般に第三級＞第二級＞第一級の順である．しかし，この原則も

用いる塩基の種類によって逆転することがある．たとえば，2-クロロプロパン
を強塩基であるエトキシドイオン $CH_3CH_2O^-$ と反応させると，メチル基からの
プロトンの引抜きが優先して進行するため E2 反応がおもに進み，プロペンが
主生成物となる（式8・6）．一方，弱塩基である酢酸イオン CH_3COO^- と反応
させると S_N2 反応のみが進み，酢酸イソプロピルが生成する（式8・7）．

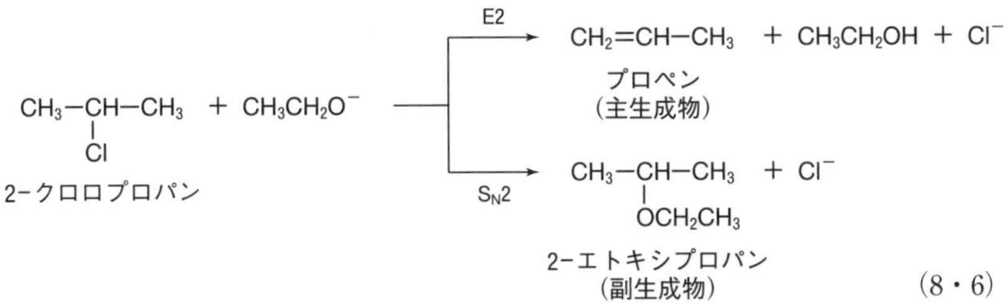

$$CH_3-\underset{\underset{Cl}{|}}{CH}-CH_3 + CH_3CH_2O^- \longrightarrow$$

2-クロロプロパン

E2
$$\longrightarrow CH_2=CH-CH_3 + CH_3CH_2OH + Cl^-$$
プロペン
（主生成物）

S_N2
$$\longrightarrow CH_3-\underset{\underset{OCH_2CH_3}{|}}{CH}-CH_3 + Cl^-$$
2-エトキシプロパン
（副生成物）

$$(8・6)$$

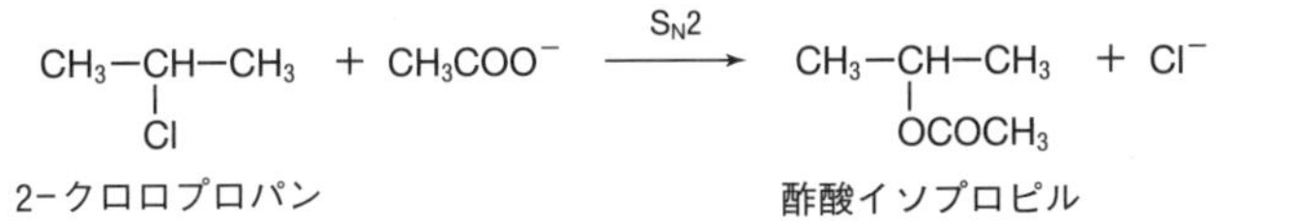

$$CH_3-\underset{\underset{Cl}{|}}{CH}-CH_3 + CH_3COO^- \xrightarrow{S_N2} CH_3-\underset{\underset{OCOCH_3}{|}}{CH}-CH_3 + Cl^-$$

2-クロロプロパン　　　　　　　　　　　　　　　　酢酸イソプロピル

$$(8・7)$$

　S_N2 反応と E2 反応の選択性は温度によっても変化する．エタノールと濃硫酸
を混合すると，まずエタノール分子のヒドロキシ基に硫酸に由来する H^+ が結合
したカチオンができる*．高等学校の化学で学習したように，この混合物を
140 ℃ で反応させると S_N2 反応によってジエチルエーテルが主生成物となるが，
170 ℃ で反応させると E2 反応によってエチレンが主生成物となる（図8・14）．
これは，温度が高いとエントロピーすなわち分子の散らばり（付録A・7・2参

* このとき，エタノールに
よる溶媒和（本章のコラム参
照）によって発熱する．

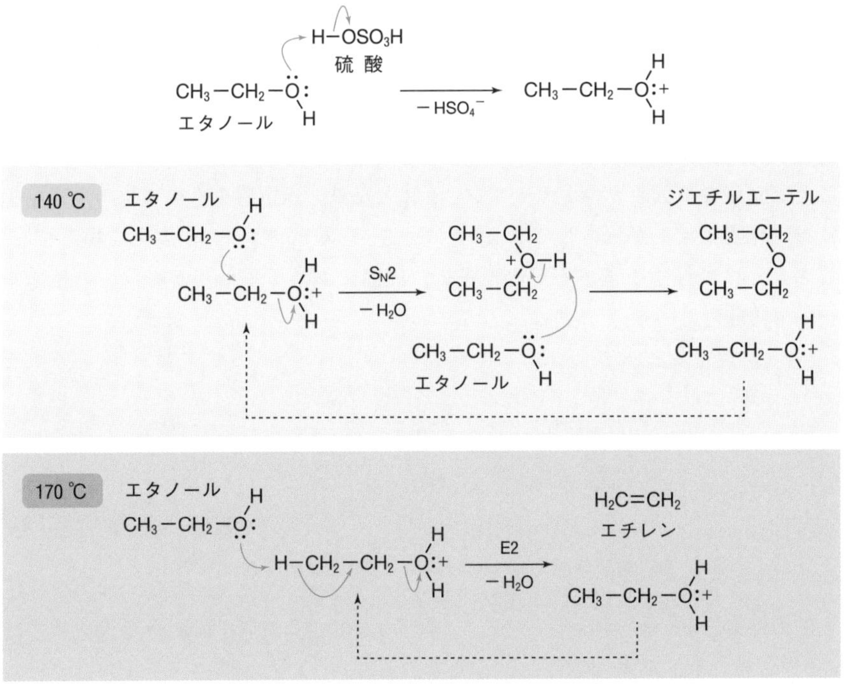

図8・14　エタノールの S_N2 反応と E2 反応

照）が大きくなる方向に反応が進みやすくなるためである.

8・5　C≡C結合が生成する脱離

C＝C結合をもつ化合物から脱離が進行すると，C≡C結合をもつ化合物が生成する. この場合にも脱離基とアンチペリプラナーの関係にある原子が脱離しやすい. たとえば，図8・15に示した反応では，脱離基であるBr原子とC＝C結合をはさんでトランスの位置にあるH原子が塩基であるメトキシドイオン CH_3O^- の攻撃を受けて脱離する.

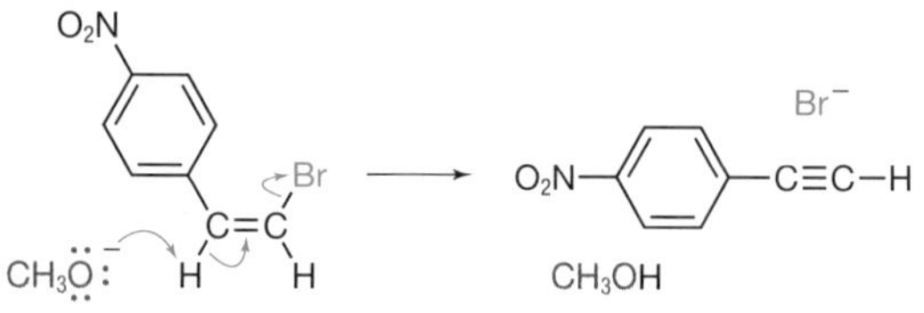

図8・15　C≡C結合ができる脱離

8・6　転位反応

8・6・1　カルボカチオンを中間体とする転位

転位反応
rearrangement

分子内で原子または基（原子団）が移動する反応を**転位反応**という. 転位反応のうち，カルボカチオンを中間体とする反応は電子が不足している原子を反応点として進行する. 一例として3,3-ジメチル-1-ブテンにヨウ化水素を付加反応させる反応を考えてみよう（図8・16）. 単純にマルコウニコフ則（§7・1・2参照）に従って考えれば，この付加反応の主生成物は2-ヨード-3,3-ジメチルブタンであるが，実際の主生成物は2-ヨード-2,3-ジメチルブタンである. カルボカチオンの安定性は第二級＞第一級なので，まずヨウ化水素の水素原子が H^+ として1位の炭素に結合し，カルボカチオン（I）が生成する. さらに，3位に結合したメチル基がC-C結合の共有電子対を伴って2位の炭素原子に移動することで安定な第三級カルボカチオン（II）となり，正電荷をもつ3位の炭素原子にヨウ化物イオンが結合して2-ヨード-2,3-ジメチルブタンが主生成物となる.

求核転位
nucleophilic
rearrangement

このように隣接する電子不足の原子に，周囲にある原子や基が転位する反応を**1,2-求核転位**という.

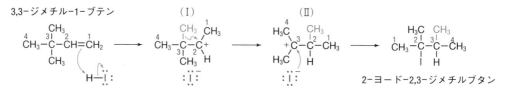

図8・16　3,3-ジメチル-1-ブテンとヨウ化水素の反応

上記の反応においてカルボカチオン（I）の2位の炭素原子における混成軌道は sp^2 であり，電子が入っていないp軌道がある. ここに3位のメチル基におけるC-C結合の共有電子対（C-C結合における結合性軌道の電子雲）が，流れ込

むことで，1,2-求核転位が進行する（図8・17）．

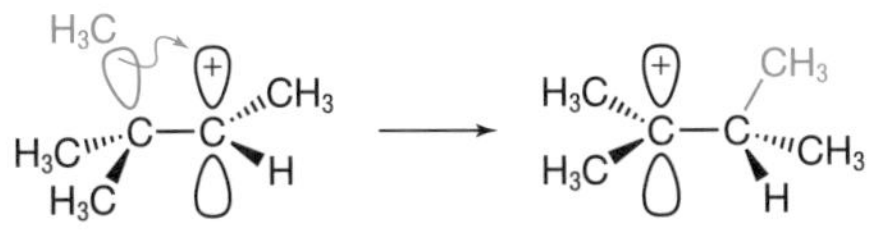

図8・17　メチル基の転位

2,3-ジメチル-2,3-ブタンジオールに，硫酸などの酸触媒（H$^+$）を作用させると3,3-ジメチル-2-ブタノンが得られる（式8・8）．

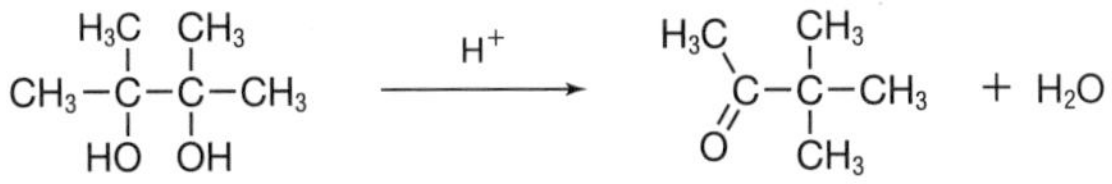

2,3-ジメチル-2,3-ブタンジオール　　　3,3-ジメチル-2-ブタノン
（ピナコール）　　　　　　　　　　（ピナコロン）

この反応では，まずヒドロキシ基の一つにH$^+$が結合し，水分子が脱離してカルボカチオン（I）が生じる．このカルボカチオンは第三級であり安定であるが，ここから2位の炭素原子に結合したメチル基が転位して第三級カルボカチオン（II）になる．ここからH$^+$がはずれて3,3-ジメチル-2-ブタノンが生成する．カルボカチオン（II）では，正電荷をもつ（電子が入っていないp軌道をもつ）炭素原子に酸素原子が結合しており，酸素原子の非共有電子対がここに流入する．この共鳴によって，カルボカチオン（II）はカルボカチオン（I）よりも安定になる（図8・18）．この反応のような1,2-ジオール（§3・3・3参照）における転位は，**ピナコール転位**とよばれる．

ピナコール転位（pinacol rearrangement）: 2,3-ジメチル-2,3-ブタンジオールの慣用名であるピナコールにちなんだ名称である．

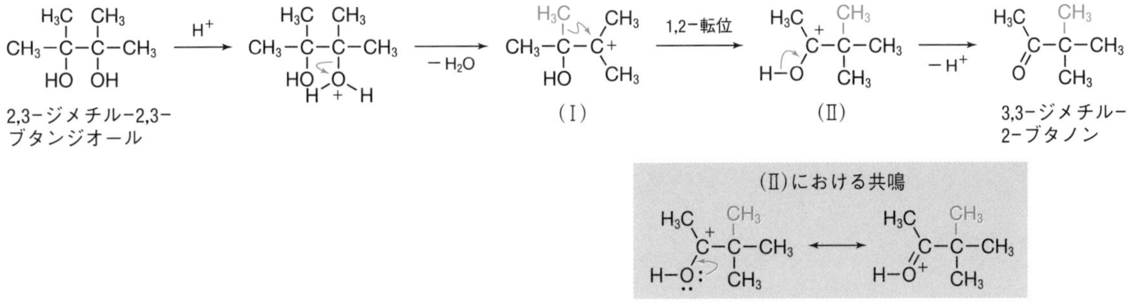

2,3-ジメチル-2,3-ブタンジオール　　　　　　　　　（I）　　　　　　　　（II）　　　　3,3-ジメチル-2-ブタノン

図8・18　ピナコール転位の反応機構

ここまではメチル基が転位する反応を扱ってきたが，メチル基以外の基や原子が転位する反応もある．2,3-ジフェニル-2,3-ブタンジオールを基質とするピナコール転位では，図8・19のような2通りの生成物が考えられる．生成物**A**（3,3-ジフェニル-2-ブタノン）は中間体であるカルボカチオン（I）からフェニル基が転位した生成物であり，生成物**B**（2-メチル-1,2-ジフェニル-1-プロパノン）はメチル基が転位した生成物である．実際に反応を行うと生成物**A**が主生成物となる．これはフェニル基の方がメチル基よりも転位しやすいことを示し

ている．基の移動先となる炭素原子は正電荷をもち，電子不足であるため，電子が豊富なフェニル基の方がメチル基よりも移動しやすい．

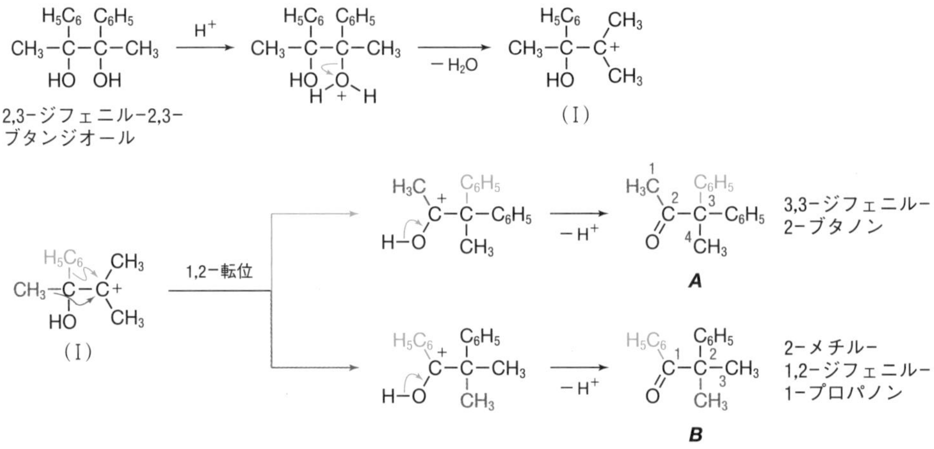

図 8・19　フェニル基が移動するピナコール転位

硫酸水溶液を用いて 1-ブタノールから水分子を脱離させる反応を行うと，予期される 1-ブテンではなく 2-ブテンが主生成物となる（式 8・9）*．

＊ この反応は 75% 硫酸水溶液中，140 ℃ で進行する．生成する 2-ブテンはシス形とトランス形の混合物である．

$$CH_3-CH_2-CH_2-CH_2-OH \xrightarrow{H_2SO_4} CH_3-CH=CH-CH_3 \; + \; H_2O \qquad (8 \cdot 9)$$

　　　1-ブタノール　　　　　　　　　　　　　　　　2-ブテン

　この脱離は E2 反応で進行することが予測されるが，主生成物が 2-ブテンになることから E1 反応が進行して中間体として第一級カルボカチオンができ，水素原子が転位してより安定な第二級カルボカチオンとなった後，H^+ がはずれて 2-ブテンが生成すると考えられる（図 8・20）．

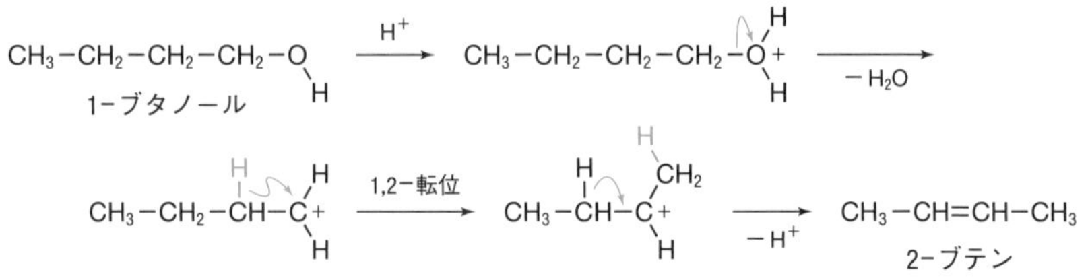

図 8・20　1-ブタノールの分子内脱水

　なお，脱離反応と付加反応は可逆的に進むので，E2 反応で生成した 1-ブテンの C＝C 結合に硫酸の H^+ が結合し，比較的安定な第二級カルボカチオンから H^+ がはずれて 2-ブテンが生成する可能性も否定できない（図 8・21）．

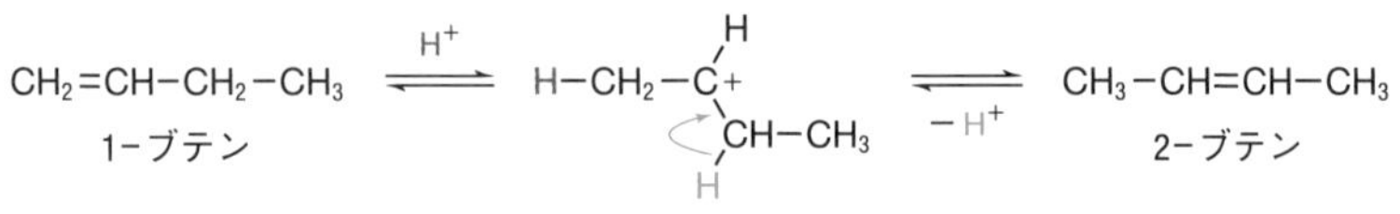

図 8・21　1-ブテンの異性化

8·6·2　電子不足の酸素原子への転位

　ここまでは，分子内の炭化水素基が電子不足となった炭素原子に向かって移動する例を紹介してきたが，電子不足となった酸素原子に炭化水素基が移動する例もある．高等学校化学で学習したフェノールの工業的な製法であるクメン法では，まずクメンを酸素と反応させてクメンヒドロペルオキシド（慣用名）とした後，酸触媒の存在下でこれを分解してフェノールとアセトンを得る（式8·10, 式8·11）.

$$(8 \cdot 10)$$

クメン　　　　　　　　　　　クメンヒドロペルオキシド

$$(8 \cdot 11)$$

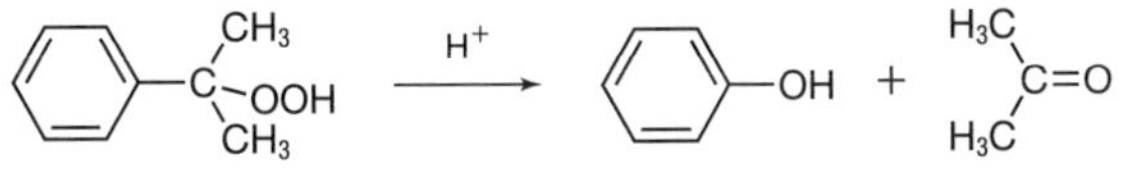

クメンヒドロペルオキシド　　フェノール　　　アセトン

　2段階目のクメンヒドロペルオキシドの分解では，まず −OOH 基の末端の酸素原子に H^+ が配位結合した後，水分子の脱離に伴って電子不足となったもう一つの酸素原子にフェニル基が移動し[*1]，カルボカチオン（I）となる（図8·22）[*2]．このときのフェニル基の移動では，脱離基となる $-OH_2^+$ とフェニル基とが C−O 結合をはさんでアンチペリプラナーの配座をとる．次に（I）に水分子が結合しながら H^+ がはずれてヘミアセタール（II）となる．（II）からフェノールが脱離することで，フェノールと共にアセトンが生成する．

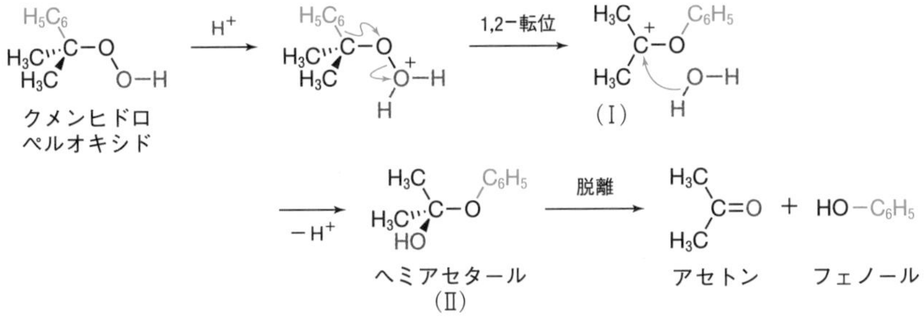

図8·22　クメンヒドロペルオキシドの分解

8·6·3　電子不足の窒素原子への転位

　酸素原子と同様に，電子不足となった窒素原子に向かって炭化水素基が移動する転位の例もある．たとえば，図8·23のように，シクロヘキサノンオキシ

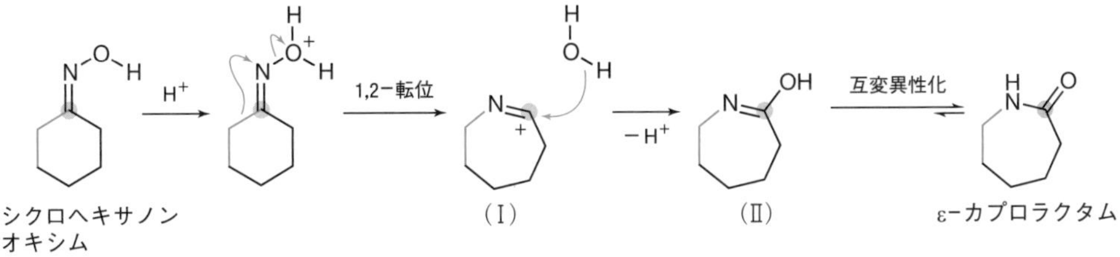

図8·23　シクロヘキサンオキシムからの ε-カプロラクタムの合成

*1 前節で述べたように，電子を豊富にもつフェニル基はメチル基よりも電子不足の原子に向かって移動しやすい．

*2 カルボカチオン（I）では，正電荷をもつ炭素原子に非共有電子対をもつ酸素原子が結合している．この非共有電子対が正電荷をもつ炭素原子に流入することにより，（I）は安定になる．

* C＝N−OH という構造を
もつ化合物を一般に**オキシム**
（oxime）という.

ム*に硫酸などの酸触媒を作用させると，OH 基に H⁺ が配位結合した後，水分
子の脱離に伴って電子不足となった窒素原子に，C＝N 結合をはさんで OH 基と
トランスの位置にあるアルキル基（この場合は 6 員環を形成している CH₂）が
移動してカチオン（I）となる. ここに水分子が求核付加反応し，エノール型の
構造（II）を経由して ε-カプロラクタム（慣用名）が得られる. このような転
位は**ベックマン転位**とよばれる. ε-カプロラクタムは合成繊維として広く用い
られるナイロン 6 の原料であり，その合成法は工業的にきわめて重要である. ε-
カプロラクタムは，一般にシクロヘキサンとアンモニアから合成される（図 8・
24）.

ベックマン転位
Beckmann rearrangement

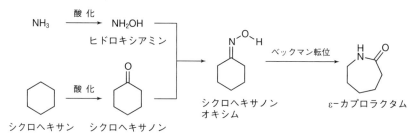

図 8・24　ε-カプロラクタムの合成法

コラム　溶 媒 の 効 果

溶　媒
solvent

　　置換反応や脱離反応の速度や選択性は**溶媒**の種類によっても変化する. 一般に
陽イオンは，水やアルコールなどの極性が大きい（誘電率が大きい）分子からな
る溶媒中では，電気陰性度が大きく部分負電荷をもつ原子に囲まれることで安定
化される. 具体的には水やアルコール中の陽イオンは，非共有電子対をもつ酸素
原子に囲まれている. 一方，これらの溶媒中で陰イオンは部分正電荷をもつ水素
原子と相互作用している（下図）. このように溶質が溶媒分子に囲まれて安定化
することを**溶媒和**という.

溶媒和
solvation

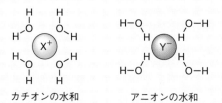

カチオンの水和　　　　　アニオンの水和

　　S_N1 反応や E1 反応では，中間体であるカルボカチオンが溶媒和によって安定
化されるので，これらの反応は極性が大きい溶媒中で円滑に進行する. たとえ
ば，S_N1 反応と S_N2 反応の両方が起こりうる場合，極性が大きい水を含む溶媒を
用いるとカルボカチオンを経由して反応が進みやすくなるので，副反応として脱
離（E1 反応）や転位も起こる可能性が高くなる. したがって，これらの副反応
を避けたい場合には水を含まない溶媒を選んだ方がよい. このように，溶媒を使
い分けることによって反応における選択性を変えることができる.

◆◆◆　ま と め　◆◆◆

- 脱離反応とは，分子から原子または原子団（基）が除去される反応である．特に分子内に隣接する炭素原子の間で脱離が進む反応を β 脱離という．
- 脱離反応には，基質から脱離基が先に脱離して進行する E1 反応と，基質と他の分子やイオンとが相互作用しながら脱離基が脱離する E2 反応がある．これらの脱離反応は塩基性条件で進みやすいが，酸性条件で進む脱離反応もある．
- 脱離が E1 反応と E2 反応のどちらの反応機構（メ

カニズム）で進行するかは，塩基の種類や反応温度などの条件によって決まる．
- 分子内で原子または基（原子団）が移動する反応を転位反応という．一般に，転位反応は分子内の電子が不足している原子を反応点として進行する．
- 転位反応における基の移動は，電子が豊富なものほど起こりやすい．移動しやすさを比べると $C_6H_5- > CH_3- > H-$ の順である．

◆◆◆　演 習 問 題　◆◆◆

8・1　構造異性体である次の 3 種類のアルコールから硫酸と水の混合物を用いて水を脱離させ，アルケンを生成させる反応の条件を下表に示した．このような反応条件の相違が生じる理由を説明せよ．

アルコール	硫酸の濃度	反応温度
1-ブタノール	75%	140 °C
2-ブタノール	60%	100 °C
2-メチル-2-プロパノール	20%	90 °C

8・2　2-ブロモ-2-メチルプロパンを下表の条件 1 または条件 2 で反応させると，生成物 **A**（エーテル）と **B**（アルケン）の生成比が変化した．条件 1 と条件 2 は，それぞれ次のア，イのどちらであるかを判断せよ．またその理由を述べよ．

　　ア．エタノール中で加熱して反応
　　イ．ナトリウムエトキシドを含むエタノール中で加熱して反応

	A	:	B
条件 1	3	:	97
条件 2	80	:	20

8・3　次の (a)〜(c) の E2 反応における主生成物の構造式を示せ．

(a)

(b)

(c)

8・4　酸を触媒として用いる 1,2-ジオール **A** のピナコール転位について，次の問いに答えよ．

(a) 酸触媒に由来する H^+ は **A** における向かって右側のヒドロキシ基と結合して水分子がはずれ，カルボカチオン **B** になる（反応過程 ①）．左側のヒドロキシ基に H^+ が結合子して水分子がはずれる反応が進まない理由を記せ．

(b) 反応過程 ② では水素原子が転位してカルボカチオン **C** になる．この転位が起こる理由を記せ．

8・5　次の (a), (b) の各反応における生成物 **A**〜**E** の構造式を示せ．

(a)

(b)

9

いろいろな有機化合物の反応

　第6章から第8章では，有機化学の基本的な四つの反応について述べた．多く
の有機化合物の反応はこれらの反応の組合わせになっている．本章では，おもに
高等学校の化学で学習した有機化合物の反応のうち，ここまでの章で扱わなかっ
たものについて考えてみよう．

9・1　アセチレンの置換反応

　アセチレン分子の炭素原子における軌道は sp 混成軌道である．第2章で述べ
たように，炭素原子が電子を引きつける力は混成軌道によって異なり，その順は
$sp^3 < sp^2 < sp$ の順に大きくなる．したがって，アセチレン分子内の C−H 結合
はエタン（sp^3），エチレン（sp^2）の C−H 結合より分極が大きいので，金属イ
オンを含む塩基とアセチレンを反応させると水素原子が金属原子に置換された化
合物が生成する[*1]．これはアセチレンの塩と考えることができる．たとえば，ジ
アンミン銀(I)イオンを含む水溶液にアセチレンを通じると，白色の銀アセチリ
ド〔炭化銀(I)〕が沈殿する（式9・1）[*2]．

$$H-C\equiv C-H + 2[Ag(NH_3)_2]^+ \longrightarrow Ag-C\equiv C-Ag + 2NH_4^+ + 2NH_3 \quad (9・1)$$
アセチレン　　　　　　　　　　　　　　　　　銀アセチリド

　銀アセチリドはアセチレンの銀(I)塩とみなすことができる．銀原子の電気陰
性度は比較的大きいので，銀アセチリドにおける C−Ag 結合では共有結合性が
大きい．このため，銀アセチリドは加水分解されることなく，水中で安定に存在
できる[*3]．

　炭化カルシウムは酸化カルシウム（生石灰）と炭素（コークス）を電気炉中で
約 2000 ℃ に加熱・融解して製造される（式9・2）．アセチレンは炭化カルシウ
ムに水を加えることで得られる（式9・3）．

$$CaO + 3C \longrightarrow CaC_2 + CO \quad\quad (9・2)$$

$$CaC_2 + 2H_2O \longrightarrow H-C\equiv C-H + 2Ca(OH)_2 \quad\quad (9・3)$$
炭化カルシウム　　　　　　　アセチレン

　炭化カルシウムはアセチレンのカルシウム塩に相当し，カルシウムイオンがア
セチリドイオン $[C\equiv C]^{2-}$ とイオン結合によって結びついた化合物である．上記

*1 このときアセチレン分子
内の部分正電荷をもつ H 原
子が塩基と反応し，アセチリ
ドイオンが塩基由来の金属と
結合した"塩"が生成する．
銀アセチリドのほかにも銅ア
セチリドなどが知られてい
る．

*2 この反応はアセチレンの
検出反応として用いられるこ
とがある．

*3 銀アセチリドを沪過し，
乾燥させたものに衝撃を与え
ると爆発する．

のようにアセチレンは酸として反応することができるが，酸としての性質は水よりも弱い（pK_a = 25）．すなわち，アセチリドイオンは水酸化物イオンより強い塩基である．したがって，炭化カルシウムを水と反応させると，アセチリドイオンが2個の水分子から1個ずつプロトンを受取って，アセチレンと2個の水酸化物イオンが生成する（図9・1）．

$$C_2{}^{2-} + 2H_2O \longrightarrow C_2H_2 + 2OH^-$$

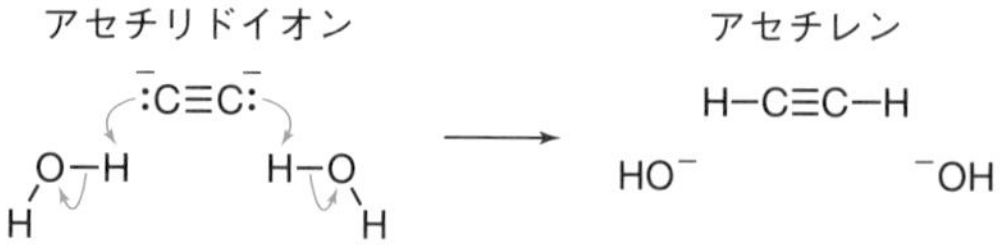

アセチリドイオン　　　　　　　　　　　　　　　　　アセチレン

$$:\overset{-}{C}\equiv\overset{-}{C}: \qquad\qquad H-C\equiv C-H$$

図9・1　アセチレンの発生

9・2　有機化合物の酸化

9・2・1　アルコールの酸化

酸 化
oxidation

　第一級アルコールおよび第二級アルコールは，硫酸酸性でクロム酸などの酸化剤によって**酸化**され，それぞれアルデヒドおよびケトンが生成する．具体的な実験操作では，まずクロム酸カリウム K_2CrO_4 または二クロム酸カリウム $K_2Cr_2O_7$ の水溶液に硫酸を加えて硫酸酸性水溶液とする．この水溶液を用いるアルコールの酸化を考えてみよう．硫酸酸性水溶液中では，クロム酸は次式9・4のように二クロム酸と共存している．

$$2HO-CrO_2-OH \rightleftharpoons HO-CrO_2-O-CrO_2-OH + H_2O \qquad (9・4)$$

　　　　クロム酸　　　　　　　　　　　二クロム酸

　反応の第一段階はアルコールとクロム酸または二クロム酸との反応である．記述を単純にするために，ここではアルコールとクロム酸との反応を考えよう．まずアルコール分子におけるヒドロキシ基が図9・2のようにクロム酸分子のCr＝O結合に求核付加反応した後，水分子が脱離して中間体 **A** ができる[*1]．**A** から矢印のように電子が動きアルデヒドまたはケトンが生成する[*2]．この反応でクロム酸は $(HO)_2Cr＝O$ になり，クロム原子の酸化数が +6 から +4 に減少していることからクロム酸が酸化剤として作用していることがわかる．

　このように第一級あるいは第二級アルコールの酸化によってアルデヒドおよびケトンが生成する場合には，ヒドロキシ基が結合している炭素原子に結合した水

*1 中間体 **A** はアルコールとクロム酸のエステルである．

*2 生成したアルデヒドはさらに酸化されてカルボン酸になりやすい（§9・2・2参照）．

$$R^1R^2CHOH + H_2CrO_4 \longrightarrow R^1R^2C＝O + H_2CrO_3$$

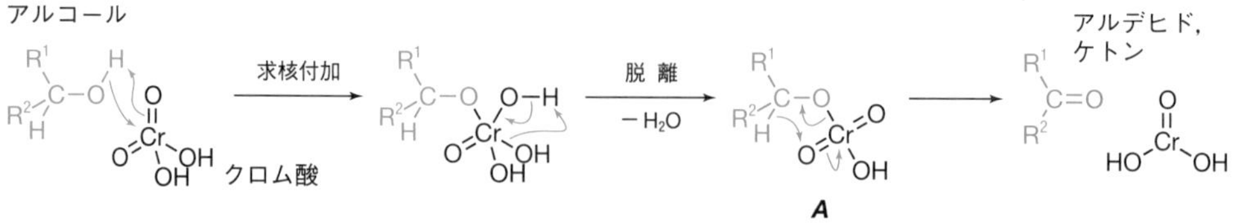

図9・2　クロム酸によるアルコールの酸化

素原子から，共有電子対が酸化剤であるクロム酸に移動することで反応が進む．第三級アルコールの分子では，この位置に水素原子がないので，同様な反応機構による酸化反応は進行しない．

　酸化剤として過マンガン酸（硫酸酸性過マンガン酸カリウム水溶液）を用いた場合も，第一級および第二級アルコールが酸化される．

9・2・2 アルデヒドの酸化

　硫酸酸性水溶液中でアルデヒドをクロム酸や過マンガン酸によって酸化すると，カルボン酸が生成する．水溶液中では，アルデヒド分子内の C=O 結合に水分子が可逆的に求核付加し，式9・5のような平衡状態にある．ここでは求核付加後の生成物を水和型アルデヒドとよぶことにする．

$$RCHO + H_2O \rightleftharpoons RCH(OH)_2 \qquad (9 \cdot 5)$$
$$\text{水和型アルデヒド}$$

　クロム酸を酸化剤とする場合，アルコールの場合と同様にまず水和型アルデヒド分子のヒドロキシ基が図9・3のようにクロム酸分子の Cr=O 結合に求核付加反応した後，矢印のように電子が動きカルボン酸が生成する．酸化剤として過マンガン酸塩を用いる場合も同様の反応機構でカルボン酸が生成する．

$$RCH(OH)_2 + H_2CrO_4 \longrightarrow RCOOH + H_2CrO_3$$

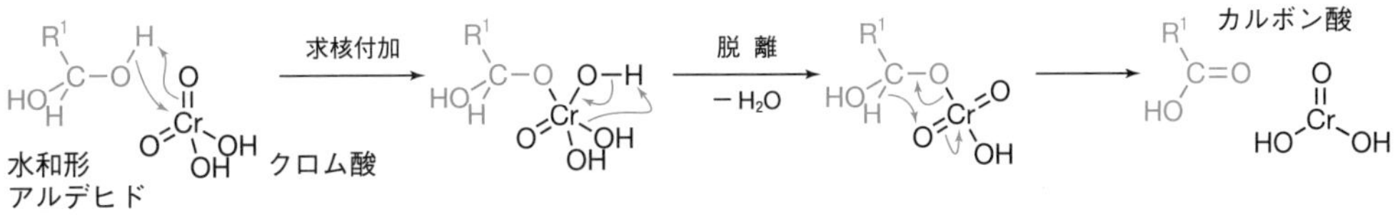

図9・3　クロム酸によるアルデヒド（水和型）の酸化

9・2・3 トルエン分子におけるメチル基の酸化

　トルエンを過マンガン酸塩の水溶液と反応させると，ベンゼン環に結合したメチル基が酸化されて安息香酸 C_6H_5COOH の塩が生成する（式9・6）．

$$C_6H_5CH_3 + 2MnO_4^- \longrightarrow C_6H_5COO^- + 2MnO_2 + H_2O + OH^- \qquad (9 \cdot 6)$$

　この反応の生成物として安息香酸塩が得られることから，トルエン分子内のベンゼン環が酸化剤に対して安定であること，ベンゼン環に直接結合している炭素原子（以下，ベンジル位の炭素原子）が酸化されやすいことがわかる．同様な条件でトルエンの代わりにエチルベンゼンを酸化すると，安息香酸塩と共に1-

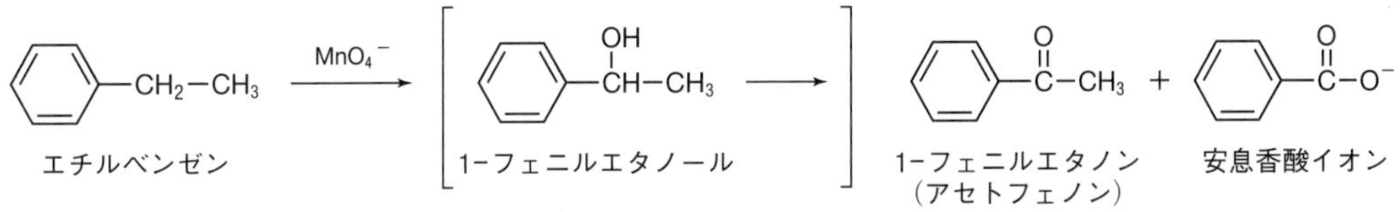

図9・4　過マンガン酸塩によるエチルベンゼンの酸化

フェニルエタノンが生成する（図9・4）. これは過マンガン酸塩によるエチル
ベンゼンの酸化が，ベンジル位の炭素原子にヒドロキシ基が結合したアルコー
ルを経由することを示唆している. 一方，ベンジル位の炭素原子に水素原子が
結合していない2-メチル-2-フェニルプロパン $C_6H_5C(CH_3)_3$ は同様な条件で
は酸化されない. この事実もベンジル位の炭素原子に結合した水素原子が置換さ
れることで，過マンガン酸塩による酸化が進むことを示している. したがっ
て，過マンガン酸塩によるトルエンの酸化も，第一級アルコールであるベンジル
アルコールを経由すると考えられる*. 水溶液中でのトルエンからベンジルアル
コールへの酸化反応については，図9・5のような S_N2 反応型の反応機構が提案
されている.

* §9・2・2で述べたように，ベンジルアルコールはベンズアルデヒドを経由して安息香酸まで酸化される.

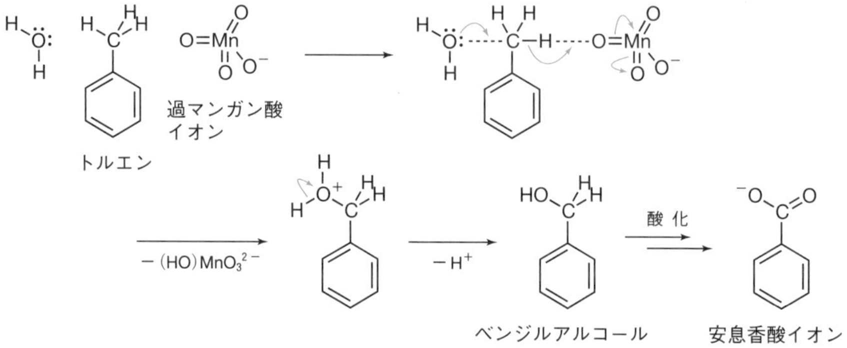

図9・5　水溶液中での過マンガン酸塩によるトルエンの酸化

トルエンと同様に，過マンガン酸塩による酸化と反応後の酸処理によって o-
キシレンやナフタレンからはフタル酸，p-キシレンからはテレフタル酸が生成
する（図9・6）.

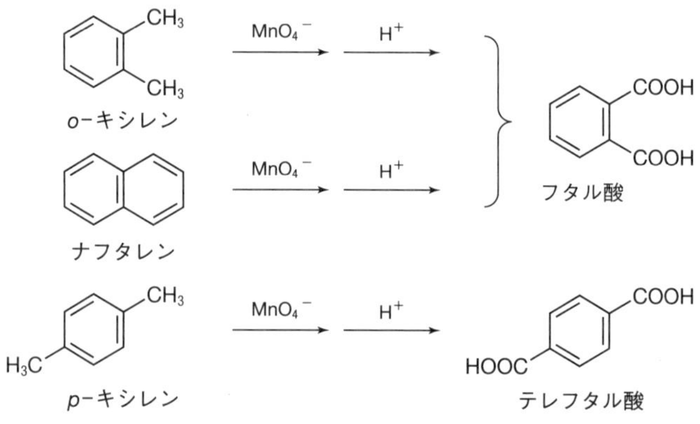

図9・6　過マンガン酸塩による芳香族炭化水素の酸化

9・2・4　エチレンの酸化（アセトアルデヒドの工業的製法）

工業的に重要な物質であるアセトアルデヒドは，かつてはアセチレンから製造
されていた（§7・1・4参照）. 現在では，酸素と触媒を用いてエチレンを酸化
することで，アセトアルデヒドを製造している（**ワッカー酸化**）. この反応の触

ワッカー酸化
Wacker oxidation

媒には，塩化パラジウム（II）$PdCl_2$ と塩化銅（II）$CuCl_2$ が用いられる（式9・7）.

$$2CH_2=CH_2 + O_2 \longrightarrow 2CH_3CHO \qquad (9\cdot7)$$

この反応では，まず図9・7のように，エチレンの C＝C 結合における π 結合の電子がパラジウム原子に配位結合する[*1]. これによって電子不足となったエチレンの炭素原子に水分子が求核攻撃して，塩化水素と共に中間体 **A** が生成する. ここから PdHCl が脱離してビニルアルコールが生成する. ビニルアルコールは互変異性化（§7・1・4参照）によってアセトアルデヒドになる.

> [*1] $PdCl_2$ における Pd 原子は HSAB 則（§5・4参照）における軟らかい酸（soft acid）であり，軟らかい塩基（soft base）としての性質をもつ C＝C 結合と配位結合を形成することができる.

$$CH_2=CH_2 + PdCl_2 + H_2O \longrightarrow CH_3CHO + Pd + 2HCl$$

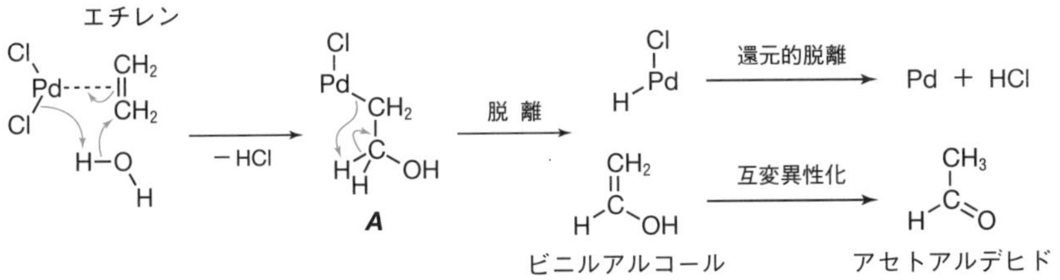

図9・7　塩化パラジウム（II）とエチレンの反応

一方，PdHCl からは HCl が脱離して酸化数が 0 の Pd となる[*2]. 生成した Pd は塩化銅（II）によって酸化され，塩化パラジウム（II）が再生する（式9・8）. この反応で生成した塩化銅（I）CuCl は塩化水素の存在下で酸素によって酸化され，塩化銅（II）が再生する（式9・9）. このように塩化パラジウム（II）と塩化銅（II）は再生されながら触媒として作用する.

> [*2] この過程で Pd 原子が還元されるので，このような変化を**還元的脱離**（reductive elimination）という. 一方，たとえば，グリニャール反応剤（§7・2・2参照）を調製する反応では，C−X 結合（X＝Cl, Br, I）とマグネシウムが反応して C−Mg−X 結合ができる. このときは Mg 原子が酸化されるので，このような変化を**酸化的付加**（oxidative addition）という.

$$Pd + CuCl_2 \longrightarrow PdCl_2 + 2CuCl \qquad (9\cdot8)$$
$$4CuCl + 4HCl + O_2 \longrightarrow 4CuCl_2 + 2H_2O \qquad (9\cdot9)$$

9・3 ヨードホルム反応

CH_3CO-X または $CH_3CH(OH)-X$（X は H 原子または C 原子）という構造をもつ有機化合物を塩基性条件下でヨウ素 I_2 と反応させると，ヨードホルム CHI_3 の沈殿が観察される. この反応は高等学校の化学で学習する**ヨードホルム反応**である. ハロゲンの単体であるヨウ素は酸化剤となるので，$CH_3CH(OH)-X$ という構造は酸化されて CH_3CO-X となった後に反応する（図9・8）.

ヨードホルム反応
iodoform reaction

$$(CH_3)XCHOH + I_2 + 2OH^- \longrightarrow (CH_3)XC=O + 2I^- + 2H_2O$$

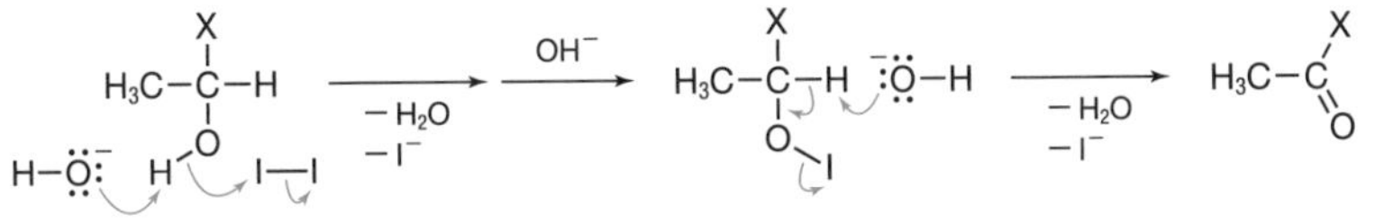

図9・8　I_2 によるアルコールの酸化

図9・9のように，CH_3CO-X は塩基性水溶液中でエノール型の陰イオン ***A*** になり，***A*** とヨウ素の求核置換反応によってメチル基の水素原子1個がヨウ素原子で置換された中間体 ***B*** となる．この反応を3回繰返すと，メチル基の水素原子がすべてヨウ素原子によって置換された中間体 ***C*** が生成する．***C*** は水酸化物イオン OH^- と反応し，ヨードホルムとカルボン酸イオン $X-COO^-$ が生成する．

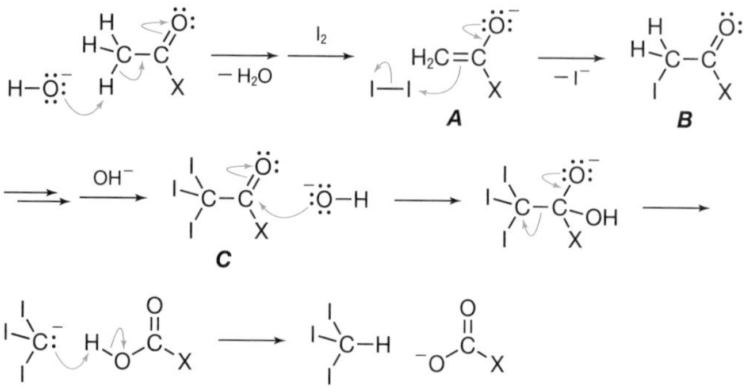

ヨードホルム

図9・9　ヨードホルム反応

このように反応機構を考えると，ヨードホルム反応は有機化合物中の CH_3CO- または $CH_3CH(OH)-$ という構造をカルボキシ基 $-COOH$ に変換する反応とみなすことができる．たとえば水酸化ナトリウム水溶液中におけるアセトフェノン $C_6H_5COCH_3$ のヨードホルム反応では，ヨードホルムと共に安息香酸ナトリウム C_6H_5COONa が生成する（式9・10）．

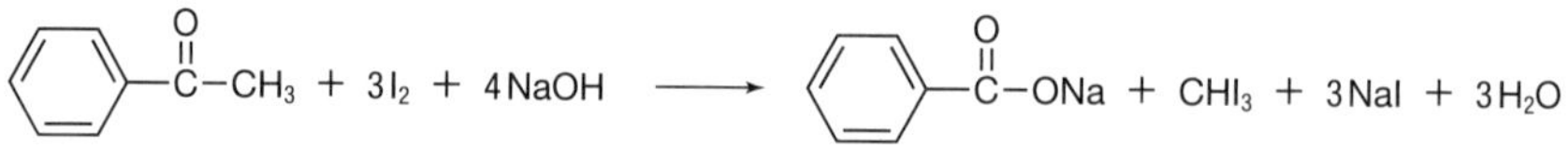

アセトフェノン　　安息香酸ナトリウム

(9・10)

しかし，カルボニル基に隣接する二つの炭素原子に共に水素原子が結合している場合には，ヨウ素原子による置換反応が両方の炭素原子で進行するため，理論通りには反応が進まない場合がある．たとえば，図9・10に示す反応ではおもに2種類のジカルボン酸*が生成する．***A*** は上記の反応機構にしたがって生成したカルボン酸であるが，***B*** は，3位の炭素原子でもヨウ素による置換が起こり，こ

* 分子内に2個のカルボキシ基をもつカルボン酸の総称．

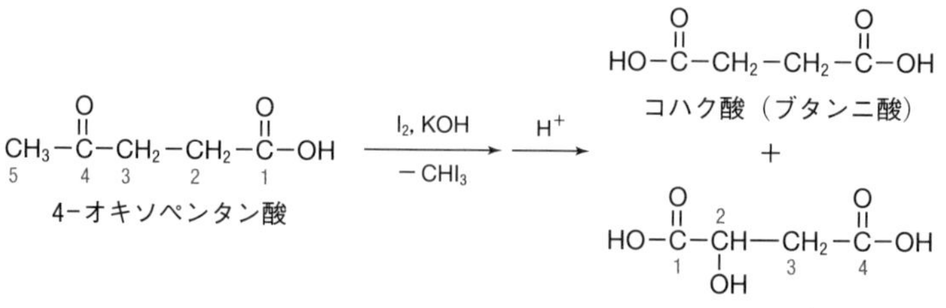

4-オキソペンタン酸

コハク酸（ブタン二酸）　***A***（36%）

2-ヒドロキシブタン二酸　***B***（34%）

図9・10　ヨードホルム反応における副反応の例

の部分でヨウ素原子が脱離基となって水酸化物イオンによって求核置換された生成物と考えられる（式9・11）.

$$\underset{\text{}}{-C-CH-} + OH^- \longrightarrow -C-CH- + I^- \tag{9・11}$$

9・4 エステルの合成と加水分解

9・4・1 カルボン酸とアルコールとの反応

カルボン酸とアルコールの混合物に硫酸などの酸触媒を加えて加熱すると，可逆反応によってエステルと水が生成する（式9・12）. この反応は一般に**エステル化**とよばれる.

エステル化
esterification

$$R^1COOH + R^2OH \rightleftharpoons R^1COOR^2 + H_2O \tag{9・12}$$
カルボン酸 アルコール　　　エステル

エステル化のように，水のような簡単な構造の分子がはずれながら二つの分子が結合する反応を，一般に**縮合**という.

縮合
condensation

エステル化では，まず酸触媒からの水素イオンがカルボン酸のC=O結合の酸素原子に配位結合する. これによってC=Oにおけるπ電子が酸素原子側に引寄せられ，炭素原子上の部分正電荷が大きくなる. このC=O結合に求核試薬であるアルコールのヒドロキシ基が反応し（形式的には求核付加），水素イオンと水分子が脱離してエステルと水が生成する（図9・11）. このとき生成する水分子は，カルボン酸分子のOHとアルコールのHとが結合したものである. 図9・11の各プロセスは可逆的な変化である. したがって，エステル化全体も可逆反応であり，平衡状態になって反応が完全には進まない. 効率よくエステルを合成するためには，ルシャトリエの原理に従って平衡を右向きに移動させる必要がある. 具体的には，1) カルボン酸またはアルコールを過剰に加える，2) 生成した水を反応系から取除く工夫を施す，などの方法がある.

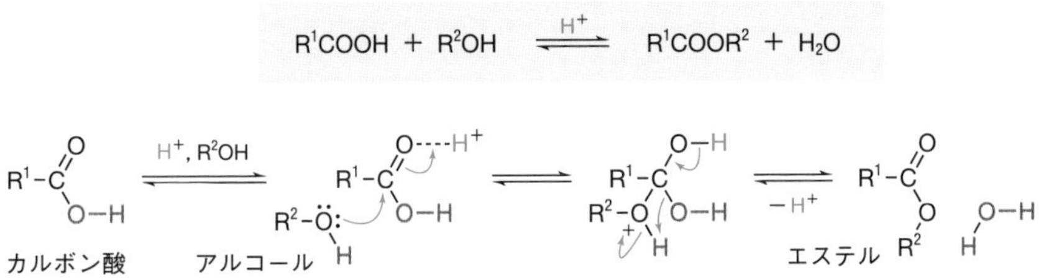

図9・11 カルボン酸とアルコールの縮合によるエステルの生成

9・4・2 エステルの加水分解

エステル化の各プロセスは可逆であるため，図9・11を生成物であるエステルと水を起点として逆向きにたどるとエステルの加水分解の反応機構になる. エステルの加水分解を塩基性水溶液中で行うと，カルボン酸塩とアルコールとが生成する. この加水分解は**けん化**とよばれる（図9・12）. エステルのけん化では，水

けん化
saponification

酸化物イオンが求核試薬として反応する．なお，けん化は不可逆な反応である．

$$R^1COOR^2 + OH^- \longrightarrow R^1COO^- + R^2OH$$

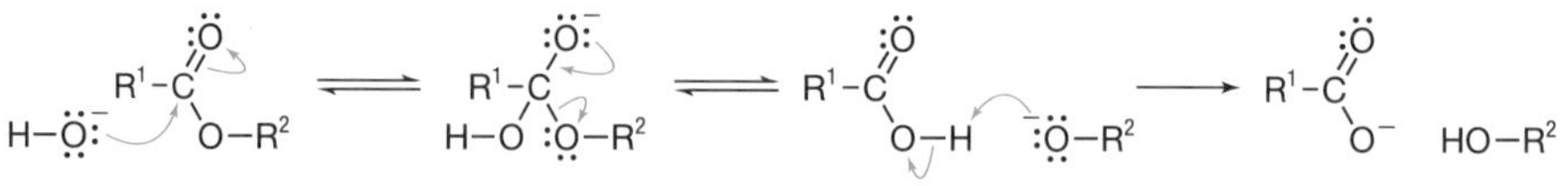

図9・12　エステルのけん化

*1 この場合の"高級"とは，分子内の炭素原子の数が多いことを表す.

食品に成分として含まれる油脂は高級脂肪酸*1とグリセリンとのエステルである．油脂を水酸化ナトリウム水溶液と共に加熱すると，けん化が進行してグリセリンと高級脂肪酸のナトリウム塩（セッケン）が得られる（式9・13）.

$$
\begin{array}{l}
CH_2-O-COR^1 \\
CH-O-COR^2 + 3NaOH \longrightarrow \\
CH_2-O-COR^3
\end{array}
\begin{array}{l}
CH_2-OH \quad R^1COONa \\
CH-OH + R^2COONa \\
CH_2-OH \quad R^3COONa
\end{array}
\quad (9\cdot13)
$$

油脂　　　　　　　グリセリン　　セッケン

9・4・3　エステル交換

エステル交換
transesterification

酸触媒の存在下でエステル R^1COOR^2 とアルコール R^3OH を反応させると，新しいエステル R^1COOR^3 が生成する（式9・14）．この反応は**エステル交換**とよばれる.

$$R^1COOR^2 + R^3OH \rightleftharpoons R^1COOR^3 + R^2OH \quad (9\cdot14)$$

エステル交換の反応機構は，エステルの加水分解の反応機構と類似している（図9・13）．各過程は可逆的であり，反応全体も可逆反応である．一般にメチルエステル*2の反応性は対応するカルボン酸よりも大きいので，メチルエステルのエステル交換反応は，工業的にも広く利用されている*3.

*2 カルボキシ基の水素原子がメチル基で置換された構造のエステル.

*3 飲料用容器に広く用いられる高分子であるポリエチレンテレフタラートは，テレフタル酸ジメチルと1,2-エタンジオール（慣用名：エチレングリコール）とのエステル交換によって製造される.

$$R^1COOR^2 + R^3OH \overset{H^+}{\rightleftharpoons} R^1COOR^3 + R^2OH$$

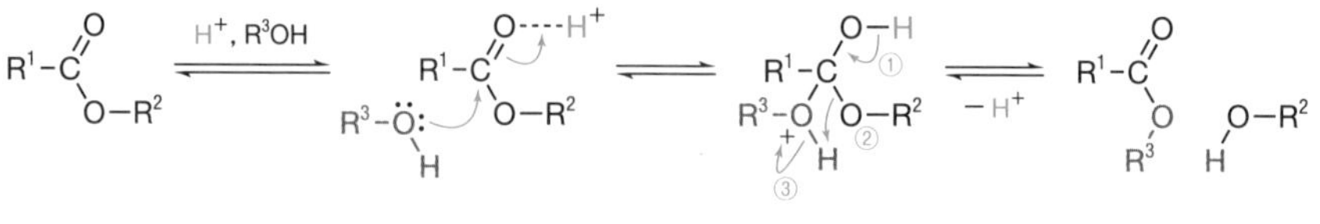

図9・13　エステル交換

近年では油脂とメタノールとのエステル交換によって得られる脂肪酸のメチルエステルが，軽油の代わりにディーゼル燃料（バイオディーゼル）などに用いられている（式9・15）．これは外食産業や家庭から排出される廃油の有効な利用法として注目されている.

$$
\begin{array}{l}
CH_2-O-COR^1 \\
CH-O-COR^2 + 3CH_3OH \longrightarrow \\
CH_2-O-COR^3
\end{array}
\begin{array}{l}
CH_2-OH \quad R^1COOCH_3 \\
CH-OH + R^2COOCH_3 \\
CH_2-OH \quad R^3COOCH_3
\end{array}
\quad (9\cdot15)
$$

9・4・4 オキソ酸のエステル

アルコールはカルボン酸のほかにも，硝酸や硫酸などのオキソ酸とエステルを形成する．たとえば，硝酸とアルコールは図9・14のように反応（縮合）して，硝酸エステルとなる．硝酸とグリセリンとのエステルであるニトログリセリンは，ダイナマイト用の火薬の原料として用いられた（図9・15）．ニトログリセリンは，ヒトの体内で血管を拡張する作用がある一酸化窒素 NO に変化するので，狭心症の対症療法薬として用いられている[1].

*1 狭心症とは，心臓の筋肉に酸素を運搬する冠状動脈が狭くなり，血流が悪くなる病気である．NO は狭くなった冠状動脈を拡げることで狭心症の症状を改善する．このように病気の症状を緩和する目的で用いられる医薬品を対症療法薬という．

$$HNO_3 + ROH \longrightarrow RONO_2 + H_2O$$

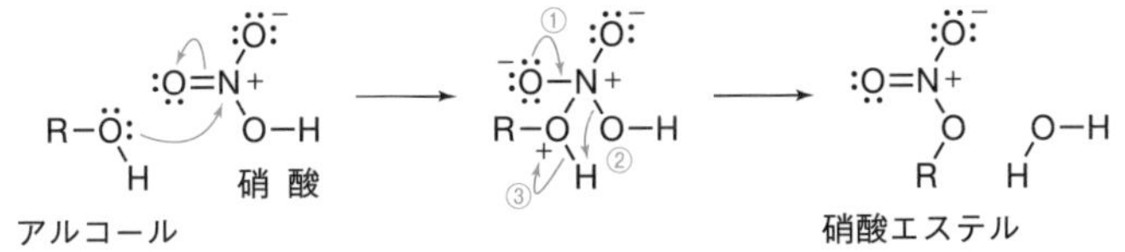

図9・14 硝酸エステルの生成

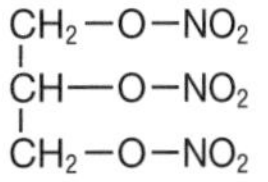

図9・15 ニトログリセリン

高級アルコールと濃硫酸を低温で反応させると，硫酸モノエステルが生成する[2]（図9・16）.

*2 硫酸は2価のオキソ酸であるから，最大で2分子のアルコールとエステルを形成できる．このような場合，2分子のアルコールとのエステルをジエステル，1分子のアルコールとのエステルをモノエステルとよんで区別する．モノエステルは1価の酸としての性質を示す．

$$H_2SO_4 + ROH \longrightarrow ROSO_3H + H_2O$$

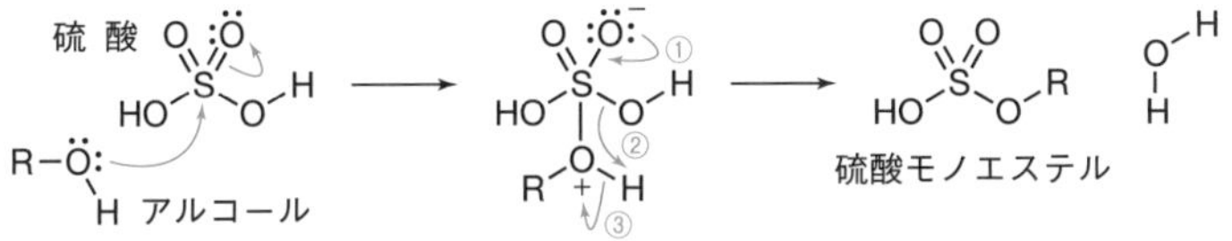

図9・16 硫酸モノエステルの生成

得られた硫酸モノエステルを水酸化ナトリウムで中和して得られる塩は，洗剤などに含まれる陰イオン界面活性剤として利用されている（式9・16）.

$$ROSO_3H + NaOH \longrightarrow ROSO_3Na + H_2O \qquad (9・16)$$

9・5 カルボン酸無水物

9・5・1 カルボン酸無水物の合成

マレイン酸の分子内には2個のカルボキシ基があり，C=C 結合をはさんでシス形に配置されている．マレイン酸を加熱すると，近接しているカルボキシ基の

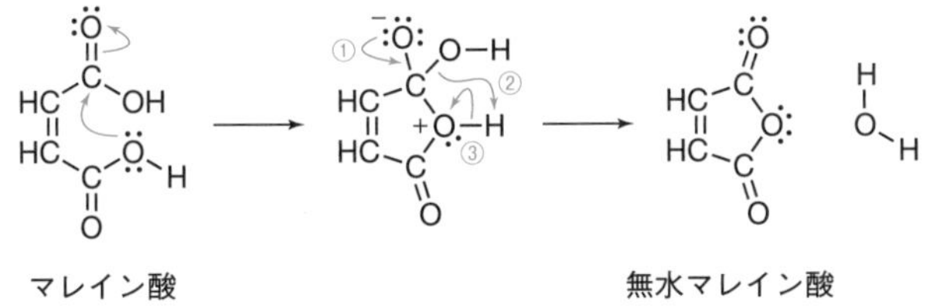

マレイン酸　　　　　　　　　無水マレイン酸

図9・17 無水マレイン酸の生成

カルボン酸無水物（carbox-ylic acid anhydride）：カルボン酸だけでなく，硫酸，硝酸，リン酸といった無機酸も**酸無水物**（acid anhydride）を形成する．

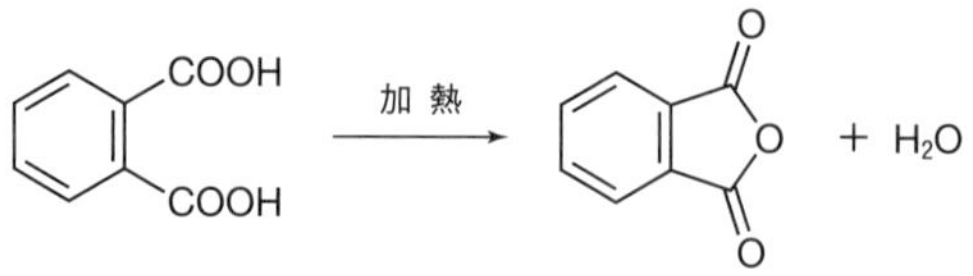

間で図 9・17 のような反応が起こり，水分子がはずれて無水マレイン酸が生成する．無水マレイン酸のように −CO−O−CO− の構造をもつ有機化合物は**カルボン酸無水物**とよばれる．同様な反応はフタル酸やコハク酸でも進行する（式 9・17，式 9・18）．

$$\text{フタル酸} \xrightarrow{\text{加熱}} \text{無水フタル酸} + H_2O \tag{9・17}$$

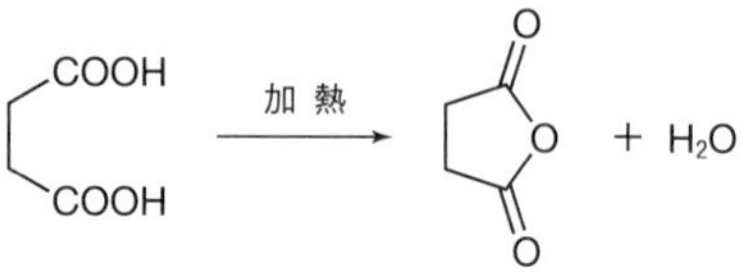

$$\text{コハク酸} \xrightarrow{\text{加熱}} \text{無水コハク酸} + H_2O \tag{9・18}$$

図 9・18　フマル酸

しかし，分子内の 2 個のカルボキシ基が C=C 結合をはさんでトランス形に固定されているフマル酸（図 9・18）では同様な反応は進行しない．

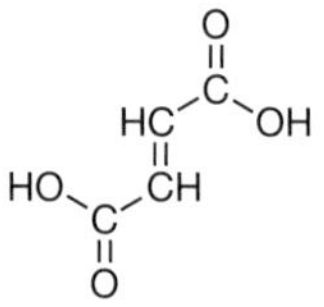

9・5・2　カルボン酸無水物の反応

カルボン酸分子 RCOOH の OH の部分が，電子を強く引きつける原子や基に置換されたカルボン酸誘導体では，C=O 結合における炭素原子の部分正電荷がカルボン酸の場合より大きくなっており，求核試薬による反応がカルボン酸の場合よりも進行しやすい．このようなカルボン酸誘導体として，カルボン酸無水物やカルボン酸塩化物 RCOCl が用いられる．本節ではカルボン酸無水物に限定して記述する．

フェノール類である o-ヒドロキシ安息香酸（以下，サリチル酸）のヒドロキシ基では，カルボキシ基が結合したベンゼン環が強い電子求引性を示すため，酸素原子上の電子密度がアルコールのヒドロキシ基よりも小さい．したがって，酸触媒の存在下でサリチル酸やフェノールと酢酸の混合物を加熱しても，ヒドロキシ基のエステル化は進行しない*．しかし，高等学校の化学で学習したように，無水酢酸とサリチル酸の混合物に硫酸などの酸触媒を加えると，ヒドロキシ基が速やかに反応して 2-アセトキシ安息香酸（以下，アセチルサリチル酸）と酢酸が生成する（図 9・19）．

* 一般にフェノール類ではフェニル基にヒドロキシ基の酸素原子の電子が流れ込むため（§6・4・2 参照），エステル化における反応性はアルコールの場合より小さく，酢酸と直接反応してエステルを生成させることが難しい．

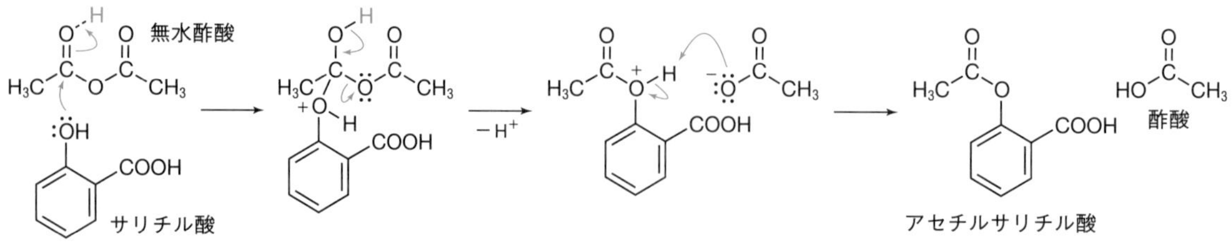

図 9・19　無水酢酸とサリチル酸の反応（酸触媒）

　このとき酸触媒からの水素イオンが，無水酢酸の酸素原子に配位結合してC＝O結合を活性化する．活性化されたC＝O結合の炭素原子にサリチル酸におけるフェノール性ヒドロキシ基が求核付加し，酢酸が脱離してアセチルサリチル酸が生成する．サリチル酸と無水酢酸との反応は，塩基触媒である酢酸イオンを含む酢酸ナトリウムなどを用いても進行する（図9・20）．芳香族カルボン酸であるサリチル酸は酢酸より強酸であるから，まず，酢酸イオンがサリチル酸のカルボキシ基から水素原子を奪い，酢酸とサリチル酸イオンが生成する．サリチル酸イオン（図9・20の**A**）は無水酢酸に求核付加し，サリチル酸と酢酸の混合酸無水物（図9・20の**B**）になる*．この過程で触媒である酢酸イオンが再生される．生成した混合酸無水物が分子内のフェノール性ヒドロキシ基と反応して，アセチルサリチル酸が生成する．

*　このように異なるカルボン酸の間にできる酸無水物を**混合酸無水物**（mixed acid anhydride）という．

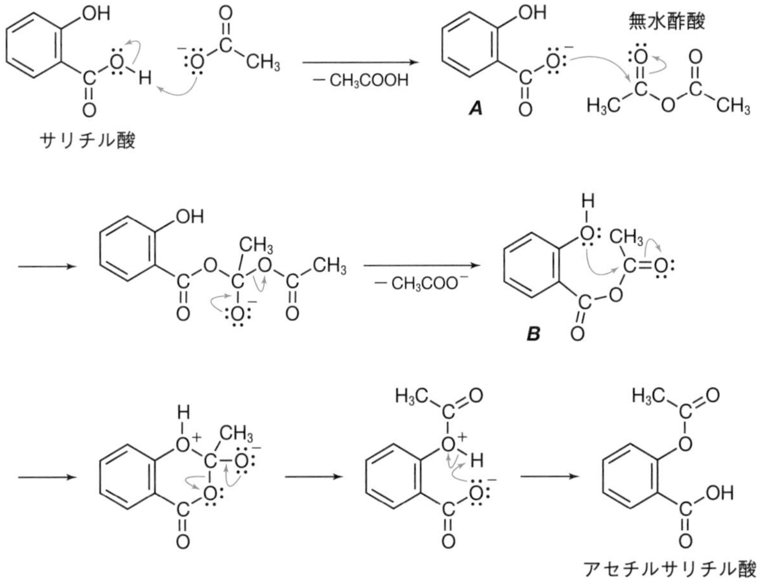

図9・20　無水酢酸とサリチル酸の反応（塩基触媒）

　この反応の生成物であるアセチルサリチル酸をサリチル酸を主体に見ると，ヒドロキシ基のH原子がアセチル基 −COCH₃ に置換されている．そのため，この反応は一般に**アセチル化**とよばれる．アセチルサリチル酸は解熱鎮痛作用をもつ医薬品として利用されている．また，血栓予防薬としても利用されている．

アセチル化
acetylation

　エステル化はカルボン酸とアルコールとの縮合であるが，カルボン酸は窒素原子に水素原子が結合した構造をもつアミン（第一級アミン，第二級アミン）とも縮合して**アミド**を生成する．カルボン酸を主体に見るとき，この反応は**アミド化**とよばれる（式9・19）．

アミド
amide

アミド化
amidation

$$R^1COOH \ + \ R^2NH_2 \ \longrightarrow \ R^1CONHR^2 + H_2O \qquad (9 \cdot 19)$$
カルボン酸　　第一級アミン　　　　アミド

芳香族アミンであるアニリン $C_6H_5NH_2$ では，フェニル基が電子求引基であるため，アルキル基が結合した第一級アミン RNH_2 やアンモニアの場合より窒素原子上の電子密度が小さい．したがって，アニリンは求核試薬としての性質が弱く，酢酸とのアミド化は遅い反応である．しかし，高等学校の化学で学習したように，アニリンと無水酢酸とは迅速に反応して，アセトアニリドと酢酸が生成する（図9・21）．

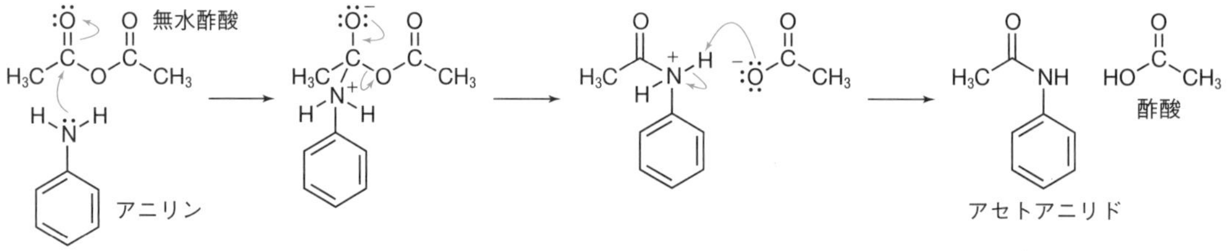

図9・21 無水酢酸とアニリンの反応

アニリンを主体に見れば，この反応はアミノ基のアセチル化とみなすことができる．アセトアニリドはかつて解熱薬として使われていたが，副作用が大きいことがわかったため，やがて医薬品としては使われなくなった．現在では，アセトアニリドと構造が似ているアセトアミノフェン（慣用名）が解熱鎮痛薬として利用されている．アセトアミノフェンは4-アミノフェノールと無水酢酸との反応で合成できる．この反応ではヒドロキシ基よりもアミノ基が優先的にアセチル化される（式9・20）．

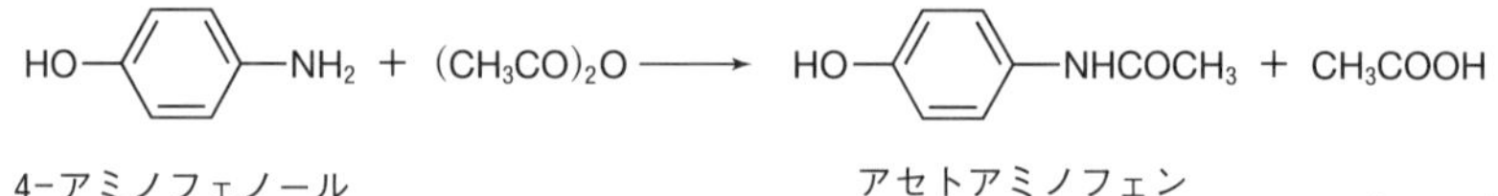

4-アミノフェノール   アセトアミノフェン

$$ (9 \cdot 20) $$

9・6 非対称形エーテルの合成

第7章で述べたように，エタノールと濃硫酸を $140\,^\circ\mathrm{C}$ で反応させるとジエチルエーテルが生成する．ジエチルエーテルの分子は，エーテル結合の酸素原子に2個のエチル基が結合しており，左右対称形の構造である．しかし，エーテル結合の酸素原子に異なる基が結合した非対称形エーテルは，同様の方法では効率よく合成することができない．このようなエーテルを合成するためには，塩基の存在下でアルコキシドイオン RO^- と脱離能の大きい基 X が結合した化合物との S_N2 反応を利用する（式9・21）．

$$ R^1ONa + R^2X \longrightarrow R^1-O-R^2 + NaX \qquad (9 \cdot 21) $$

特にナトリウムアルコキシド R^1ONa*とハロゲン化アルキル R^2X を反応させてエーテルを合成する方法を**ウィリアムソンのエーテル合成**という．ハロゲン化アルキルの中で，この反応に最も広く用いられるのは，脱離能が大きいヨウ素原子が結合したヨウ化アルキルである．

＊ アルコール分子のヒドロキシ基における水素原子が，ナトリウム原子に置換された構造をもつ化合物の総称．一般にアルコールとナトリウムとの反応によって生成する．

ウィリアムソンのエーテル合成
Williamson ether synthesis

9・7　サリチル酸の合成

　サリチル酸は皮膚疾患の治療薬として用いられているが，前節で述べたように医薬品の合成原料としても有用な物質である（図9・22）.

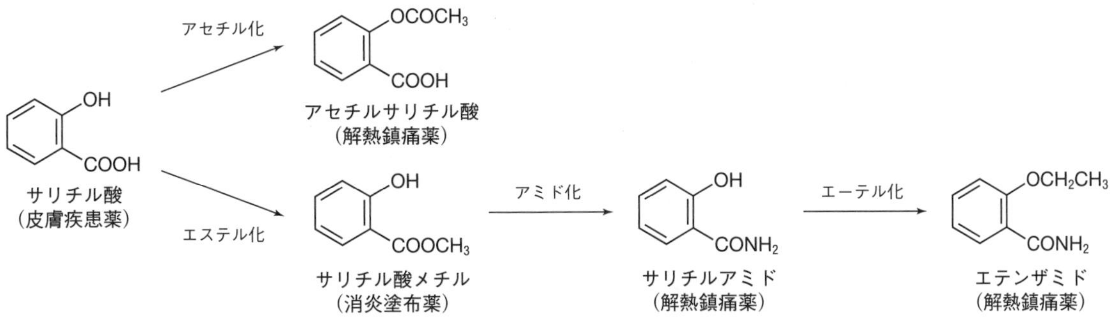

図9・22　サリチル酸とその誘導体

　サリチル酸は，フェノールのナトリウム塩であるナトリウムフェノキシドと二酸化炭素を高温・高圧で反応させることで合成される. この反応は**コルベ・シュミット反応**とよばれ，二酸化炭素を求電子試薬とする芳香族求電子置換反応である. 第6章で述べたようにフェノールにはオルト-パラ (o, p) 配向性があるが，これはフェノキシドイオン $C_6H_5O^-$ でも同様である. フェノキシドイオンではフェノールよりも酸素原子における電子の密度が大きく，共役によってベンゼン環における電子の密度もフェノールの場合より大きい. したがって，二酸化炭素のような弱い求電子試薬でも置換反応が進行する. ナトリウムフェノキシドと二酸化炭素との反応では，負電荷をもつ酸素原子にイオン結合しているナトリウムイオンが，部分負電荷をもつ二酸化炭素分子の酸素原子を引きつけてオルト位で置換反応が進行する. この反応の機構を図9・23に示す.

コルベ・シュミット反応
Kolbe–Schmitt reaction

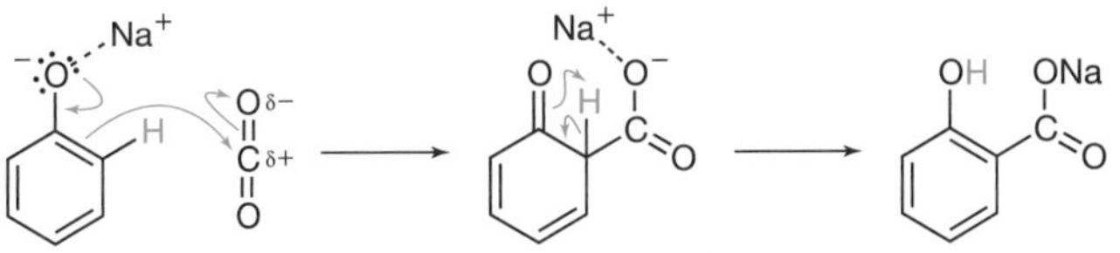

図9・23　ナトリウムフェノキシドと二酸化炭素の反応

　なお，反応系中に水が含まれると式9・22のようにナトリウムフェノキシドがフェノールに変化するので，サリチル酸ナトリウムは生成しない*.

$$C_6H_5ONa + H_2O + CO_2 \longrightarrow C_6H_5OH + NaHCO_3 \qquad (9・22)$$

　サリチル酸ナトリウムに硫酸水溶液や塩酸を加えると，サリチル酸が得られる（式9・23）. なお，ナトリウムフェノキシドの代わりにカリウムフェノキシドを

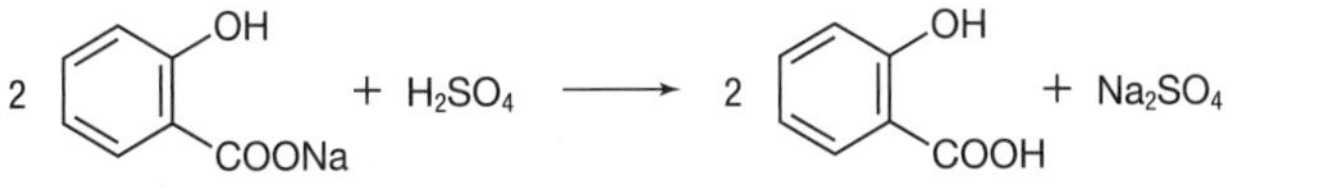

* 二酸化炭素と水との反応で生じる炭酸 H_2CO_3 はフェノールより強い酸であるため，弱酸の遊離によってフェノールが生成する.

$$2 \quad \text{（サリチル酸ナトリウム）} + H_2SO_4 \longrightarrow 2 \quad \text{（サリチル酸）} + Na_2SO_4 \qquad (9・23)$$

用いると，カリウムイオンの直径がナトリウムイオンより大きいため二酸化炭素分子がオルト位に接近しにくく，おもにパラ位で求電子置換反応が進行する（式9・24）.

コラム アセチルサリチル酸の作用機構

　アセチルサリチル酸は長い歴史をもつ解熱鎮痛薬である．頭痛や関節痛の多くは，その原因となる症状による小さな刺激がプロスタグランジンという物質群によって増幅されることで大脳がこれを感じる．プロスタグランジンはヒトの細胞膜を構成するリン脂質からアラキドン酸（図a）を経由して合成される．この過程でアラキドン酸は，シクロオキシゲナーゼという酵素によって酸化される（図b）．アラキドン酸分子は，カルボキシ基でシクロオキシゲナーゼのアルギニン残基という塩基性の構造に結合する．アセチルサリチル酸分子もアラキドン酸と同様に，カルボキシ基の部分でシクロオキシゲナーゼのアルギニン残基に結合する．さらにシクロオキシゲナーゼ内部のセリン残基（第一級アルコール形の構造）がエステル交換によってアセチル化され，シクロオキシゲナーゼを失活（不活性化）させる（図c）．これによってプロスタグランジンが合成できなくなり，痛みを感じなくなる．アセチルサリチル酸は対症療法薬であり，痛みの原因が除去されるわけではない．また，プロスタグランジンには胃への血流を促進する作用があるので，アセチルサリチル酸の服用によってその合成が阻害されると胃痛などの副作用が現れる．そこでアセチルサリチル酸の服用時には胃薬を併用することが多い．また胃への血流が盛んになる食後の服用が勧められる．

（a）アラキドン酸 　　　　　　　　　（b）アラキドン酸の酸化によって
　　　　　　　　　　　　　　　　　　　　生じるプロスタグランジン

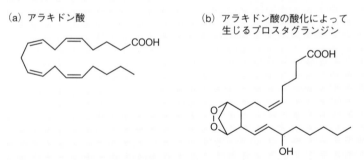

（c）アセチルサリチル酸とシクロオキシゲナーゼの反応

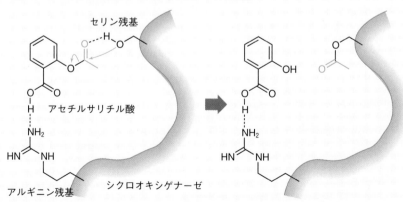

9・8 アゾ化合物の合成

9・8・1 ジアゾ化

アニリンを塩酸に溶かした後，氷冷しながら亜硝酸ナトリウム $NaNO_2$ と反応させると，塩化ベンゼンジアゾニウム $C_6H_5N_2Cl$ が生成する（式9・25）.

$$C_6H_5NH_2 + 2HCl + NaNO_2 \longrightarrow C_6H_5N_2Cl + NaCl + 2H_2O \qquad (9・25)$$
亜硝酸ナトリウム　　　　塩化ベンゼン
ジアゾニウム

この反応は**ジアゾ化**とよばれ*，塩化ベンゼンジアゾニウムのようにジアゾニウムイオン $[R-N\equiv N]^+$ を含む塩をジアゾニウム塩という．この反応溶液中でアニリンは塩酸塩となっているが，加水分解によってアニリンも共存する（式9・26）．また亜硝酸ナトリウムは塩化水素と反応して亜硝酸 $HONO$ となり，さらに2分子の亜硝酸が縮合して無水亜硝酸が生成する（式9・27，式9・28）.

ジアゾ化
diazotization

* アゾは窒素を表す．この反応で分子内の窒素原子が2個になるので，ジアゾ化という．

$$C_6H_5NH_3^+ + H_2O \rightleftharpoons C_6H_5NH_2 + H_3O^+ \qquad (9・26)$$
$$NaNO_2 + HCl \longrightarrow HONO + NaCl \qquad (9・27)$$
亜硝酸
$$2HONO \longrightarrow O=N-O-N=O + H_2O \qquad (9・28)$$
無水亜硝酸

アニリンのジアゾ化では，アニリンと無水亜硝酸が図9・24のように反応する．

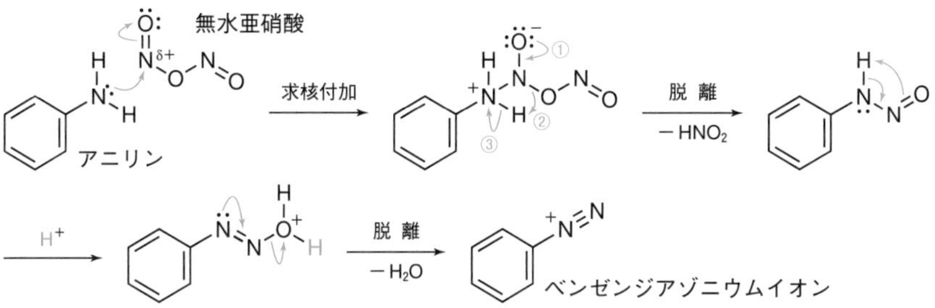

図9・24 アニリンのジアゾ化（無水亜硝酸との反応）

最初の反応ではアニリンが無水亜硝酸に求核付加し，引き続き亜硝酸分子が脱離する．さらに水素原子の移動と水分子の脱離によって，ベンゼンジアゾニウムイオンが生成する．ベンゼンジアゾニウムイオンには2個の窒素原子間における共鳴があり，A^1 と A^2 の共鳴混成体となっている．さらに A^1 にはベンゼン環のπ電子との共鳴および（図9・25）があるため，ベンゼンジアゾニウムイオンは低温（5℃以下）の水溶液中では比較的安定である．しかし温度が上昇すると水

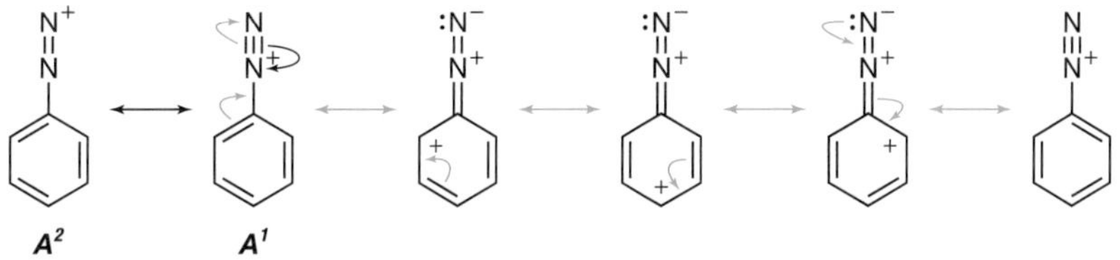

図9・25 ベンゼンジアゾニウムイオンの共鳴

* アルキル基が結合した脂肪族ジアゾニウム塩では図9・24におけるベンゼン環との共鳴がない. したがって, 脂肪族ジアゾニウム塩は不安定であり, 水溶液中で脂肪族第一級アミンを用いてジアゾ化を行うと, 中間に生成したジアゾニウム塩がすぐに水と反応し, アミノ基がヒドロキシ基に置換された化合物が生成する.

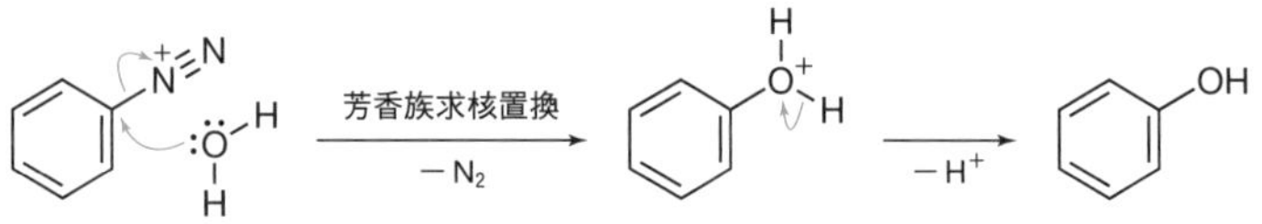

分子との芳香族求核置換反応によって窒素 N_2 が脱離し, フェノールが生成する (図9・26)*.

図9・26　ベンゼンジアゾニウムイオンと水の反応（加水分解）

9・8・2　アゾカップリング

ベンゼンジアゾニウムイオンには図9・25における A^1 と A^2 の共鳴があり, 先端の窒素原子が部分正電荷をもつ. したがって, ベンゼンジアゾニウムイオンは求電子試薬として反応できる. たとえば, ナトリウムフェノキシドと塩化ベンゼンジアゾニウムイオンとを反応させると, ナトリウムフェノキシドのパラ (p) 位で芳香族求電子置換反応が進行し, 橙色の p-ヒドロキシアゾベンゼン（慣用名）が生成する（図9・27）. この反応は**アゾカップリング**とよばれ, 分子内にできる $-N=N-$ という構造はアゾ基（またはアゾ結合）, アゾ基をもつ有機化合物は一般に**アゾ化合物**とよばれる. p-ヒドロキシアゾベンゼンのような芳香族アゾ化合物の多くは黄色から赤色を呈し, 染料や顔料あるいは食用色素などに用いられる.

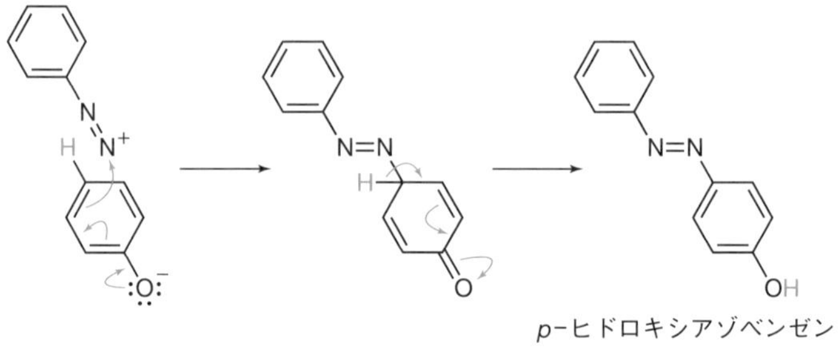

アゾカップリング
azo coupling

アゾ化合物
azo compound

p-ヒドロキシアゾベンゼン

図9・27　ベンゼンジアゾニウムイオンとフェノキシドイオンの反応（アゾカップリング）

ここまで述べてきたようにフェノキシドイオンにはフェノールと同様にオルト, パラ (o, p) 配向性がある. しかし, フェノキシドイオンの求電子置換反応における反応性は, o 位よりも p 位の方がわずかに大きい. また, ベンゼンジアゾニウムイオンの求電子性はきわめて弱いため, 求電子置換反応における選択性が大きく（すなわち選り好みが激しく）, アゾカップリングは少しでも反応性が高いパラ (p) 位で優先的に進行する.

◈◈◈　**ま と め**　◈◈◈

• 高等学校の化学で学習した有機化合物の反応は化学反応式上では単純に表されるが, その機構は前章までに述べた基本的な反応の組合わせになっている.

◆◆◆ 演 習 問 題 ◆◆◆

9・1　炭化カルシウム CaC_2 は水と反応してアセチレンが発生するが，銀アセチリドは水中で安定に存在できる．両者の性質の相違の理由を電気陰性度，共有結合性，イオン結合性という語句を用いて説明せよ．

9・2　次の反応の反応機構を図示せよ．

(a) 硫酸酸性の二クロム酸カリウム水溶液中で 2-プロパノールが酸化されてアセトンが生成する．

(b) 硫酸酸性のニクロム酸カリウム水溶液中で，プロピオンアルデヒドが水和形となり，さらに酸化されてプロピオン酸が生成する．

(c) 酢酸エチルが硫酸水溶液中で加水分解されて，酢酸とエタノールが生成する．

9・3　水酸化ナトリウム水溶液中で 1-フェニル-1-エタノール $C_6H_5CH(OH)CH_3$ をヨウ素と反応させると，ヨードホルム反応が進行する．

(a) 1-フェニル-1-エタノールがヨウ素によって酸化されて対応するケトンが生成する反応の機構を図示せよ．

(b) (a)で生成したケトンのヨードホルム反応の機構を図示せよ．図 9・9 にならって，途中を省略してよい．

9・4　第三級アルコールである 2-メチル-2-プロパノール $(CH_3)_3COH$ ではヒドロキシ基周辺の立体障害が大きく，カルボン酸との縮合によってエステルを合成することが難しい．代わりの方法として酸触媒（H^+ で考えよ）の存在下でカルボン酸とイソブテン $(CH_3)_2C=CH_2$ を反応させる方法がある．酢酸とイソブテンから酢酸 t-ブチル $CH_3COOC(CH_3)_3$ が生成する反応の機構を図示しながら説明せよ．

[ヒント] イソブテンと H^+ との反応で発生する安定なカルボカチオンが酢酸分子と反応する．

9・5　解熱鎮痛剤として用いられるエテンザミド（通称）は，下図の方法でサリチル酸メチルから合成することができる．

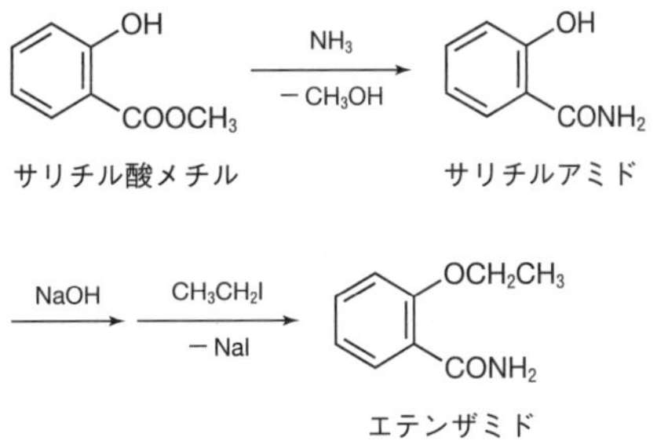

(a) サリチル酸メチルを濃アンモニア水中で加熱すると，2-ヒドロキシベンズアミドが生成する．この反応の機構を図示しながら説明せよ．

(b) 2-ヒドロキシベンズアミドを水酸化ナトリウム水溶液に溶解して，ヨードエタン CH_3CH_2I と反応させるとエテンザミドが生成する．この反応の機構を図示しながら説明せよ．

付　録

　付録では，第9章までに扱うことができなかった内容と，各章の内容を理解するために参考となる情報を紹介する.

A・1　光の波動性と粒子性

　光は電磁波とよばれる波の一種である.　水面の波が二つのすき間（二重スリット）を通過するとき，通過した波が円形に広がりながら重なり合い，強め合う部分と弱め合う部分とができる（図A・1）.　これは干渉とよばれる波に特有の性質である.　一方，きわめて小さな二重スリットのある板にレーザー光をあてると，板をはさんで光源と反対側に置いたスクリーンに，図A・2のような模様が現れる.　これはスリットを通過した光の干渉によるものであり，光に波としての性質（波動性）があることを示している[*1].

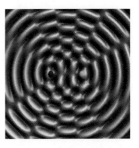

図A・1　水面の波の干渉

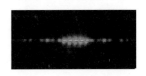

図A・2　光の干渉　慶應義塾大学自然科学研究教育センターホームページの‘光の干渉’より許可を得て転載.

　19世紀の終わり頃，金属の表面に光をあてると電子が飛び出す現象（光電効果）が発見された.　この現象には以下のような特徴がある.

(1)　電子は光が当たった瞬間に飛び出す.
(2)　飛び出す電子のエネルギーは，光の波長が短いほど大きい.
(3)　ある波長よりも長い波長の光では，電子は飛び出さない.
(4)　電子が飛び出す波長の光をあてる場合，光を強くする（明るくする）と多数の電子が飛び出すが，その電子のエネルギーは光の強さには依存しない.

　この現象は，光を波と考えるとうまく説明できなかった.　1905年にアインシュタインは，この現象を説明するために"光は波であると同時に振動数に比例するエネルギーをもつ粒子（光量子）である[*2]"とする**光量子仮説**を提唱した.　金属表面に光量子が衝突した瞬間に電子が飛び出す.　しかし，電子は金属原子の原子核から引力を受けているので，一定以上のエネルギー（仕事関数）をもつ光量子が衝突しなければ飛び出さない[*3].　光の強さは衝突する光量子の数に対応する.　以上のように考えれば，上記の(1)〜(4)について説明できる.

　さらに1923年に，波長の短い電磁波（紫外光やX線）をグラファイト（黒鉛）に当てるとグラファイト内の電子がはじき飛ばされ，波長が長くなった（すなわ

*1　波が進む速さは，波長 λ と振動数 ν との積で表される.　光の速度 c も同様に $c = \lambda \nu$ と表される.　c は一定であるから，λ と ν とは反比例する.

*2　光量子1個のエネルギー E は，$E = h\nu = hc/\lambda$（h はプランク定数）で表される.　これを最初に提唱したのはプランク（M. Planck）である.

光量子仮説
light quantum hypothesis

*3　飛び出す電子の運動エネルギーを E_e，仕事関数を W とすると，次の関係が成り立つ.

$$h\nu = W + E_e$$

ちエネルギーが小さくなった）電磁波が散乱される現象が見出された．これはビリヤードの玉どうしが衝突したときの様子と似ており，紫外線やX線などの電磁波が粒子性をもつことを示している[*1]．こうして電磁波である光が，波動性と共に粒子性をもつことが確かめられた．

[*1] これをコンプトン効果（Compton effect）という．

A・2　物　質　波

[*2] Louis V. de Broglie

　1923年〜1924年にド・ブロイ[*2]は，光の波動性と粒子性を電子のような粒子にも適用できるのではないかと考えた．これを物質波という．ド・ブロイの説によると，運動量pをもつ粒子は$\lambda = h/p$という波長の波動の性質をもつ．第1章で述べたように，電子の波動性は電子線の回折によって証明できる（§1・2参照）．

A・3　ボーアの水素原子モデル

[*3] Niels H. D. Bohr

　密閉したガラス管中に水素を入れて放電すると発光する．この光をプリズムで分光すると，可視光線の波長領域に4本の不連続な輝線が観察される（図A・3）．ボーア[*3]はこの不連続なスペクトルから，水素原子における電子のエネルギーと運動が不連続であると考え，1913年に水素原子における電子の運動を表すモデルを考案した．

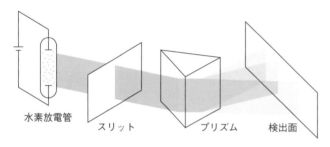
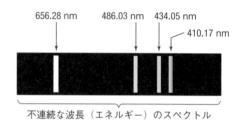

水素放電管　　　スリット　　　プリズム　　　検出面

656.28 nm　　486.03 nm　434.05 nm　410.17 nm

不連続な波長（エネルギー）のスペクトル

図A・3　水素の輝線スペクトル

　水素原子に含まれる電子は1個であり，これが正電荷をもつ原子核（陽子）からクーロン力を受けながら原子核の周りを円運動すると考えられる．しかし原子核のような正電荷のまわりを，負電荷をもつ電子が一定の軌道を保って運動すると，電子からエネルギー（電磁波）が放出され，回転半径が小さくなり，やがて電子が陽子に衝突してしまうことが古典電磁気学において示されていた．ボーアはこの問題を解決するために，電子の角運動量$m_e vr$（m_e: 電子の質量，v: 電子の速度，r: 軌道半径）が式A・1の関係を満たす必要があると考えた[*4]．

[*4] これをボーアの量子条件という．式A・1は，角運動量が連続ではなく，飛び飛びの不連続な値をとることを表している．このような不連続性を"量子化されている"という．

$$m_e vr = \left(\frac{h}{2\pi}\right) \times n \tag{A・1}$$

（h: プランク定数，nは自然数）

　また式A・1を変形すると，式A・2が得られる．

$$2\pi r = \left(\frac{h}{m_e v}\right) \times n = \left(\frac{h}{p}\right) \times n \tag{A・2}$$

（pは電子の運動量）

　ここでド・ブロイの説によって電子を波動であるとすると，その波長 λ は $\lambda =$ h/p であるから，$2\pi r = \lambda n$ が導かれる．これは図A・4のように軌道円周の長さが電子の波長の自然数倍になっていること，すなわち電子が定常波となることで，減衰することなく一定の運動を続けることを意味していると考えられた．

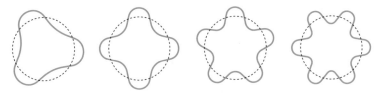

図A・4　ボーアモデルにおける電子の定常波

　また，電子を粒子として考えるとき，原子核から受けるクーロン力 F_1 と円運動による遠心力 F_2 は，それぞれ式A・3および式A・4のように表される．電子の軌道が一定であれば，

$$F_1 = \frac{1}{4\pi\varepsilon_0}\frac{e^2}{r^2} \quad \text{(A・3)} \qquad F_2 = \frac{m_e v^2}{r} \quad \text{(A・4)}$$

$F_1 = F_2$ なので，式A・5の関係が成り立つ*.

$$m_e v^2 = \frac{1}{4\pi\varepsilon_0}\frac{e^2}{r} \tag{A・5}$$

　電子の波動性から導かれる式A・2と，電子の粒子性から導かれる式A・3より，式A・6が得られ，さらにこれを整理すると式A・7が導かれる．

$$m_e v^2 = \frac{h^2}{4\pi^2}\frac{n^2}{m_e r^2} = \frac{1}{4\pi\varepsilon_0}\frac{e^2}{r} \tag{A・6}$$

$$r = \frac{\varepsilon_0 h^2}{\pi m_e e^2}n^2 \tag{A・7}$$

　式A・7は，電子が不連続な軌道上を運動していることを表している．$n=1$ の状態を基底状態という．このように導かれた電子の軌道が高等学校で学習した電子殻（§1・1参照）であり，$n=1$ の軌道はK殻，$n=2$ の軌道はL殻，$n=3$

* ε_0 は真空中の誘電率とよばれる定数である．また e は陽子の電荷または電子の電荷の絶対値を表し，電気素量とよばれる．

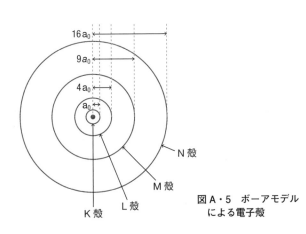

図A・5　ボーアモデルによる電子殻

ボーア半径
Bohr radius

の軌道は M 殻，$n=4$ の軌道は N 殻である（図 A・5）．また a_0 は**ボーア半径**とよばれ，$n=1$ の場合の軌道半径すなわち基底状態における水素原子の半径を表している．実際に式 A・7 に $\varepsilon_0 = 8.8542 \times 10^{-12}$ C/(V・m)，$h = 6.6261 \times 10^{-34}$ J・s，$m_e = 9.1094 \times 10^{-31}$ kg，$e = 1.6022 \times 10^{-19}$ C を代入すると，$a_0 = 5.292 \times 10^{-11}$ m $= 0.05292$ nm となる．この値は当時から知られていた水素原子の半径にきわめて近かった．

　さて，電子のエネルギー E は運動エネルギー $T = m_e v^2/2$ と原子核の電場におけるポテンシャルエネルギー $V = -(1/4\pi\varepsilon_0) \times e^2/r$ との和になる．ここで式 A・5 より $2T = -V$ の関係があることがわかるので，電子のエネルギー E は式 A・8 のようになる．

$$E = T + V = \frac{V}{2} = -\frac{1}{8\pi\varepsilon_0}\frac{e^2}{r} \tag{A・8}$$

式 A・8 の r に式 A・7 を代入すると，電子のエネルギー E は式 A・9 のように求められる．

$$E = -\frac{m_e e^4}{8\varepsilon_0 h^2}\frac{1}{n^2} \tag{A・9}$$

この式から，水素原子における電子のエネルギーが不連続であることがわかる．

　高等学校の化学で学習した原子の電子配置は，このボーアモデルを水素以外の原子にも拡張したものである．なお，ボーアモデルは水素原子のように原子核のまわりにある電子が 1 個の原子やイオンにおける電子の挙動をうまく説明できたが，電子が複数になると厳密には適用できなかった[*1]．

*1　ボーアの原子モデルの業績までを前期量子論という．

波動関数（wave function）：
軌道関数（orbital function）ともいう．

*2　後述のように $\Psi(x,y,z)^2$ がある座標における粒子の存在確率を表す．

*3　Erwin R. J. A. Schrödinger

波動方程式
wave equation

A・4　一次元箱形ポテンシャル（シュレディンガーの波動方程式とその例）

　運動している電子には波動性があるので，その位置を確定させることはできない．しかし，空間内のある位置に粒子が存在する確率（存在確率）ならば，示すことができる．この存在確率を表す関数を**波動関数**[*2]といい，$\Psi(x, y, z)$ という記号で表す．1926 年にシュレディンガー[*3]は，波動関数に関する**波動方程式**を提唱した（式 A・10）．

$$-\frac{h^2}{8\pi^2 m}\left(\frac{\partial^2 \Psi(x,y,z)}{\partial x^2} + \frac{\partial^2 \Psi(x,y,z)}{\partial y^2} + \frac{\partial^2 \Psi(x,y,z)}{\partial z^2}\right) + V(x,y,z)\Psi(x,y,z) = E\Psi(x,y,z) \tag{A・10}$$

ここで m は粒子の質量，$V(x, y, z)$ はポテンシャル関数（空間内のある座標における位置エネルギーを表す），h はプランク定数である．また E は**固有値**とよばれ，粒子のもつエネルギーを表す．s 軌道，p 軌道，d 軌道などの原子軌道（§1・3 参照）は，シュレディンガーの波動方程式から導かれたものである．

　シュレディンガーの波動方程式の簡単な例として，一次元箱形ポテンシャルを紹介する．一次元箱形ポテンシャルでは，x 軸上の $0 < x < L$ の範囲に質量 m の粒子が存在する．すなわち $x=0$ と $x=L$ に大きさが無限大の"ポテンシャルの壁"がある（図 A・6）．また $0 < x < L$ の範囲では粒子のポテンシャルエネルギー $V(x)$ は 0 である．この場合のシュレディンガーの波動方程式は式 A・11 である．

固有値　eigenvalue

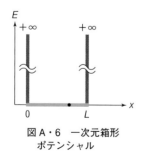

図 A・6　一次元箱形
ポテンシャル

粒子は $0 < x < L$ のどこかに存在するので，粒子の存在確率を表す $\Psi(x)^2$ について式 A・12 が成り立つ．これを規格化条件という．また，$x=0$ と $x=L$ には粒子は存在しないので，式 A・13 が成り立つ．これを境界条件という．

$$-\frac{1}{8\pi^2 m}\frac{\mathrm{d}^2\Psi(x)}{\mathrm{d}x^2} = E\Psi(x) \tag{A・11}$$

$$\int_0^L \Psi^2(x)\,\mathrm{d}x = 1 \tag{A・12}$$

$$\Psi(0) = \Psi(L) = 0 \tag{A・13}$$

これらを満たす波動関数と粒子のエネルギーを表す固有値 E を求めてみよう．まず $\Psi(x)$ は“波”であるから $\Psi(x) = a\sin(kx+\theta)$ とおくことができる．これを正弦関数の加法定理によって展開すると，$\Psi(x) = (a\cos\theta)\sin kx + (a\sin\theta)\cos kx$ となる．ここで $a\cos\theta = A$，$a\sin\theta = B$ と置くと式 A・14 が得られる．

$$\Psi(x) = A\sin kx + B\cos kx \tag{A・14}$$

ここから未知数である A, B, k を求める．まず境界条件より，$x=0$ には粒子が存在しないので $\Psi(0) = B = 0$ である．また $x=L$ にも粒子が存在しないので $\Psi(L) = A\sin kL = 0$ である．ここで $A=0$ はあり得ないので $\sin kL = 0$ であるから $kL = n\pi$（$n = 1, 2, 3\cdots$）が成り立つ*．したがって，$k = \pi n/L$ となる．

ここまでの考察によって $\Psi(x) = A\sin(n\pi/L)x$ が得られた．これを規格化条件（式 A・11）に代入すると，次の式 A・15 が得られる．

$$\begin{aligned}\int_0^L \Psi^2(x)\,\mathrm{d}x &= A^2\int_0^L \sin^2\left(\frac{n\pi}{L}\right)x\,\mathrm{d}x \\ &= \frac{A^2}{2}\int_0^L\left[1-\cos\left(\frac{2n\pi}{L}\right)x\right]\mathrm{d}x \\ &= \frac{A^2}{2}\left[x - \frac{L}{2n\pi}\sin\left(\frac{2n\pi}{L}\right)x\right]_0^L = \frac{A^2}{2}L = 1\end{aligned} \tag{A・15}$$

ここでは $A>0$ と考えても問題はないので，$A = \sqrt{2/L}$ と求められる．したがって，波動関数 $\Psi(x)$ は式 A・16 のようになる．

$$\Psi(x) = \sqrt{\frac{2}{L}}\sin\left(\frac{n\pi}{L}\right)x \tag{A・16}$$

続いて固有値 E を求める．上記のように求められた波動関数 $\Psi(x)$ を，式 A・11（規格化条件）に代入すると，式 A・17 が得られる．

$$\begin{aligned}-\frac{h^2}{8\pi^2 m}\frac{\mathrm{d}^2\Psi(x)}{\mathrm{d}x^2} &= \frac{h^2}{8\pi^2 m}\frac{n^2\pi^2}{L^2}\sqrt{\frac{2}{L}}\sin\left(\frac{n\pi}{L}\right)x \\ &= \frac{h^2 n^2}{8mL^2}\Psi(x) = E\Psi(x)\end{aligned} \tag{A・17}$$

したがって，$E = h^2 n^2/(8mL^2)$ と求められる．

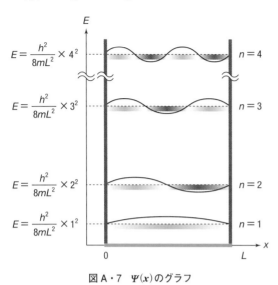

図 A・7 $\Psi(x)$ のグラフ

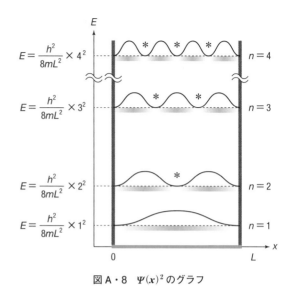

図 A・8 $\Psi(x)^2$ のグラフ

節 node

* 粒子としての電子の自転の方向に相当する.

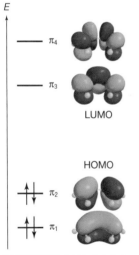

矢印は電子のスピンの方向を表している

図 A・9 1,3-ブタジエンの分子軌道　4個のC原子上に4個のπ電子が分布.

最高被占軌道（highest occupied molecular orbital）: 略号 HOMO. 最高占位軌道ともいう.

最低空軌道（lowest unoccupied molecular orbital）: 略号 LUMO. 最低非占位軌道ともいう.

得られた結果を図で表してみよう. まず波動関数 $\Psi(x)$ は図 A・7 ($n=1\sim4$ の場合を表記した）のように表される. 粒子は x 軸上に存在するが, 複数の波動関数を重ねて描くとわかりにくくなるので, E の大きさを縦軸にとることで分割して表記してある. また各関数のグラフに重ねて表記してある帯状の図では, 色の相違によって“位相（波が横軸の上部にあるか下部にあるか）”の相違を, 色の濃淡によって波動関数の値の相違を表してある. 粒子の存在確率は $\Psi(x)^2$ で与えられる. その様子を図 A・8 に示す. 図の形式は図 A・7 と同様であるが, 帯状の図では色の濃淡が存在確率の大小を表している. $n=2$ 以上の場合には, 粒子の存在確率が 0 になる点（＊印）が現れる. これを節という.

　一次元箱形ポテンシャルに粒子が入る場合には, 粒子のエネルギー E の値が小さい状態（すなわち n の値が小さい状態）から順に入る. 粒子が電子の場合には, 一つのエネルギーの状態（エネルギー準位）を, スピンの状態*が逆向きの1組（2個）の電子しか占めることができない. たとえば, 電子が4個ある場合には2個が $n=1$ の状態に, 残りの2個が $n=2$ の状態になる.

A・5 1,3-ブタジエンの分子軌道 （フロンティア軌道理論）

　1,3-ブタジエン分子の共役二重結合における π 電子の状態は, 一次元箱形ポテンシャルにおける電子の状態と似ている. 図 A・9 は 1,3-ブタジエンの分子軌道である. 一次元箱形ポテンシャルの場合と同様に, エネルギーが最も低い分子軌道（π_1）には節がなく, 下から2番目の分子軌道（π_2）には節が1個, 下から3番目の分子軌道（π_3）には節が2個ある. 共役二重結合に含まれる4個の π 電子は軌道 π_1 と軌道 π_2 にある.

　一般に分子軌道のうち, 電子が入っている最もエネルギーの高い軌道を最高被占軌道, 電子が入っていない最もエネルギーの低い軌道を最低空軌道という. たとえば, 1,3-ブタジエンの分子軌道では軌道 π_2 が HOMO であり, 軌道 π_3 が

LUMO である．HOMO と LUMO は**フロンティア軌道**とよばれ，化学反応に深く関与する．フロンティア軌道を使って化学反応を説明する理論をフロンティア軌道理論という*．

　次節で述べるように，フロンティア軌道理論によれば，化学反応は一方の分子の HOMO における電子がもう一方の分子の LUMO に流れ込むことで進行する．たとえば，1,3-ブタジエンに対する臭素 Br_2 の求電子付加反応（§7・1・1参照）では，1,3-ブタジエンの HOMO（π_2）の電子が臭素分子の LUMO に流れ込む．このとき図 A・10 のように，1,3-ブタジエンの HOMO の広がりが最も大きい分子の末端（1 位と 4 位）の炭素原子に臭素分子が接近して反応が起こる．

A・6　中和とフロンティア軌道理論

　濃アンモニア水をつけたガラス棒を濃塩酸の入った試験管の口に近づけると，塩化アンモニウム NH_4Cl の白煙が見られる（式 A・18）．

$$NH_3 + HCl \longrightarrow NH_4Cl \qquad (A・18)$$

塩化アンモニウムはアンモニウムイオン NH_4^+ と塩化物イオン Cl^- が結合したイオン結晶である．この反応では，塩化水素分子からアンモニア分子にプロトン（水素イオン）が移動する．このような酸から塩基へのプロトンの移動を，高等学校の化学では**中和**と学習した（第 5 章参照）．ここではアンモニアと塩化水素の中和を例に，化学反応におけるフロンティア軌道の関与について述べる．

　前節で述べたように，化学反応では一方の分子の HOMO における電子が，もう一方の分子の LUMO に流れ込み，生成物の分子軌道ができる．この過程を軌道どうしの**相互作用**という．軌道どうしの相互作用が起こるためには，次の三つの条件が満たされる必要がある．

(1) 相互作用する軌道どうしのエネルギー準位が近いこと．
(2) 相互作用する軌道どうしが適切な対称性をもつこと．
(3) 相互作用する軌道どうしが効果的に重なり合うこと．

フロンティア軌道
frontier orbital

* フロンティア軌道理論は 1952 年に福井謙一によって提唱された．この業績により，福井はわが国で初めてのノーベル化学賞を 1981 年に受賞した．

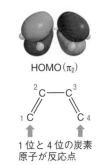

HOMO（π_2）

1 位と 4 位の炭素原子が反応点

図 A・10　1,3-ブタジエンの反応点

中和（neutralization）: 中学校の理科や高等学校の化学で学習した中和は，そのほとんどが水溶液中での反応であった．この場合には酸が放出したプロトンは水和されてオキソニウムイオン H_3O^+ となり，これが塩基の電離によって発生した水酸化物イオンと反応すると考える．これは溶媒である水を介したプロトンの移動と考えてよい．

相互作用
interaction

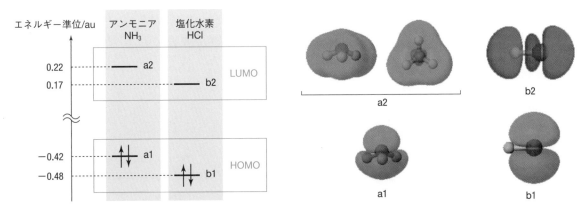

図 A・11　アンモニアと塩化水素のフロンティア軌道

アンモニアの HOMO（図 A・11 の a1）と塩化水素の LUMO（b2）のエネルギー準位の差は 0.59 au であり，塩化水素の HOMO（b1）とアンモニアの LUMO（a2）のエネルギー準位の差は 0.70 au である[*1]．両者を比べるとアンモニアの HOMO と塩化水素の LUMO のエネルギー準位の方が近いので，条件(1)に従ってアンモニアの HOMO から塩化水素の LUMO に電子が流れ込む（図 A・12）．アンモニアの HOMO は窒素原子の非共有電子対の軌道であり，塩化水素の LUMO は H−Cl 結合の反結合性軌道である．この反結合性軌道にアンモニア分子の HOMO の電子が入ることで，塩化水素分子の H−Cl 結合が不安定になって切れる．また，アンモニアの HOMO と塩化水素の LUMO は，ともに図 A・12 における破線で示した軸の周りに対称であり（条件2），この軸に沿って両分子が接近することで二つの軌道が効果的に重なることができる（条件3）．この結果，塩化水素分子からアンモニア分子へのプロトンの移動が起こり，塩化物イオンとアンモニウムイオンが生成し，両者が結合した塩化アンモニウムができる．このように中和では，HOMO の電子を提供する分子やイオンが塩基になり，塩基の電子を LUMO に受入れる分子やイオンが酸になる．

*1 au はこの分野でよく使われるエネルギーの単位であり，1 au は 4.36×10^{-18} J（ジュール）に相当する．HOMO や LUMO のエネルギー準位は，コンピューターを使った計算によって求められる．

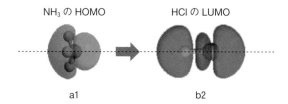

NH₃ の HOMO　　　　HCl の LUMO

a1　　　　　　　b2

図 A・12　アンモニアから塩化水素への電子の移動

A・7　化学反応や状態変化の進む方向

A・7・1　エンタルピー変化

ピストン付きのシリンダー型断熱容器内に，1 mol の理想気体[*2] が入っている場合を考える．ピストンを動かないように固定して外部から熱 q を加える．このとき気体の体積は一定であるから気体は膨張によって外部に仕事を行うことができず，気体分子の運動が活発になり温度が ΔT，圧力が Δp だけ上昇し（図 A・13），気体の内部エネルギーが $\Delta U = c\Delta T$ だけ増加する．c は気体のモル比熱である．すなわち式 A・19 の関係が成り立つ．

*2 気体の圧力 p，体積 V，絶対温度 T と物質量 n の間に理想気体の状態方程式 $pV = nRT$（R は気体定数とよばれる定数）が厳密に成り立つ気体を**理想気体**（ideal gas）という．現実の気体を，これに対して実在気体（real gas）という．常温・常圧における多くの実在気体の性質は，近似的に理想気体と同じと考えてよい．

$$q = \Delta U = c\Delta T \qquad (A\cdot19)$$

次に 1 mol の理想気体が入ったピストンの圧力 p を一定に保った状態で，外部から熱 q' を加えるとする．この場合には気体の熱膨張が起こり，気体の温度が $\Delta T'$ だけ上昇すると共に体積が ΔV だけ増加する（図 A・14）．このとき気体がピストンを押し上げることで外部に対してする仕事は $p\Delta V$ と表される．したがって，式 A・20 の関係が成り立つ．

$$q = \Delta U + p\Delta V = \Delta(U + pV) = \Delta H \qquad (A\cdot20)$$

この式における $U+pV$ は H という記号で表され，**エンタルピー**とよばれる．このように定圧では，容器内の気体に加えられた熱 q はエンタルピーの増加 ΔH に変換される．

エンタルピー（enthalpy）：ギリシア語で内部を表す "en" と熱を表す "thalp" を組合わせた用語．

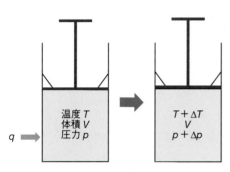

図 A・13　定積変化

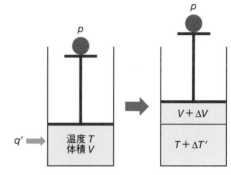

図 A・14　定圧変化

高等学校の化学で学習したように，化学反応の多くは熱の出入りを伴う．熱の発生を伴う反応を発熱反応，熱の吸収を伴う反応を吸熱反応とよぶ．図 A・15 のように，圧力を一定に保ったピストン内にある物質に発熱反応が進行して熱 q' が発生したとする．この場合も，化学反応によって発生した熱 q' はエンタルピーの増加 ΔH に変換される．この発熱反応によって，反応系（ピストン内で反応した物質）[1] は，ΔH に等しいエネルギーを失ったことになる．化学反応はいつもピストン付きの容器内で行われるわけではない．しかし，実験室内の圧力は一定（大気圧）なので，ピストン付き容器内と同じ条件と考えてよい．

*1　化学反応が進行する空間と粒子（原子，分子，イオンの総称）の集合体を**系**（system）という．

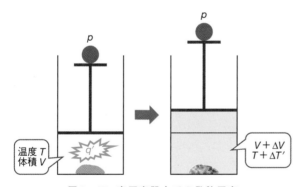

図 A・15　定圧容器内での発熱反応

一定の温度と圧力（298 K＝25 °C，1013 hPa）[2] で化学反応に伴って出入りする熱を，一般に**反応エンタルピー**という．圧力一定の条件で進行する反応では，反応エンタルピーは反応系のエンタルピーと生成系のエンタルピーの差に相当する（図 A・16）．たとえば 1 mol の水素が 1/2 mol の酸素と反応して 1 mol の水（液体）が生成する反応では，286 kJ の熱が発生する．エンタルピー変化を伴う反応式でこれを表すと，式 A・21 のようになる．

*2　これを "熱化学の標準状態" という．気体の標準状態（273 K＝0 °C，10^5 Pa）との相違に注意．

反応エンタルピー
enthalpy of reaction

$$\mathrm{H_2 + 1/2\,O_2(g) \longrightarrow H_2O(l) \quad \Delta H = -286\ kJ} \qquad (A \cdot 21)$$

発熱反応では生成物のエネルギーが反応物のエネルギーより小さいので，反応に

伴って，反応系のエンタルピーが小さくなる．すなわち発熱反応では，式 A・21 のようにエンタルピー変化 ΔH の値が負になる．また 286 kJ は，1 mol の水素が反応するときの発熱量なので，$H_2(g)$ の係数が 1 となり，これに伴って $O_2(g)$ の係数が 1/2，$H_2O(l)$ の係数が 1 となる[*1].

*1　化学式の後の(g)や(l)は物質の状態を表す記号であり，状態が自明な場合は省略できる．

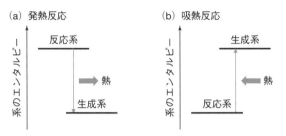

図 A・16　発熱反応と吸熱反応

反応の進行に伴って系に含まれる物質のエネルギーが低下することは，系がエネルギー的に安定になることを意味する．したがって，エンタルピー変化の値が負になること，すなわち発熱が起こることは，反応や状態変化が自発的に進行するための条件の一つとなる．

A・7・2　エントロピー変化

発熱が起こることは，反応や状態変化が自発的に進行するための条件の一つであるが，実際には吸熱反応や吸熱を伴う状態変化が自発的に進行する場合もある．これは反応や状態変化が進行するために，エンタルピー変化以外の条件があるためである．たとえば，液体の水の蒸発は吸熱変化であるが，この変化において水分子は気体（水蒸気）になって空間中に散らばってゆく．また，塩化ナトリウムを水に溶かすときの変化も吸熱変化であり，このとき水の温度が低下する．この場合にはナトリウムイオンと塩化物イオンとが水溶液中に散らばる．このように吸熱変化は，分子やイオンなどの粒子が散らばるときに起こる．粒子の散らばりを表す指標となる量が**エントロピー**であり，記号 S で表される．熱力学におけるエントロピーの変化は，次のように定義される．

エントロピー
entropy

絶対温度 T の系に Δq の熱が加えられて可逆的な変化[*2]が起こるとき，系のエントロピー変化 ΔS を $\Delta S = \Delta q/T$ とする．

*2　元の状態に戻すことができる変化．たとえば，融点において固体が融解する変化などが考えられる．不可逆な変化では，$\Delta S > \Delta q/T$ となる．

たとえば，0 ℃ = 273 K において 1 mol の氷（18 g）が融解して 0 ℃ の水になるときに吸収する熱の量（水の融解エンタルピー）は 6.0 kJ/mol である．したがって，この変化におけるエントロピー変化は式 A・22 のように求められる．

$$\Delta S = 6.0 \times 10^3/273 = 22 \, J/(K \cdot mol) \tag{A・22}$$

この変化では，氷における水分子間の水素結合の一部が切断されて，分子の散らばりが大きくなる．このように粒子の散らばりが大きくなるときにはエントロピー変化は正となる[*3]．エントロピー変化は，エンタルピーの場合と同様に化学反応や状態変化が自発的に進行するための条件の一つである．すなわち，エント

*3　熱によって定義されていたエントロピーの概念は，ボルツマンによって粒子の散らばりと結びつけられた．

ロピー変化が正となることは，反応や状態変化が自発的に進行するための条件の一つとなる．

A・7・3　自由エネルギー

　ここまでに述べたように，化学反応や状態変化の自発的な方向を決める因子には，エンタルピー変化 ΔH とエントロピー変化 ΔS がある．すなわち変化の前後において $\Delta H < 0$（発熱）かつ $\Delta S > 0$（粒子の散らばりが大きくなる）である場合には，その反応や変化は自発的に進む．逆に $\Delta H > 0$（吸熱）かつ $\Delta S < 0$（粒子の散らばりが小さくなる）である場合には，その反応や変化は自発的に進むことはない．それでは $\Delta H > 0$ かつ $\Delta S > 0$ である場合，あるいは $\Delta H < 0$ かつ $\Delta S < 0$ である場合には，その変化はどのように進むのであろうか．これを考えるためには，ΔH と ΔS の両方を同時に考慮する必要がある．

　身近な現象である水の状態変化を例にして考えてみよう．液体の水が蒸発して水蒸気になる変化は吸熱変化（$\Delta H > 0$）であるが，この変化では水分子が空間中に散らばるので $\Delta S > 0$ となる．この変化は温度が高いほど進みやすい．一方，液体の水が凝固して氷になる変化は発熱変化（$\Delta H < 0$）であるが，この変化が起こると水分子が水素結合によって整然と配列されるので，分子の散らばりが小さくなり $\Delta S < 0$ となる．この変化は温度が低いほど進みやすい（図 A・17）．このように ΔH と ΔS を同時に扱う場合には，温度の影響を考えなければならない．

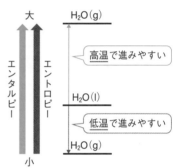

図 A・17　水の状態変化

　一般に温度が高くなると粒子の運動が活発になるので粒子が散らばりやすくなり，エントロピー変化の影響が強く現れ，温度が低くなるとその逆の現象が起こる．すなわち，温度の影響はエントロピー変化と深く関与している．そこで ΔS と絶対温度 T の積を ΔH と比較して，式 A・23 のような自由エネルギー変化 ΔG を考える[*1]．

$$\Delta G = \Delta H - T\Delta S \qquad (A・23)$$

*1 $G = H - TS$ によって定義される量を**ギブズの自由エネルギー**（free energy）という．

たとえば，自発的に変化が進む $\Delta H < 0$ かつ $\Delta S > 0$ である場合は $\Delta G < 0$ となる．このように化学反応や状態変化は $\Delta G < 0$ となる方向に進み，$\Delta G > 0$ となる反応は自発的には進行しない[*2]．$\Delta H > 0$ かつ $\Delta S > 0$ である場合，あるいは $\Delta H < 0$ かつ $\Delta S < 0$ である場合には，しばしば反応や変化が途中で"見かけ上"停止して平衡になる（表 A・1）．

*2 水の分解による水素と酸素の発生は $\Delta G > 0$ となる反応の例であるが，電気分解を行えば進行する．

表 A・1　脱離基（ハロゲン原子）と生成物の選択性

$\Delta G = \Delta H - T\Delta S$			
エネルギー	散らばり	自由エネルギー変化	自発的な変化
発熱（$\Delta H < 0$）	大（$\Delta S > 0$）	$\Delta G < 0$	進行する
発熱（$\Delta H < 0$）	小（$\Delta S < 0$）	?	見かけ上停止する（平衡状態）
吸熱（$\Delta H > 0$）	大（$\Delta S > 0$）	?	見かけ上停止する（平衡状態）
吸熱（$\Delta H > 0$）	小（$\Delta S < 0$）	$\Delta G > 0$	進行しない

A·8 化学反応の速さ

A·8·1 化学反応の速さと反応物の濃度

化学反応の速さは，一定時間内に減少する反応物の物質量や濃度，あるいは一定時間内に増加する生成物の物質量や濃度によって比べることができる．ある反応の反応物の濃度 c が，反応時間 t と共に図 A·18 のように変化したとする．このとき時間 t_1 から t_2 の間における反応の速さ v は，式 A·24 のように表される．

$$\bar{v} = -\frac{c_2 - c_1}{t_2 - t_1} = -\frac{\Delta c}{\Delta t} \qquad (A\cdot24)$$

この $\bar{v}$ は時間 t_1 から t_2 の間における平均の反応の速さを表している．すなわち式 A·24 の $\Delta c/\Delta t$ は図 A·18 における直線 AB（破線）の傾きに相当する．しかし "速さ" は本来，各時間において決まるものである．したがって，時間 t_1 における反応の速さは，図 A·18 における Δt を限りなく小さくすることで求められる．このとき $\Delta c/\Delta t$ は，点 A における接線の傾きになる．すなわち，反応物の濃度を時間の関数と考えると，反応の速さ v は時間の関数として，式 A·25 で表される．

$$v = -\frac{\mathrm{d}c}{\mathrm{d}t} \qquad (A\cdot25)$$

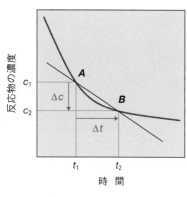

図 A·18 反応物の濃度の時間変化

したがって，反応物の濃度 c も時間の関数であり，v は次式のように c の関数として表すことができる．このような式を**反応速度式**という．

反応速度式
rate equation

$$v = f(c) \qquad (A\cdot26)$$

遷移状態
transition state

* このように1段階で進行する反応を**素反応**（elementary reaction）という．

気相中で A_2 という分子と B_2 という分子が図 A·19 のように衝突して反応し，AB という分子が2個生成したとする．途中の C という状態は**遷移状態**とよばれ，エネルギーが高く不安定な状態である．この反応は A_2 分子と B_2 分子の衝突によって起こるので*，反応速度 v は A_2 分子と B_2 分子のモル濃度 $[A_2]$ および $[B_2]$ の積に比例する．すなわち v を表す反応速度式は式 A·27 のように表される．

$$v = k[A_2][B_2] \qquad (A\cdot27)$$

この式における k を反応速度定数とよび，温度によって変化する．このように，反応する物質の濃度が大きくなると反応の速さは大きくなる．

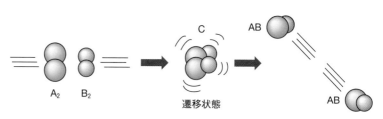

図 A·19 素 反 応

すべての化学反応が，上記のような反応物どうしの単純な衝突によって進行するわけではない．たとえば，

$$2\,ICl + H_2 \longrightarrow I_2 + 2\,HCl \qquad (A\cdot28)$$

の反応は，式 A・29 と式 A・30 の 2 段階の反応で進行することが知られている．
このように複数の素反応の組合わせで進行する化学反応を，**多段階反応**という．

$$ICl + H_2 \longrightarrow HI + HCl \qquad (A \cdot 29)$$

$$HI + ICl \longrightarrow I_2 + HCl \qquad (A \cdot 30)$$

式 A・29 の反応の速さは，式 A・30 の反応の速さに比べて著しく遅い．したがっ
て，式 A・28 の反応の速さは最初の素反応である式 A・29 の速さで決まる．す
なわち式 A・29 の反応の反応速度定数を k とすると，全反応（式 A・28）の速
度式は式 A・31 で表される．

$$v = k[ICl][H_2] \qquad (A \cdot 31)$$

一般に多段階反応の速さは，最も遅い素反応の速さで決まる．このような素反応
を**律速段階**という．

多段階反応
multistep reaction

律速段階
rate-determining step

A・8・2　化学反応の速さと温度

　一般に反応の速さは反応系の温度が高くなると速くなる．多くの反応では，室
温付近から温度が 10 K 上昇するごとに反応の速さが 2〜3 倍になる．これは反応
速度定数の増加が原因である（図 A・20）．温度が高くなると分子の運動が活発
になる．これに伴って分子どうしの衝突回数が多くなる．しかし，温度が 10 K
上昇したときの衝突回数の増加は 10% 未満である．したがって，反応速度定数
の増加は別の原因による．

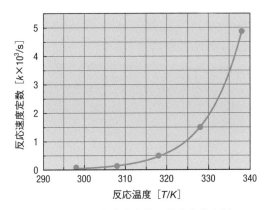

図 A・20　反応速度定数の温度変化の例

アレニウスは，反応速度定数 k と絶対温度 T との間に式 A・32 のような関係を
見いだした[*]．

$$\frac{\mathrm{d}(\ln k)}{\mathrm{d}T} = \frac{E}{RT^2} \qquad (A \cdot 32)$$

[*] これを**アレニウスの式**
（Arrhenius equation）という．

R は気体定数，E は**活性化エネルギー**という反応に特有の値である．この式は変
数分離型の微分方程式であり，k と T との関係を求めると式 A・33 のようにな
る．

活性化エネルギー
activation energy

$$k = A \exp\left(-\frac{E}{RT}\right) = A \mathrm{e}^{-\frac{E}{RT}} \qquad (\mathrm{A} \cdot 33)$$

A は頻度因子とよばれる定数である．この式から温度 T が大きくなると，反応速度定数 k が大きくなることがわかる．

　次に温度と反応の速さの関係を，分子のエネルギーの観点から考えてみよう．図 A・19 のような素反応では，エネルギーの小さい A_2 分子と B_2 分子が衝突しただけでは遷移状態にならず化学反応も起こらない．図 A・21 は A_2 と B_2 の反応の進行と粒子のエネルギーを表したものである．A_2 分子と B_2 分子が衝突して遷移状態になるためには，活性化エネルギー E の"山"を越えるだけのエネルギーをもつ必要がある．室温付近から温度が 10 K 上昇すると，このエネルギーをもつ分子の数が 2〜3 倍になることが知られている．

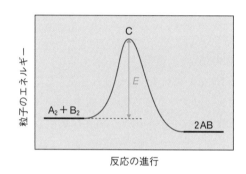

図 A・21　反応の進行と粒子のエネルギー

A・8・3　触　　媒

　化学反応の前後で別の物質に変化することなく，反応を加速するはたらきをする物質を**触媒**という．触媒を加えると，活性化エネルギーが低い別の反応経路ができる．図 A・22 では，破線が触媒を加えない場合の反応経路，E_0 が触媒を加えない場合の活性化エネルギーを表し，実線が触媒を加えた場合の反応経路，E_1 が触媒を加えた場合の活性化エネルギーを表している．反応は活性化エネルギーが低い経路を通って進行する．これに伴って活性化エネルギーの山を越えるために必要な分子のエネルギーが低下し，反応できる分子数が多くなるので反応速度が速くなる．

触媒（catalyst）：触媒は，遷移状態など反応の途中では反応物と結びついているが，反応が完結すると元の状態に戻る．

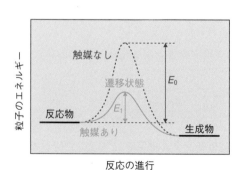

図 A・22　触 媒 の 効 果

演習問題の解答

第1章

1・1　(a)　$(1s)^2, (2s)^2$　　　(b)　$(1s)^2, (2s)^2, (2p)^4$　　　(c)　$(1s)^2, (2s)^2, (2p)^6$

(d)　$(1s)^2, (2s)^2, (2p)^6, (3s)^2, (3p)^1$　　　　　　(e)　$(1s)^2, (2s)^2, (2p)^6, (3s)^2, (3p)^4$

1・2　ホウ素の価電子はL殻にある電子である．不対電子の数を3にしたうえで，分子の形からこれらが同じ混成軌道に存在する必要がある．以上の各点から，図のようにsp^2混成軌道となると考えられる．

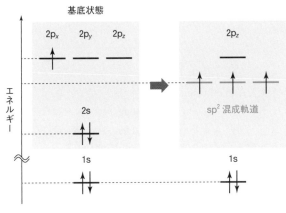

1・3　(a) ウ　　　(b) ア　　　(c) イ

1・4　分子中央の炭素原子は，両隣の炭素原子とおのおの二重結合で結ばれるので，2個のp軌道をもっていることになる．このような混成軌道はsp混成軌道である．また両端の炭素原子の混成軌道はsp^2混成軌道である．

　　（補足）このとき図(a)のように結合が形成されている．この図から予想されるようにアレンの分子では4個の水素原子は同一平面上にはなく，分子が"ねじ曲がった"形をとる（図b）．

(a) アレンの分子軌道

sp^2混成軌道　sp混成軌道　sp^2混成軌道

(b) アレン分子の形

第2章

2・1　(a)　式2・2より，$\Delta'_{HCl} = 103.2 - \sqrt{104.2 \times 58.0} = \underline{25.46}$ ~~5~~

(b)　式2・3より，$\chi_{Cl} - \chi_H = 0.18 \times \sqrt{25.46} = 0.908$，$\chi_{Cl} = 2.20 + 0.908 = \underline{3.1}$ ~~08 1~~

(c)　式2・2より，$\Delta'_{HBr} = 87.5 - \sqrt{104.2 \times D(HBr)}$

$\chi_{Br} - \chi_H = 2.96 - 2.20 = 0.18\sqrt{\Delta'_{HBr}}$から$\Delta'_{HBr} = 17.82$が求まるので，$87.5 - \sqrt{104.2 \times D(HBr)} = 17.82$を解くと，$D(HBr) = \underline{46.6}$ ~~2~~ kcal/mol となる．

2・2　メタン分子における4組の共有電子対にはいずれも水素原子が結合しており，互いの反発の大きさが等しい．しかし，アンモニア分子の電子対には共有電子対と非共有電子対とがある．非共有電子対には水素原子が結合していないので，共有電子対どうしの反発の大きさと非共有電子対と共有電子対の反発の大きさが異なる．したがって，メタン分子における4個のC−H結合がなす角の大きさとアンモニア分子の3個のN−H結合がなす角の大きさは異なっている．

2・3　無極性分子はア，イ，オ．アは同一元素の原子からなる二原子分子なので，結合に極性がない．イでは 2 個の C＝O 結合のおのおのには極性があるが，直線形分子なので，これらが互いに打ち消し合っている．オでは 4 個の C−Cl 結合のおのおのには極性があるが，正四面体形分子なので，これらが互いに打ち消し合っている．

2・4　氷（水の結晶）では，水分子どうしが水素結合でつながっているため，分子間に空洞ができる．氷が溶けて液体の水になると，水素結合の一部が切れてこの構造が崩れ，空洞が減少する．したがって，氷の密度は液体の水より小さいので，氷は液体の水に浮かぶ．

第 3 章

3・1　(a) ホルミル基（アルデヒド基）　　(b) カルボキシ基　　(c) アミノ基
　　　(d) エステル結合　　　　　　　　　(e) アミド結合　　　　(f) スルホ基

3・2　(a)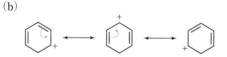

3・3　(a) 4-エチルヘプタン（4-ethylheptane）
　　　(b) 3-エチル-1-ペンテン（3-ethyl-1-pentene）
　　　(c) ペンタン酸 1-メチルペンチル（1-methylpentyl pentanoate）
　　　　〔ブタンカルボン酸 1-メチルペンチル（1-methylpentyl butanecarboxylate）でもよい．〕
　　　(d) N-エチル-N-メチル-1-ブタンアミン（N-ethyl-N-methyl-1-butanamine）
　　　(e) N,N-ジメチルペンタンアミド（N,N-dimethylpentanamide）
　　　(f) (R)-2-ヒドロキシ-2-フェニルプロピオン酸〔(R)-2-hydroxy-2-phenylpropionic acid〕
　　　(g) (E)-2-メチル-2-ヘキセン酸〔(E)-2-methyl-2-hexenoic acid〕

3・4　(a) B　(b) C　(c) A　(d) A と B（A は左右対称であり，B には不斉炭素原子がない．）

第 4 章

4・1　(a) $127 \times 2 = 254 \ \mathrm{kJ/mol}$
　　　(b) 1 位から 4 位の炭素原子の部分で π 電子が非局在化することで，分子全体が安定化されているため．

4・2　(a)　$CH_2＝CH-\overset{+}{C}H-\overset{-}{C}H_2$　　　(b)　$\overset{-}{C}H_2-\overset{+}{C}H-CH＝CH_2$

　　　(c)　$CH_2＝CH-\overset{+}{C}H-\overset{-}{C}H_2$　　　(d)　$CH_2＝CH-CH＝CH_2$

4・3　(a)　　　　　　　　　　　　　　　(b)

4・4　(a), (c), (e)
　　　(b) では環状構造における炭素原子のつながり方は共役二重結合になっているが，π 電子の数が 8 であり $4n+2$ になっていない．(c) について，N の非共有電子対は p 軌道ではなく，sp^2 混成軌道上にあるため，芳香族性にかかわる 6π 電子には含まれない．(d) では π 電子が環状構造全体に広がっていない．

第 5 章

5・1　(a) 塩基　　　(b) 酸　　　(c) 塩基
5・2　(a) 炭素原子の電気陰性度は混成軌道の種類によって異なり，sp 混成軌道＞sp^2 混成軌道＞sp^3 混成軌道の順になる．したがって A〜C の分子における炭化水素基の電気陰性度の大きさは

$CH \equiv C- > CH_2 = CH- > CH_3-CH_2-$ の順になるので，酸としての強さもこの順番（**C** > **B** > **A**）になる．

(b) サリチル酸分子のカルボキシ基の酸素原子が隣接するヒドロキシ基の部分正電荷をもつ水素原子と水素結合を形成する．これによってカルボキシ基における O−H の分極が，分子内で水素結合を形成しない安息香酸の場合より大きくなるため．

(c) グアニジン分子の =NH という構造における窒素原子にプロトンが結合したグアニジウムイオンには図の(i)のような共鳴があり安定化されているため，グアニジンの窒素原子は塩基としての性質を示す．これに対して尿素分子のアミド結合には図の(ii)のような共鳴があり，2 個の窒素原子上の電子密度が低下しているためプロトンと結合できない．したがって，尿素の窒素原子は塩基としての性質を示さない．

(i)

(ii)

5・3　(a) エタンチオールを酸とみなしたときの共役塩基 $CH_3CH_2S^-$ は，硫黄原子のより外側の M 殻に非共有電子対をもつため，軟らかい塩基である．また，エタノールを酸とみなしたときの共役塩基 $CH_3CH_2O^-$ は，酸素原子の L 殻に非共有電子対をもつため，硬い塩基である．一方，水素イオン（プロトン）は硬い酸であるから，軟らかい塩基であるより $CH_3CH_2S^-$ も硬い塩基である $CH_3CH_2O^-$ と強く結合する．したがって，エタンチオールはエタノールよりも水素イオンを放出して電離しやすいため，エタンチオールの方が強い酸である．

(b) 問題文中の金属硫化物は，弱酸性水溶液中で金属陽イオン M^{2+} と軟らかい塩基である硫化物イオン S^{2-} とが，次の反応により結びついて生じる．

$$M^{2+} + H_2S \longrightarrow MS + 2H^+$$

カルシウムイオンは硬い酸，鉛(II)イオンは中間の酸であるから，鉛(II)イオンの方が硫化物イオンと強く結合する．したがって，硫化鉛(II)の溶解度は硫化カルシウムより小さいので，硫化鉛(II)だけが沈殿する．

5・4　酢酸イオンとギ酸との反応により，次式のような平衡が成立している．

$$CH_3COO^- + HCOOH \rightleftharpoons CH_3COOH + HCOO^-$$

この場合の平衡定数は，次のように与えられる．

$$K = \frac{[CH_3COOH][HCOO^-]}{[CH_3COO^-][HCOOH]} = \frac{K_{a1}}{K_{a2}} = \frac{1.76 \times 10^{-4}}{1.76 \times 10^{-5}} = 10.0$$

(a) 平衡状態における酢酸の物質量を x ［単位 mol］とする．この平衡に到達する際に，次のような物質量の変化がある．

	CH_3COO^-	+	HCOOH	$\rightleftharpoons$	CH_3COOH	+	$HCOO^-$
添加直後	0.100 [mol]		0.100 [mol]		0 [mol]		0 [mol]
	↓−(0.100−x) [mol]		↓−(0.100−x) [mol]		↓+(0.100−x) [mol]		↓+(0.100−x) [mol]
平衡時	x [mol]		x [mol]		0.100−x [mol]		0.100−x [mol]

溶液の体積を V ［単位 L］とすると平衡定数 K の値を用いて，次式の関係が成り立つ．

$$K = \frac{\left(\dfrac{0.100-x}{V}\right)\left(\dfrac{0.100-x}{V}\right)}{x/V \times x/V} = \frac{(0.100-x)^2}{x^2} = 10.0$$

$0<x<0.100$ より $x=0.0240$ [mol] となるので，求める割合は $(0.0240/0.10)\times100=\underline{24.0\%}$ である．

(b) 求めるギ酸の物質量を y [単位 mol] とする．この平衡に到達する際に，次のような物質量の変化がある．

	CH$_3$COO$^-$	+	HCOOH	⇌	CH$_3$COOH	+	HCOO$^-$
添加直後	0.100 [mol]		y [mol]		0 [mol]		0 [mol]
	↓ −0.0990 [mol]		↓ −0.0990 [mol]		↓ +0.0990 [mol]		↓ +0.0990 [mol]
平衡時	0.0010 [mol]		$y-0.0990$ [mol]		0.0990 [mol]		0.0990 [mol]

溶液の体積を V [単位 L] とすると平衡定数 K の値を用いて，下式の関係が成り立つ．

$$K = \frac{(0.0990/V)(0.0990/V)}{(0.0010/V)\left(\dfrac{y-0.0990}{V}\right)} = \frac{0.0990^2}{0.0010(y-0.0990)} = 10.0$$

この方程式から，$y=\underline{1.08}$ [mol] と求められる．

第6章

6・1 (a)

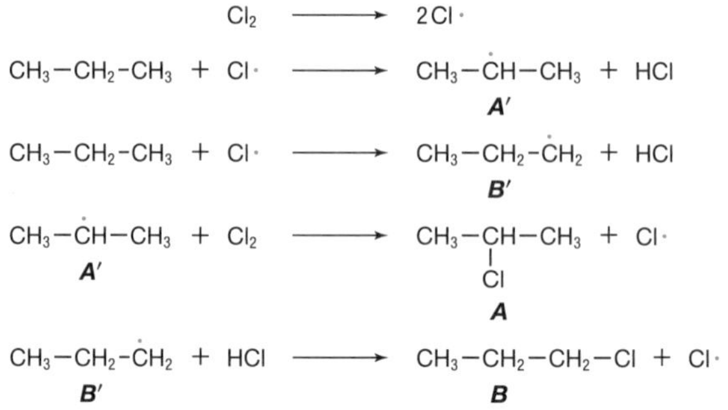

(b) ラジカル A' はプロパン分子における2位の水素原子が引抜かれて生成する．プロパン分子にこの水素原子は2個ある．また，ラジカル B' はプロパン分子における1位の水素原子が引抜かれて生成する．プロパン分子にこの水素原子は6個ある．

　ラジカル A' と B' の生成速度と反応性が等しいとき，A' と B' の物質量比は水素原子の数の比に等しいと考えられるので，$A':B'=2:6=1:3$ となる．

(c) ラジカル A' と B' の生成速度の比を $x:1$ とおく．このとき A と B の物質量比について，$2\times x:6\times1=4:3$ の関係が成り立つので $x=4$．求める比は $A':B'=4:1$ となる．

6・2　C からは第三級，D からは第二級，E からは第一級のカルボカチオンが発生すると考えられる．S$_N$1 反応は中間体のカルボカチオンが安定な物質ほど起こりやすいので，$C>E>D$ の順になる．

6・3　KCl が生成することから，Cl 原子が CN 基に置換される．S$_N$2 反応ではワルデン反転が起こるので，F の構造は右図のようになる．

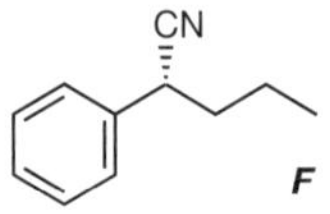

6・4 (a) 下図のような共鳴があるので，オルト，パラ (o, p) 配向性を示す．

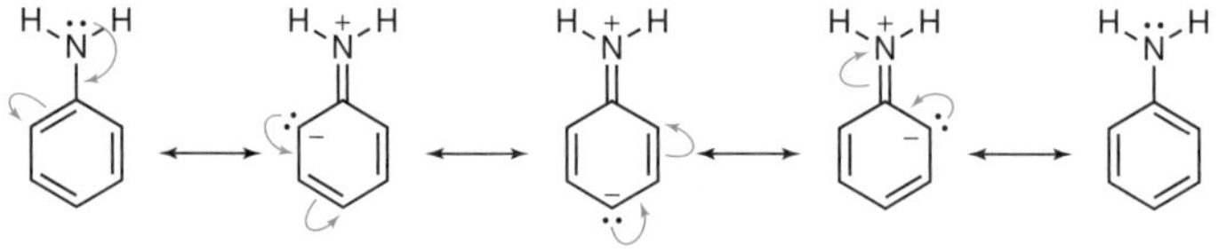

(b) 下図のような共鳴があるので，メタ（*m*）配向性を示す．

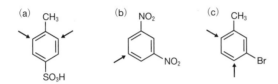

6・5 (a) −CH$_3$ は，オルト−パラ（*o−p*）配向性，−SO$_3$H はメタ（*m*）配向性を示すので，矢印の位置で臭素化が進行する．

(b) −NO$_2$ はメタ（*m*）配向性を示すので，矢印の位置で臭素化が進行する．

(c) −CH$_3$ と −Br は共にオルト−パラ（*o−p*）配向性を示し，−CH$_3$ と −Br にはさまれた炭素原子では立体障害のため臭素化が進行しない．したがって，矢印の位置で臭素化が進行する．

6・6 (a) CH$_3$−CH$_2$−$\overset{+}{C}$H$_2$　　　CH$_3$−$\overset{+}{C}$H−CH$_3$

　　　　　　　　G　　　　　　　　　　　**H**

(b) **H**．カルボカチオンでは，正電荷をもつ炭素原子に，より多くのアルキル基が結合したものが超共役によって安定になるため．

(c) 安定な中間体（カルボカチオン）を経由する生成物が主生成物となるので，**J**（クメン）が主生成物である．

I　　　　　　**J**

第7章

7・1 (a) CH$_3$−CH−CH$_2$ / Cl / Cl

(b) H$_3$C──Br / Br──CH$_3$　または　Br──CH$_3$ / CH$_3$──Br

(c) H$_3$C──CH$_3$ / H　H

(d) CH$_2$−CH$_2$−CH$_2$ / Cl / Cl

(e) CH$_2$=CH−OCOCH$_3$

(f) 1,2−付加　CH$_2$−CH−CH=CH$_2$ / Cl / Cl　および　1,4−付加　CH$_2$−CH=CH−CH$_2$ / Cl / Cl

7・2 CH$_3$−CH−CH$_2$ / Br　H（**A**）　CH$_3$−C=CH$_2$ / OH（**B**）　CH$_3$−C−CH$_3$ / O（**C**）　CH$_3$−CH−CH=CH$_2$ / Cl（**D**）　CH$_3$−CH=CH−CH$_2$ / Cl（**E**）

7・3 (a) **F** が飽和であれば，分子式は C$_n$H$_{2n+2}$ の形になるので分子内の水素原子は 2×10＋2＝22 個になる．また C＝C 結合が1個存在すると水素原子が2個少なくなる．実際の水素原子は16個であるから，C＝C 結合の数は (22−16)/2＝3 個．

（b）オゾン分解による生成物を下図のように組み合わせると，元の化合物の炭素骨格になる．

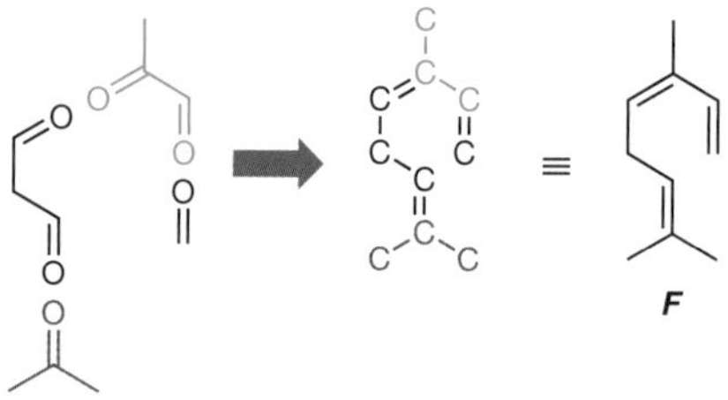

7・4 (a) 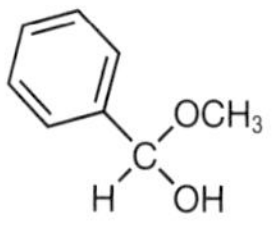　　　　　(b) 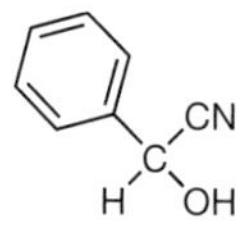　　　　　(c)

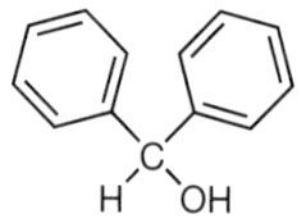

7・5

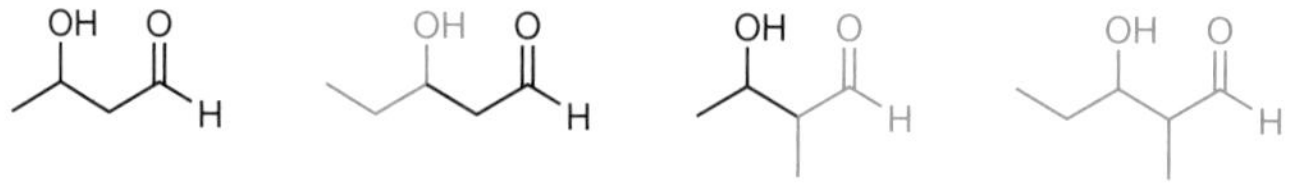

青色の部分がプロパナールに由来する構造

　アセトアルデヒドとアセトアルデヒドのエノラート，プロピオンアルデヒドとアセトアルデヒドのエノラート，アセトアルデヒドとプロピオンアルデヒドのエノラート，プロピオンアルデヒドとプロピオンアルデヒドのエノラートの4通りの組合わせでアルドール反応が進行する（下図）．

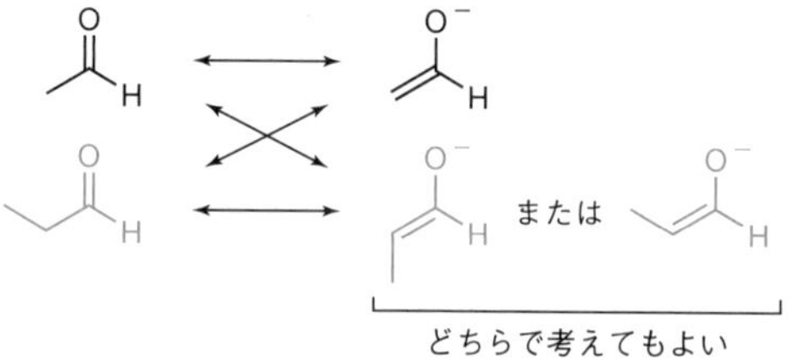

または

どちらで考えてもよい

第8章

8・1　いずれの場合も酸性条件でのアルコールからの脱離（分子内脱水）が進行するが，中間体であるカルボカチオンの安定性は，2-メチル-2-プロパノール由来〔$(CH_3)_3C^+$〕>2-ブタノール由来（$CH_3CH_2CH^+CH_3$）>1-ブタノール由来（$CH_3CH_2CH_2CH_2^+$）の順である．中間体が安定な反応は穏和な条件で進行するので，触媒である硫酸の濃度も反応温度も低くなる．

8・2　条件1）イ，条件2）ア　　（理由）**A**は求核置換（S_N2反応）による生成物，**B**は脱離（E2反応）による生成物である．アではエタノールが塩基として反応する．エタノールは弱塩基であり，脱離よりも求核置換が優先して進むため**A**が主生成物となる．したがって，条件2がアである．これに対して，イでは強塩基であるナトリウムエトキシドが反応するので脱離が優先して**B**が主生成物となる．したがって，条件1がイである．

8・3 (a)　　　　　(b) 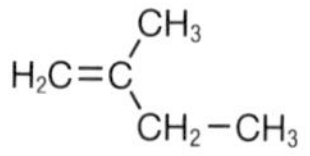　　　　　(c)

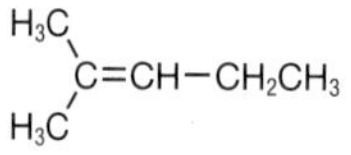

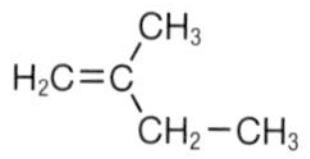

　(a)〜(c)では，強塩基性条件でE2反応が進行して，アルケンが生成する．(a)では脱離能が大きいBrが脱離し，塩基であるCH_3CH_2ONaはかさ高くないので，ザイツェフ則に従ってC=C結合に多数（この場合3個）のアルキル基が結合した化合物が主生成物となる．(b)でも脱離能が大きいBrが脱離するが，塩基である$(CH_3)_3CONa$がかさ高いので，立体障害の少ない1位のメチル

基における H 原子を引抜く．(c) では $(CH_3)_3N$ が脱離するので，ホフマン則に従って C=C 結合に結合しているアルキル基が少ない化合物が主生成物となる．

8·4　(a) **B** は第三級のカルボカチオンであるが，**A** における向かって左側のヒドロキシ基に H^+ が結合して水分子が脱離すると右図のような第二級カルボカチオンになる．両者を比較すると **B** の方が安定であるから．

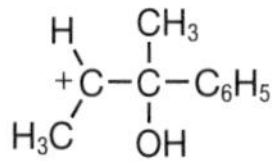

(b) カルボカチオン **C** の正電荷をもつ炭素原子には電子供与性のメチル基と共に，非共有電子対をもつ酸素原子が結合しているため安定であるから．

8·5

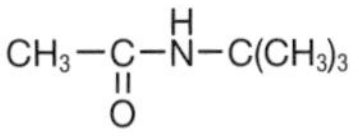

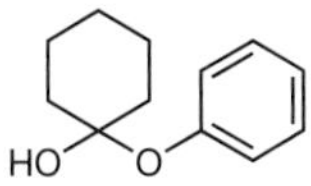

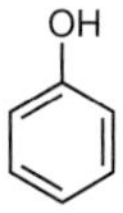

　　A は下図のようなベックマン転位による生成物である．**B**～**D** はクメン法と同様の反応によって生成する．

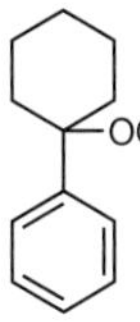

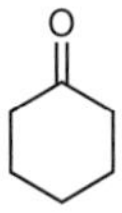

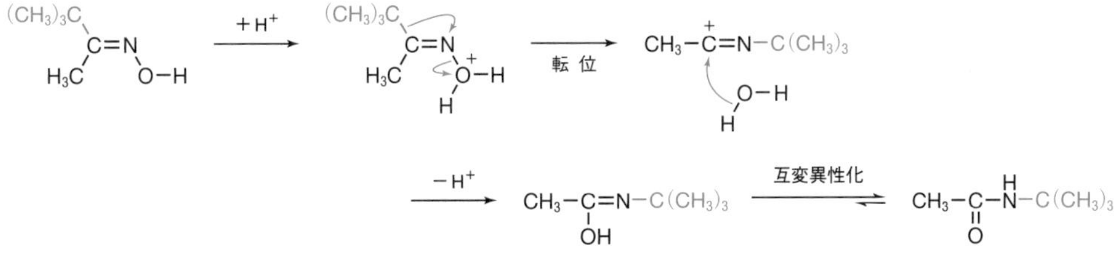

第9章

9·1　カルシウム原子の電気陰性度は小さいため，炭化カルシウムにおける C−Ca 結合はイオン結合性が大きい．したがって，炭化カルシウムは水と反応してアセチレンが発生する．一方，銀原子の電気陰性度は大きいため，銀アセチリドにおける C−Ag 結合は共有結合性が大きい．したがって，銀アセチリドは水中で安定に存在できる．

9·2

(a)

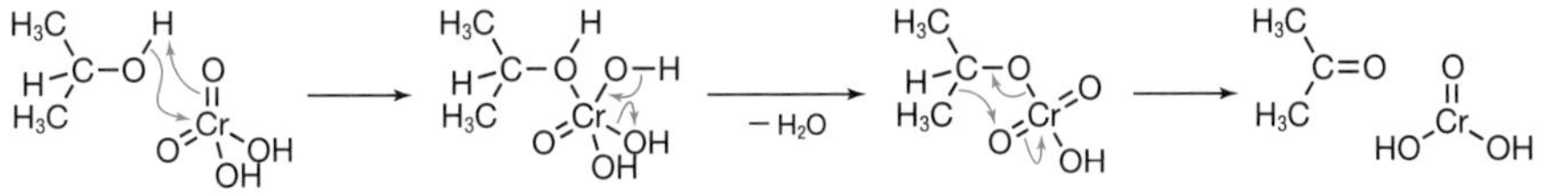

(b)

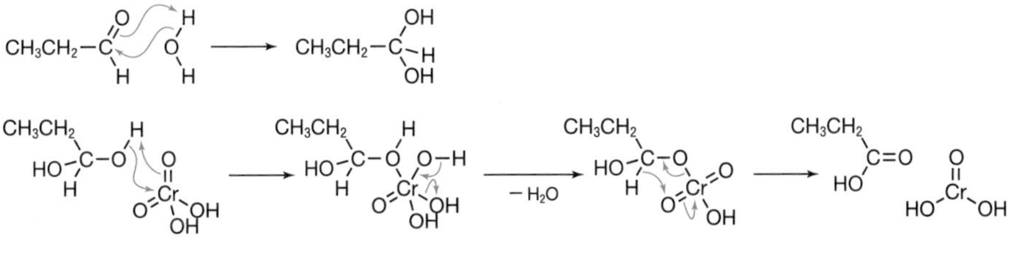

(c)

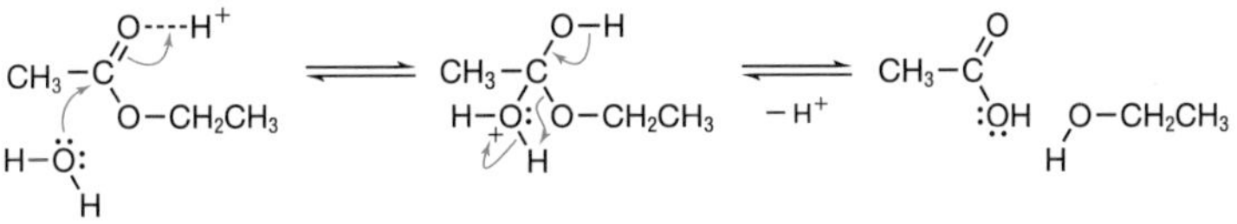

9・3

(a)

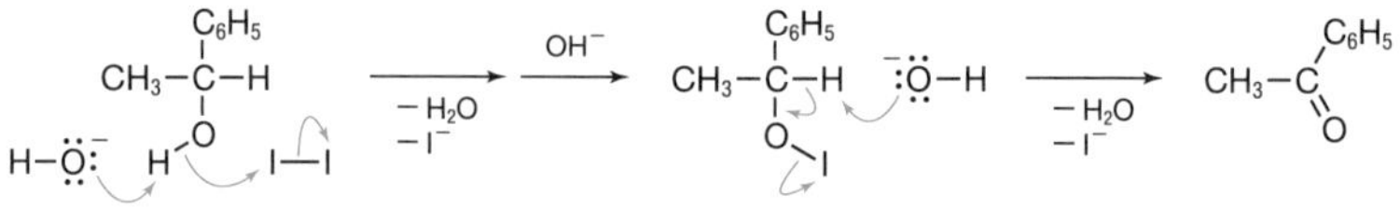

(b)

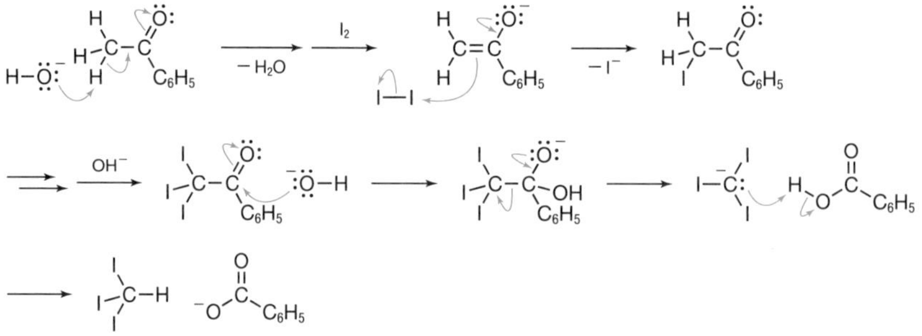

9・4 酸触媒として作用するH⁺がイソブテン分子と結合して，安定な第三級カルボカチオンができる．

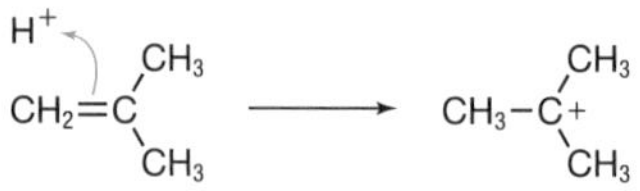

このカルボカチオンの正電荷をもつ炭素原子に，酢酸分子の酸素原子が下図のように反応して，エステルが生成しながらH⁺が再生する．

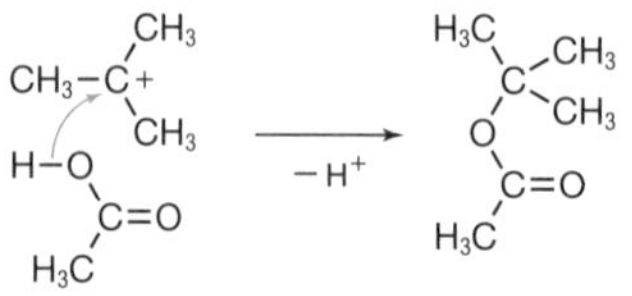

9・5 (a) アンモニア分子がサリチル酸メチルのC=O結合に求核攻撃して，エステル交換の場合と同様のプロセスで2-ヒドロキシベンズアミドが生成する．

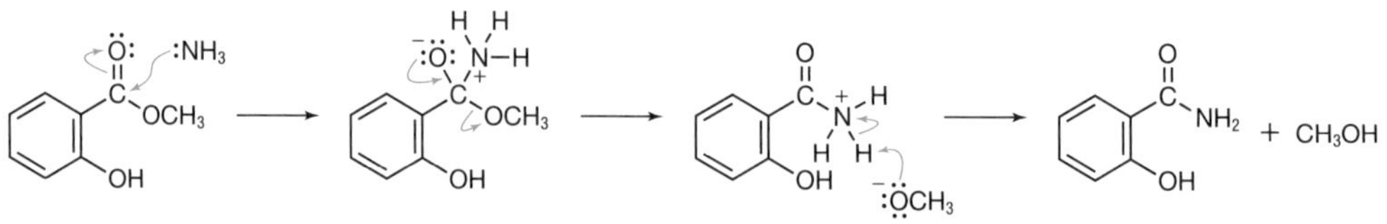

(b) 水酸化ナトリウム水溶液中で2-ヒドロキシベンズアミドのフェノール性ヒドロキシ基がナトリウム塩となる．このナトリウム塩に含まれる陰イオンがヨードエタンと求核置換することでフェノール性ヒドロキシ基がエチルエーテルとなったエテンザミドがヨウ化物イオンと共に生成する．

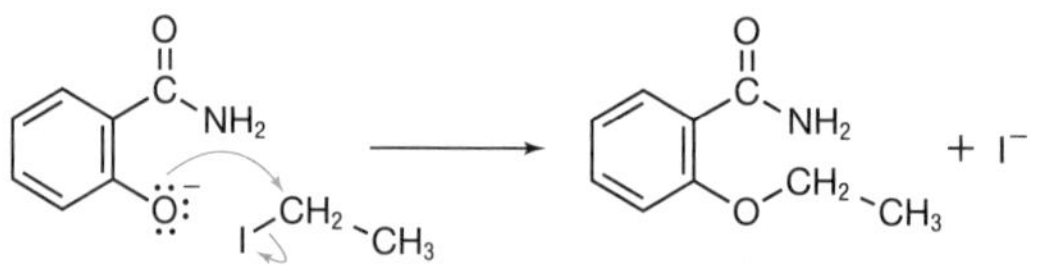

参 考 文 献

1. 鈴木 弘, "有機化学", 実教出版 (1977).

2. John McMurry 著, 伊東 檞, 児玉三明 訳, "マクマリー有機化学概説", 第 6 版, 東京化学同人 (2007).

3. 塩田三千夫, "官能基の化学", 改訂版, 裳華房 (1987).

索　　引

井 上 正 之

<small>いの</small> <small>うえ</small> <small>まさ</small> <small>ゆき</small>

1962 年 広島県に生まれる
1985 年 東京大学理学部 卒
2006 年 広島大学大学院教育学研究科博士課程 修了
現 東京理科大学理学部 教授
専門 化学教育
博士(教育学)

第 1 版 第 1 刷 2022 年 10 月 18 日 発行

初 歩 か ら の 有 機 化 学

© 2 0 2 2

| 著　者 | 井　上　正　之 |
| 発 行 者 | 住　田　六　連 |

発　行　株式会社 東京化学同人
東京都文京区千石 3 丁目 36-7(〒112-0011)
電話 03-3946-5311 ・ FAX 03-3946-5317
URL: http://www.tkd-pbl.com/

印刷・製本　日本ハイコム株式会社

ISBN978-4-8079-2023-5
Printed in Japan

有機化学の基礎学力を確実に上げる好評教科書

クライン 有機化学（上・下）

D. R. Klein 著／岩澤伸治 監訳

秋山隆彦・市川淳士・金井 求
後藤 敬・豊田真司・林 高史　訳

B5 変型判　カラー　上巻：616 ページ　下巻：612 ページ
定価各 6710 円（本体各 6100 円＋税）

別冊　問題の解き方（日本語版）

D. R. Klein 著／伊藤 喬 監訳

B5 変型判　640 ページ　定価 6710 円（本体 6100 円＋税）

有機化学で通常扱う基礎概念をすべてカバーし，スキルの習得に焦点を当てた米国で人気の教科書．スキルが確実に身につく数多くの問題等を盛込んでいる．特に電子の流れの矢印をとことん丁寧に説明している．別冊の解き方を併用すれば学習効果がより高まる．

2022 年 10 月現在（定価は 10％税込）